太阳能光热发电站特种结构设计

李红星 等 著

中国电力出版社
CHINA ELECTRIC POWER PRESS

内 容 提 要

太阳能光热发电是我国新型电力系统的重要支撑性电源，集发电与储能为一身，具备连续发电能力，调峰能力好，发展前景广阔。

本书围绕太阳能光热发电站结构设计进行了全面总结，系统介绍了吸热塔结构风洞试验及抗风设计、吸热塔结构振动台试验及抗震设计方法研究、集热场桩柱一体式基础工作性状和设计方法、塔式电站集热场定日镜风洞试验及设计方法研究、槽式电站集热场反射镜风洞试验及设计方法研究、高温储热罐基础的材料、布置及耦合应力场分析、工程应用等内容。

本书可供国内外光热工程设计、咨询及审查人员参考使用，也可供从事特种结构研究的高校师生阅读。

图书在版编目（CIP）数据

太阳能光热发电站特种结构设计/李红星等著. —北京：中国电力出版社，2024.3

ISBN 978-7-5198-7952-5

Ⅰ.①太… Ⅱ.①李… Ⅲ.①太阳能发电-电站-结构设计 Ⅳ.①TM615

中国国家版本馆 CIP 数据核字（2023）第 118661 号

出版发行：中国电力出版社

地　　址：北京市东城区北京站西街 19 号（邮政编码 100005）

网　　址：http：//www. cepp. sgcc. com. cn

责任编辑：刘汝青　闫柏杞（010-63412793）

责任校对：黄　蓓　张晨荻

装帧设计：赵珊珊

责任印制：吴　迪

印　　刷：北京锦鸿盛世印刷科技有限公司

版　　次：2024 年 3 月第一版

印　　次：2024 年 3 月北京第一次印刷

开　　本：787 毫米×1092 毫米　16 开本

印　　张：13.75

字　　数：306 千字

定　　价：120.00 元

前 言

太阳能光热发电是我国新型电力系统的重要支撑性电源。其与光伏发电和风力发电的最大区别在于太阳能光热发电具有储能的功能，可以利用高温熔融盐储存白天太阳的热量，夜晚也可以连续发电，电力输出平稳，从而成为电网友好型新能源电站。

我国太阳能资源丰富，在西藏、青海、新疆、内蒙古等地区适宜开发建设光热发电站。2016年国家能源局发文批准建设太阳能光热发电示范项目，给出了标杆上网电价，促进了我国光热发电站的快速起步和发展。近年来，随着新一批国家特高压输电线路的立项和建设，在我国西北地区的新能源基地中，光热发电站成为新能源基地的重要配置项目，迎来了新的发展高峰。

太阳能光热发电技术路线主要有塔式、槽式、菲涅尔式和碟式四种，其中塔式和槽式是主流的发电技术，在国内外应用最为广泛。在我国已投运的光热发电站中，大型项目中塔式光热发电站有5座，槽式光热发电站有2座，菲涅尔式光热发电站有1座。

太阳能光热发电作为新的发电技术，会带来吸热塔、镜场特殊基础、镜面支架和高温储罐基础等新的建构筑物，同时也会产生一系列新的结构难题。例如，吸热塔作为光热发电站的核心构筑物，属于高柔细结构，质量、外形和刚度突变，抗风和抗震问题突出，关键参数的取值如阻尼比等没有统一认识；塔式定日镜桩柱一体式基础数量多，刚度和位移要求远超常规结构，国内外现有计算理论不能满足工程需求；塔式定日镜和槽式反射镜数量多且工程量大，结构体系需要重新构建，重要的风荷载计算参数需要确定；高温（580℃）储热罐基础承载数万吨熔盐，基础型式需要构建，保温材料选型及其热力参数需要确定；国内外相应的规程规范缺失，没有理论支撑，缺乏设计依据。这些特殊结构，不仅要满足结构自身的承载能力和刚度需求，而且还需满足工艺运行的需求，即“双控”目标下的需求。如吸热塔的位移要满足聚光吸热的要求、高温储罐基础要保证熔盐温度不能温降过快、定日镜短桩要满足严苛的转角和残余变形要求等。

本书作者所在的西北电力设计院有限公司承担了一半以上太阳能光热国家示范项目的勘察设计工作，还承担了国际上著名的摩洛哥 NOOR III 期光热电站和迪拜光热光伏电站的设计和咨询工作。以工程项目为依托，开展了一系列试验研究、理论分析和工程实践工作，积累了较为丰富的工程经验。同时，还编制了相关的国家标准和行业标准，成为工程设计的依据，具有较高的行业声誉。本书以上述系列研究成果和工程实践为依托，详细介绍了太阳能光热发电站结构设计理论和方法，以期为同行业工程设计提供借鉴参考。

本书共分为八章，李红星负责全书的撰写计划，撰写第一章，并进行全书的审定工作。杜吉克负责第二章的撰写，何邵华负责第三章的撰写，姜东负责第四章的撰写，何邵华和许可负责第五章、第六章的撰写，易自砚负责第七章的撰写，何邵华负责第八章的撰写。

需要说明的是，本书内所述的研究工作得到了西北电力设计院有限公司的大力支持，公司立项了系列研究课题支持项目开展工作；大量的试验研究工作得到了高等院校的支持和帮助，主要有湖南大学陈政清院士团队，同济大学冯世进教授、陈素文教授团队，西安建筑科技大学史庆轩教授团队和浙江大学谢霁明教授团队等；同时项目成果的评审也得到了国际著名学者田村幸雄教授等的支持。在此一并致谢！

本书不仅可供设计人员采用，也可供从事特种结构研究的高校师生参考。

限于作者水平，书稿中难免有疏漏和不足之处，敬请批评指正！

目 录

第一章

概　　述

第一节　技　术　背　景

“双碳”目标是习近平总书记代表我国政府对国际社会作出的庄严承诺，我国提出在2030年非化石能源占一次能源消费比重将达到25%左右。以风能、光能、核能和生物质能为代表的非化石能源将得到长足发展，党中央、国务院和各部委相继出台了一系列政策法规，可以预见，未来非化石能源占比将快速持续上涨，2060年预计将达到90%。电力行业作为化石能源消耗主体面临历史性的变革，清洁能源的快速发展已成为必然选择，而太阳能光热发电则是其中一种重要的清洁能源。

我国幅员辽阔，有着十分丰富的太阳能资源。据估算，我国陆地表面每年接受的太阳辐射能约为50×10^{18}kJ，全国各地太阳年辐射总量平均达335～837kJ/cm^2，西藏、青海、新疆、内蒙古南部等广大地区的太阳辐射总量巨大，尤其是青藏高原地区。中国光热发电的资源潜力高达16TW，美国有15TW，而目前世界太阳能光热强国西班牙仅有0.72TW。

太阳能光热发电技术路线较多，从能够适合大面积商业运行、国内产业链相对齐备和发电效率高、前景好的角度综合来看，主流的太阳能光热发电技术有塔式太阳能光热发电和槽式太阳能光热发电两种，如图1-1所示。塔式太阳能光热发电（见图1-2）是利用数万面定日镜将太阳光聚焦到吸热塔顶部的吸热器上，加热吸热器中的熔盐，并将高温熔盐储存于地面的储盐罐中，通过热交换产生高温高压蒸汽，驱动汽轮发电机发

(a)

(b)

图1-1　太阳能发电站全景

（a）塔式光热电站；（b）槽式光热电站

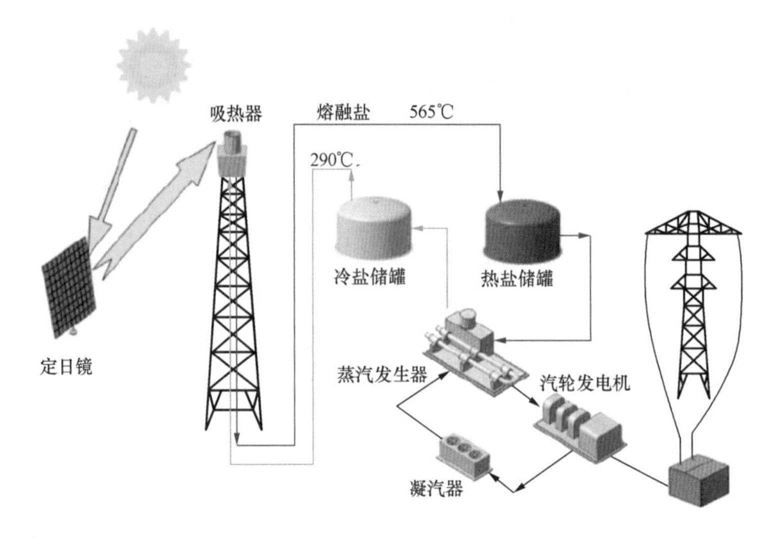

图 1-2　塔式太阳能光热发电原理图

电。槽式太阳能光热发电（见图 1-3）是利用数百万平方米的抛物线型聚光镜，将导热油加热，通过油盐换热器加热熔盐，储存于高温熔盐储罐，然后通过热交换产生高温高压蒸汽驱动汽轮发电机发电。

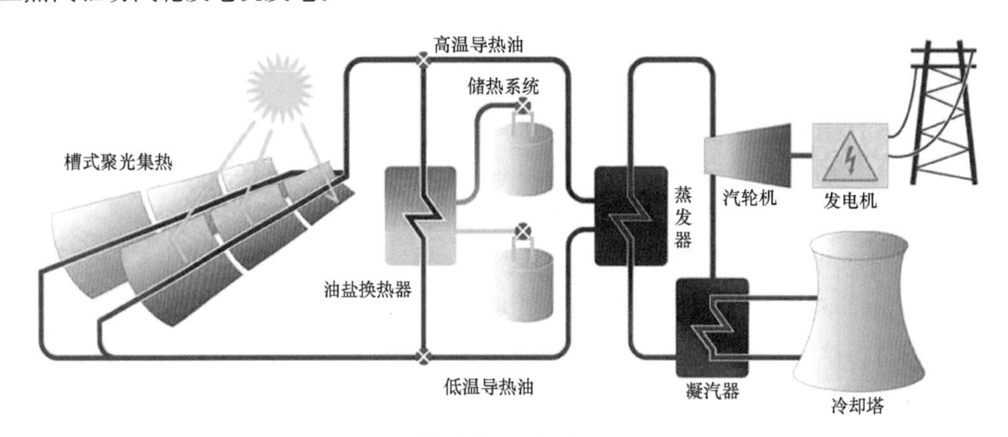

图 1-3　槽式太阳光热发电原理图

太阳能光热发电作为自带储能的清洁能源，由于可以储存热量，实现不间断发电，具有不可替代的先天优势。光热电站配置有高温熔盐储罐，可以储存白天太阳的热量用于夜晚用电高峰期发电，且出力曲线平稳，能够参与电网调峰，属于电网友好型电源，近年来在国家相关政策的支持下得到了长足的发展。①我国第一个光热电站为延庆八达岭 1MW 塔式试验电站，传热介质为水/蒸汽，该项目是“十一五”期间国家 863 计划“太阳能热发电技术及系统示范”重点项目，由中国科学院电工研究所等 10 多家国内科研及企事业单位共同设计完成，总投资 1.2 亿元，于 2006 年启动，经过近六年的努力，于 2012 年 9 月成功发电，是我国光热发电产业发展史上具有里程碑意义的标志性事件。②“十三五”属于我国光热发电产业的快速发展期。2016 年，国家首批示范项目名单和电价政策落地，中国随之迎来商业化示范项目的建设阶段。2016年9月14日，国家能源局正式发布《国家能源局关于建设太阳能热发电示范项目的通知》，共20个项目入选中国首批光热发电示范项目名单，总装机约1.35GW，包括9个塔式电站、7个槽式电站和4个线性菲涅尔电站。但遗憾的是并非所有示范电站均落地投产。③由于光热发电集太阳能发电与储能为一体，2021年以来，国务院、国家发展改革委和国家能源局等相继出台了一系列政策，大力推进建设新型储能示范的"一体化"项目，发挥太阳能热发电的调节作用。2021年4月25日，国家能源局综合司向各省市发展改革委及能源局印发《关于报送"十四五"电力源网荷储一体化和多能互补工作方案的通知》指出，鼓励"风光水（储）""风光储"一体化，充分发挥流域梯级水电站、具有较强调节性能水电站、储热型光热电站、储能设施的调节能力，汇集新能源电力，积极推动"风光水（储）""风光储"一体化。2021年11月10日，国家能源局发布《关于推进2021年度电力源网荷储一体化和多能互补发展工作的通知》指出，各省级能源主管部门应在确保安全前提下，以需求为导向，优先考虑含光热发电、氢能制输储用、梯级电站储能、抽水蓄能、电化学储能、压缩空气储能、飞轮储能等新型储能示范的"一体化"项目。2022年2月10日，国家发展改革委、国家能源局印发《"十四五"新型储能发展实施方案》指出，将发挥太阳能热发电的调节作用，完善支持太阳能热发电和储能等调节性电源运行的价格补偿机制。可以预见，我国光热工程又将迎来新的发展高峰。

本书作者所在的西北电力设计院有限公司（简称西北院）参与了大量光热项目的设计工作，目前已投产的7个示范项目中，西北院参与完成了中电工程哈密、中控德令哈、兰州大成敦煌和中广核德令哈4个工程，其中中电工程哈密熔盐塔式5万kW光热发电项目为西北院总包工程；西北院完成设计且已投产的工程还有金钒能源阿克塞、鲁能海西州和世界单机容量最大的塔式光热电站摩洛哥努奥三期150MW塔式光热电站，完成迪拜950MW光热光伏项目（世界总装机最大的太阳能发电项目）中100MW塔式电站的设计咨询工作；累计完成前期工作的光热工程有数十个，积累了丰富的工程实践经验。

第二节　主要技术问题

光热发电在国内外属于新的发电形式，集热区、储热区和吸热区均出现了新的结构型式和结构问题，为实现发电功能，必须解决这些土木工程技术难题。具体如下：

（1）吸热塔作为电站的核心构筑物，属于高柔细结构，其高度一般均在200m以上，直径不超过30m，如图1-4所示，目前设计的吸热塔最大的高径比约为11，大于高层建筑建筑结构的高宽比。吸热塔一般采用混合结构型式，下部采用混凝土结构（一般在200m左右），上部吸热器连接部分（一般总高度40m左右）采用钢结构，两者的轮廓直径和材料发生突变，导致在约200m位置处发生刚度突变和外形突变，如图1-5所示。在下部混凝土结构的上部布置有多个设备层，放置有电气和工艺设备，顶部吸热器部分一般质量超过2000t（含结构和设备自重），易导致质量发生突变。

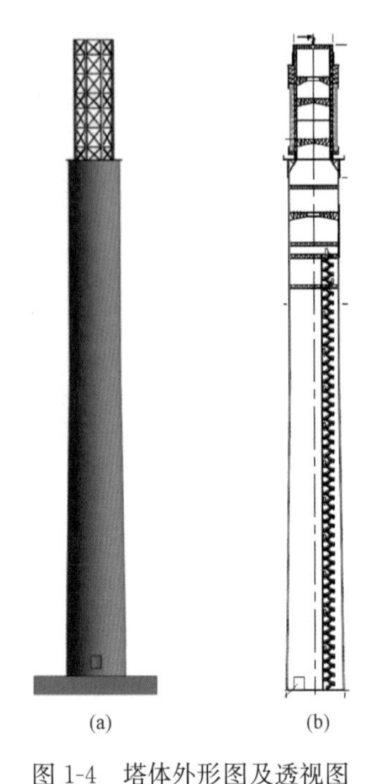

图 1-4　塔体外形图及透视图

（a）吸热塔外形效果图；（b）吸热塔剖视图

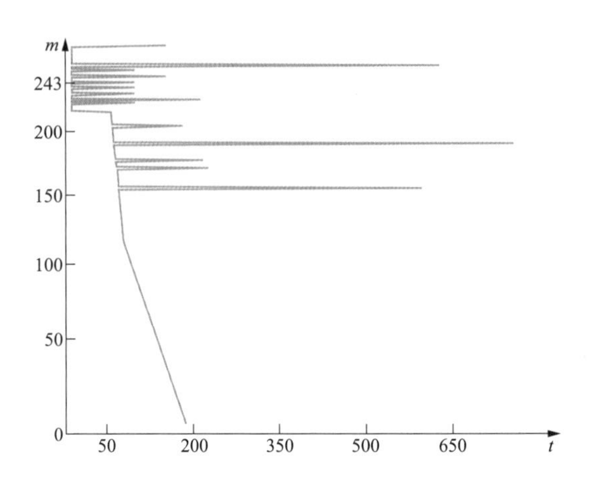

图 1-5　结构沿高度方向的质量分布

长期以来，对高耸结构乃至高层建筑的阻尼比问题一直有不同看法，总体来看，我国规范规定的阻尼比较大，但国外规范和实测数据表明，高耸结构阻尼比较低。阻尼比取值和风荷载响应直接相关，会导致出现较大的设计差异。

光热电站一般地处西北地区，由于结构自身的特性，其抗风和抗震问题突出。现行规范中有关高耸结构风荷载计算是基于体型和质量沿高度均匀分布的结构，不适用于吸热塔结构，针对这类特殊的结构需要提出新的风荷载计算方法。

（2）塔式定日镜基础数量多，常规 50MW 工程 1 万多个，单个基础优化对工程造价影响大。

常见的塔式定日镜基础总体上看一般有两种型式，一种为下部采用钢筋混凝土灌注桩，上部采用钢立柱，钢立柱柱顶连接定日镜；一种为植入式桩柱一体的定日镜基础，如图 1-6 所示，即先在土体里成孔，成孔直径略大于预制桩，然后将预制桩插入孔内，水平、竖向和角度定位后在预制桩与土体之间的缝隙浇筑素混凝土，预制桩顶连接定日镜，称为桩柱一体式基础。

由于竖向荷载不起控制作用，桩长一般较短，即桩长与桩径比较小，其受力机理与长桩有较大不同。大量工程算例表明，桩柱一体式短桩基础具有较为明显的造价优势和施工进度优势，应积极推广应用。

塔式定日镜基础虽为小型基础，但承受的荷载复杂，要承受定日镜镜面传来的弯矩、扭转、水平力和轴向力，其中风荷载还属于疲劳载荷，要考虑其不利影响。由于工艺专业聚光的要求，基础的刚度和位移要求远超常规结构，工艺要求柱顶转角小于 1～

1.5mrad，国内外现有计算理论不能满足工程需求。

图 1-6　塔式定日镜桩柱一体式基础

（3）塔式定日镜和槽式反射镜数量多、工程量大，常规 50MW 工程镜面面积约 60 万 m^2。

塔式定日镜外形一般为矩形，单个定日镜面积从几平方米到 100 多平方米不等，目前国内常见的为单镜 $60m^2$ 左右。因为聚光的要求，定日镜表面并不是严格的平面，而是具有一定的曲率。实际工程中，在电站现场建造一个组装车间，车间内将定日镜钢支架以及镜面组装好，然后运至现场安装在柱顶。

槽式反射镜为曲面槽形，随着技术的发展，开口尺寸越来越大，国内西北院研发的大开口槽其开口尺寸达到了 8.6m。一个单元的槽式反射镜称为 SCE（长度 12m 左右），一列槽式反射镜称为 SCA（一般包含有 12 个 SCE）。槽式反射镜支架钢结构一般采用空间四角桁架作为扭矩框，在外侧设置抛物线型钢支撑，构成支撑镜面的曲面。设计时应考虑如何分片、如何运输、如何现场组装等多方面因素。图 1-7 为塔式定日镜和槽式反射镜示意图。

图 1-7　塔式定日镜和槽式反射镜

由此可见，定日镜和反射镜外形特殊，电站地域偏僻，需要研究适合我国国情（钢结构加工和运输）的支架结构体系方案。因为面积巨大，结构造价对风荷载大小取值较为敏感，重要的风荷载计算参数也需要研究确定。

（4）高温储热罐是用来储存高温熔盐的，介质温度约 400～600℃，重量一般超万吨，破坏后果十分严重。国际上有多个项目出现了熔盐罐泄漏的事故，有些是因为熔盐罐本体焊接质量引起的，有些是因为熔盐罐基础不均匀沉降引起的，也有两者综合作用

图 1-8　熔盐罐

导致事故的；事故后要将高温熔盐排空才能处理，所以每一次事故均花费很大的代价来进行修复。

基础需要采用保温材料以防止热量耗散，一般要保证每天的温降不超过 1℃。通常采用散粒体材料（陶粒），设计时需要进行应力场及温度场耦合分析；储热罐基础方案的选择、散料体材料的选择、散料体热工参数及力学参数的确定等问题都需要研究。图 1-8 为熔盐罐现场照片。

（5）总体看国内外相应的规程规范缺失，没有理论支撑，缺乏设计依据。

第三节　研　究　现　状

（1）针对光热工程吸热塔结构抗震和抗风领域，缺少类似问题的研究基础。火电厂结构中的烟囱高度与其类似，但上部承担的荷载远小于吸热塔，且没有严格的位移控制要求。

（2）现有桩基计算理论及规范公式都以长桩为依据，塔式定日镜桩柱一体式基础为短桩，受力机理研究不同于长桩，且桩基在扭转作用下的受力变形缺少理论研究。

（3）针对塔式定日镜和槽式反射镜镜面支架风荷载和结构体系的研究匮乏。有少量单位进行过镜场的风洞试验，但缺乏系统性，难以成为可靠的设计依据。

（4）经调研，国外高温储热罐基础大多采用陶粒作为保温和持力材料，但陶粒的热工参数、力学性能及检验标准均缺少研究。

可见国内外在光热电站特种结构设计方面没有完善的设计理论和方法，也没有规范依据支撑。

第四节　技术路线及主要研究内容

基于光热电站设计中遇到的技术难题，作者所在的西北电力设计院有限公司和相关高校联合进行攻关，开展了一系列试验研究和理论分析，取得了丰富的研究成果，成果应用于国内一半以上的光热电站和国际上两个著名的光热项目中，部分研究成果已经纳入国家和行业标准中。主要研究内容包括：

（1）吸热塔结构风洞试验及抗风设计理论研究，包括圆形和方变圆两种典型截面吸热塔风洞试验研究，采用电涡流 TMD 的风振控制研究，基于外形、质量和刚度突变的吸热塔结构风荷载计算理论和方法研究。

（2）吸热塔结构振动台试验及抗震设计方法研究，包括了大比例缩尺振动台试验研究、弹塑性有限元分析和抗震设计方法研究。

（3）集热场桩柱一体式基础试验、理论分析及设计方法研究，包括实验室试验、现场试验、有限元分析和计算理论及方法研究。

（4）塔式电站集热场定日镜风洞试验及设计方法研究，包括定日镜单镜风洞试验、群镜气动干扰系数研究和支架结构体系分析研究。

（5）槽式电站集热场反射镜风洞试验及设计方法研究，包括单个槽式反射镜风洞试验研究、多排多列槽式反射镜气动干扰系数风洞试验研究和支架结构体系分析。

（6）高温储热罐基础材料、布置及耦合应力场分析研究，包括高温储热罐下卧陶粒工程特性试验及热工参数试验研究、基础布置及耦合应力场分析研究和散粒体材料承载力现场检测标准研究。

具体的技术路线如图 1-9 所示。

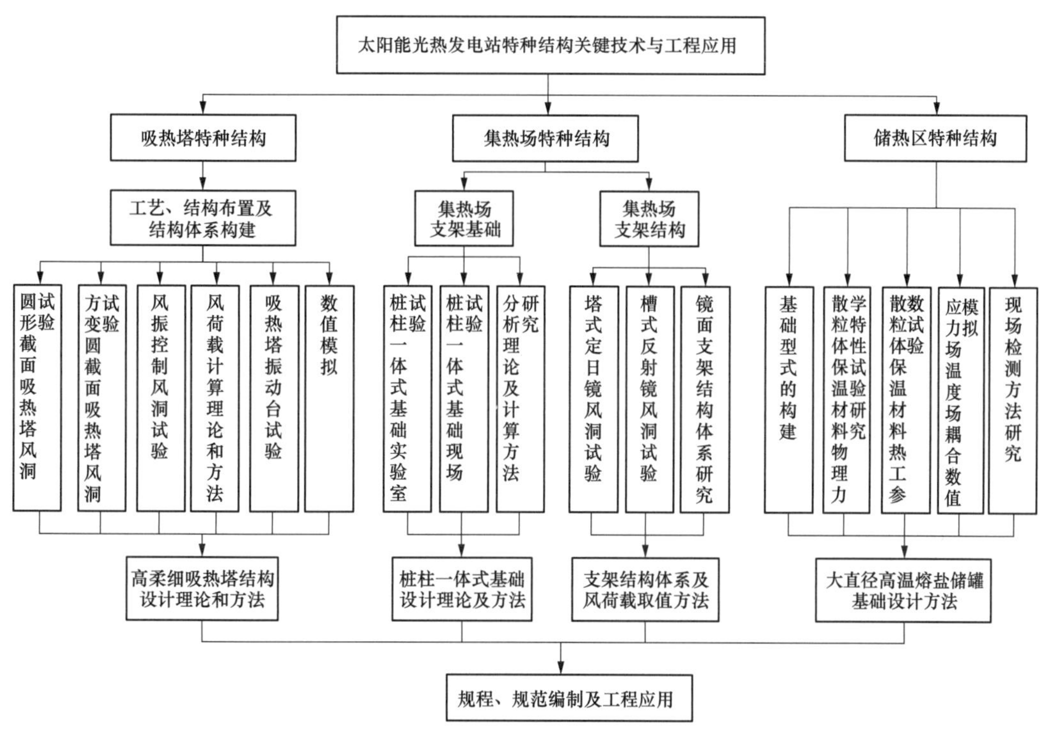

图 1-9　技术路线

第二章

吸热塔结构风洞试验及抗风设计

第一节 吸热塔抗风的基本特点

吸热塔是塔式光热电站中重要的构筑物，其作用是支撑顶部的吸热器以吸收镜场定日镜反射的能量，不仅要保证结构自身的安全可靠，还需保证在电站正常运行工况下吸热器的位移足够小，以避免镜场的反射光无法被吸热器准确吸收。

吸热塔从结构受力特点上看属于高耸结构，对于常规的50MW或100MW的塔式光热电站，其高度通常大于200m，其高度与直径的比值通常为10左右。为满足电厂工艺设计的要求，吸热塔通常采用混合结构，上部的吸热器范围内采用钢结构塔架，高度约为30～40m，下部的支撑部分采用混凝土塔筒，高度约为200m。上部钢结构的刚度较下部刚度急剧减小，但上部的质量却达到约2000～3000t，即在顶部形成了对结构受力极为不利的高柔重结构。这种结构布置方式导致其沿高度方向的刚度与质量分布不均匀，这与常规的高耸结构如火力发电厂的烟囱相比差异很大，从而影响吸热塔的设计，尤其是结构的抗风设计。另外，吸热塔上部吸热器部分往往轮廓截面小于下部混凝土部分，那么就造成了外形的突变，传统的风载计算理论也需做相应的调整。

吸热塔在风荷载作用下的风振效应非常显著，风荷载往往成为其设计的控制荷载。由于风荷载是一种随机荷载，而且风流经钝体的吸热塔结构时会产生复杂的气流分离和旋涡脱落，考虑到吸热塔是一种非常规的高耸结构，从而使风效应问题更加复杂。与上述相对应的，现有的高耸结构风荷载计算方式也是基于整个结构的外形、刚度和质量均匀变化的条件推导的，即现有风荷载计算方式不适用于吸热塔的设计。因此需在试验和理论分析的基础上有针对性地提出合理的吸热塔风荷载计算方式。

第二节 圆形截面吸热塔风洞试验

本节所述圆形吸热塔的依托工程为摩洛哥NOOR Ⅲ期光热电站工程，其是目前为止世界上单机容量最大的塔式光热电站，也是我国第一座涉外光热发电工程。吸热塔的基本布置见图2-1。

吸热塔的竖向外形在工艺专业的要求下（节省动力岛面积），不能同常规高耸结构一样做成有利于结构受力的上细下粗状，其从顶部到底部直径略有增大，造成高度与直径的比值很大，形成高柔细结构。项目所在地的风荷载较大，换算成我国标准基本风压为 1.06kN/m^2，同时外方工程师认为吸热塔结构阻尼比应为 0.7%，远小于我国规范规定的 5%；且根据很多文献的实测资料来看，高耸结构的阻尼比很小，通常小于 1%，各国规范的规定也各不相同。因此，为了得到吸热塔结构在风载作用下的响应规律，也为了获得吸热塔结构设计的准确风荷载值，需要对吸热塔结构进行刚性模型和气弹模型风洞试验，以揭示吸热塔结构的风振响应规律。

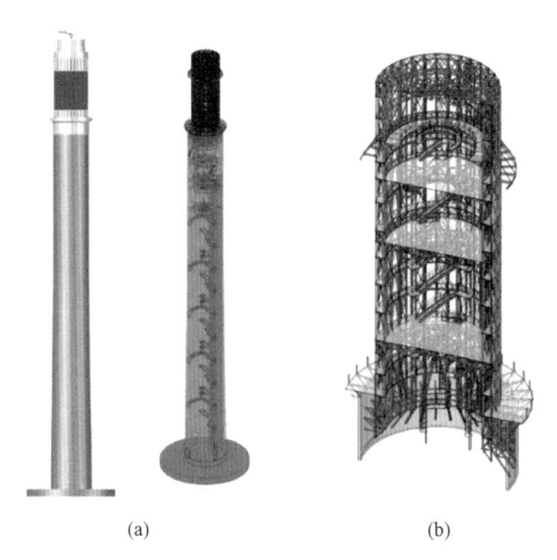

(a)　　(b)

图 2-1　吸热塔基本布置图

(a) 吸热塔外形图；(b) 上部钢结构塔架图

一、模型的制作及雷诺数的模拟

模型缩尺比为 1∶200，塔身结构部分的刚度采用芯柱模拟，材料为铝合金。

外衣与芯梁之间设置圆盘通过螺钉连接。此外，为避免外衣提供刚度，将外衣分段断开。混凝土结构部分的外衣分为 6 段，外衣之间的间距为 2mm。

为保证试验精度，特委托专业金属加工机构进行模型制作。模型所有构件均由实心棒材采用机加工方式，由高精度数控车床控制。芯梁与圆盘、底座一体化制作。外衣分段进行制作最终获得了能满足试验要求的模型，现场加工见图 2-2。

如何通过增加表面粗糙度来模拟雷诺数一直是风洞试验中的难点，通过对比试验分析，最终用 ABS 板切割了 7 套不同尺寸的竖向肋条模型，来模拟表面粗糙度，再加上 1 个表面光滑模型，共计 8 个模型。通过对试验数据进行分析，确定能真实模拟雷诺数效应的粗糙条类型，详见图 2-3。

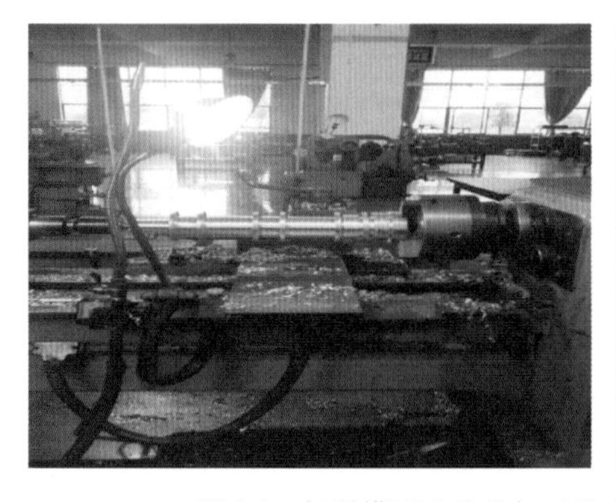

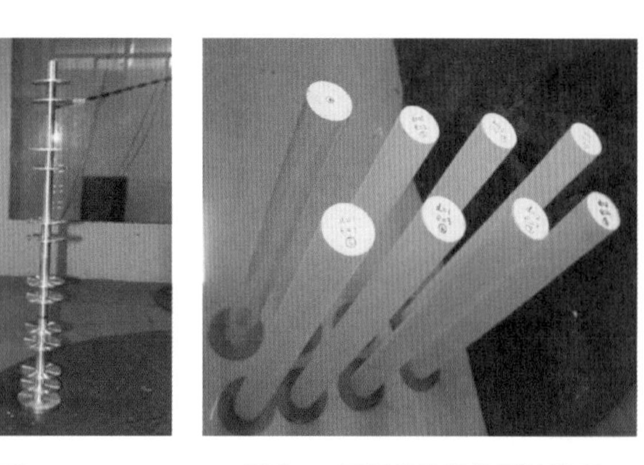

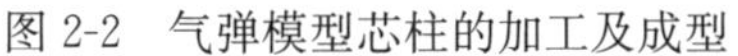

图 2-2　气弹模型芯柱的加工及成型

图 2-3　不同粗糙度的刚性模型

二、刚性模型的风洞试验

为使试验结果更全面，试验分别在均匀流场和紊流流场中进行多种工况的刚性模型试验，两类流场均进行了二维和三维绕流试验。

图 2-4～图 2-7 分别给出了紊流流场中所有模型二维绕流和三维绕流的阻力系数在风速为 3～20m/s 区间内的变化规律。

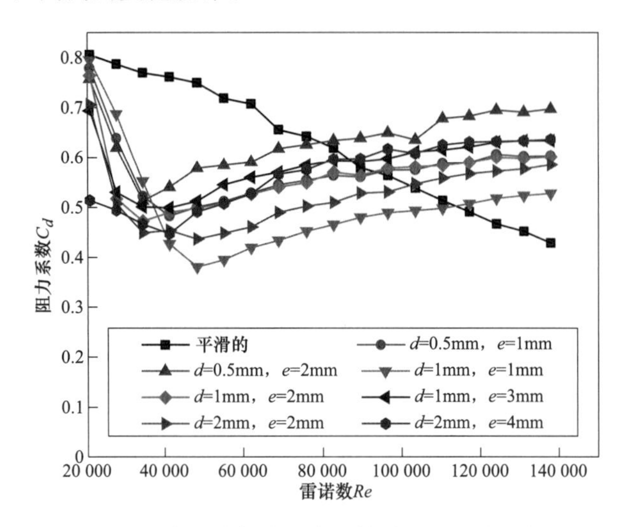

图 2-4　紊流流场中阻力系数测试（二维测力）

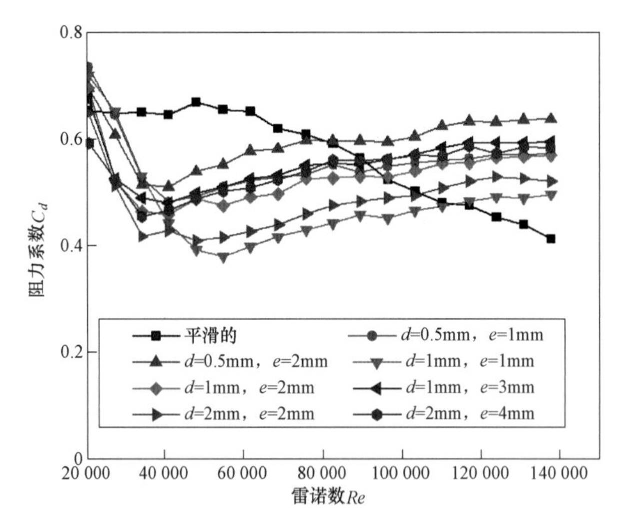

图 2-5　紊流流场中阻力系数测试（三维测力）

三、气弹模型试验

为了判断雷诺数变化、塔身质量、刚度和外形的不均匀布置对风荷载的影响，又进行了气弹模型试验。模型通过底座固定于天平上，天平再固定于风洞试验转盘上。试验在紊流风场中进行，如图 2-8 所示。对模型测试 3～16m/s 之间的多个试验风速，每个试验风速下测试 0°风向角，每次测试都同步记录加速度响应、位移响应、基底力以及实时风速。

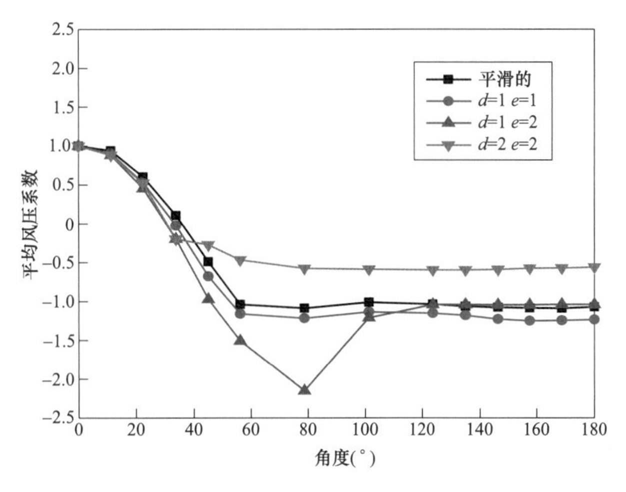

图 2-6　紊流流场中阻力系数测试（6m/s 测压模型）

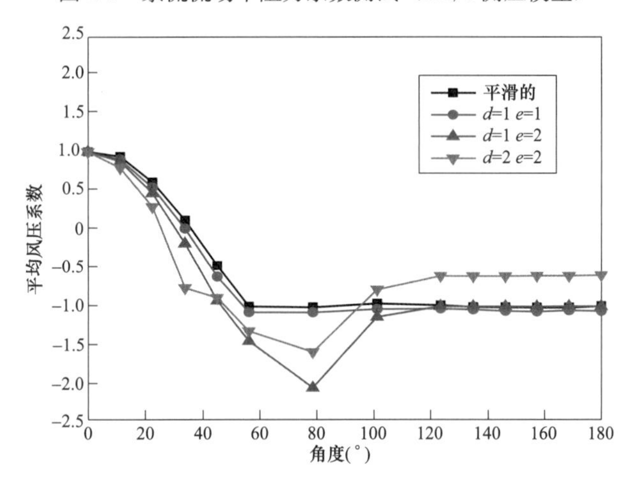

图 2-7　紊流流场中阻力系数测试（8m/s 测压模型）

(a)　　(b)

图 2-8　模型在风洞内的安装照片

（a）风洞试验整体模型；（b）顶部 TMD 子结构模型

然后在试验模型中设置了电涡流 TMD 的子结构，分别进行了相应的试验测试。根据设计资料，实际结构 TMD 质量 42.7t，换算到模型约为 5g，TMD 阻尼比由永磁体与铝板之间的距离调节。

1. 阻尼比为 0.7%时结构响应

为和外方工程师的分析进行对比验证，所制作的基本模型其阻尼比为 0.7%，在基本模型上增加电涡流 TMD 作为对比模型。

结构阻尼比为 0.7%，当塔顶风速为 38m/s 的条件下，未安装 TMD 和安装 TMD 之后的顶部加速度、位移响应及基底剪力、弯矩对比如表 2-1 和图 2-9、图 2-10 所示。

表 2-1　　响应峰值对比（U_{243}=38m/s，δ=0.7%）

参数		剪力（kN）	弯矩（kN·m）
无 TMD	X	3.5×10^4	5.6×10^6
	Y	1.76×10^4	2.66×10^6
有 TMD	X	0.94×10^4	1.48×10^6
	Y	0.47×10^4	0.69×10^6

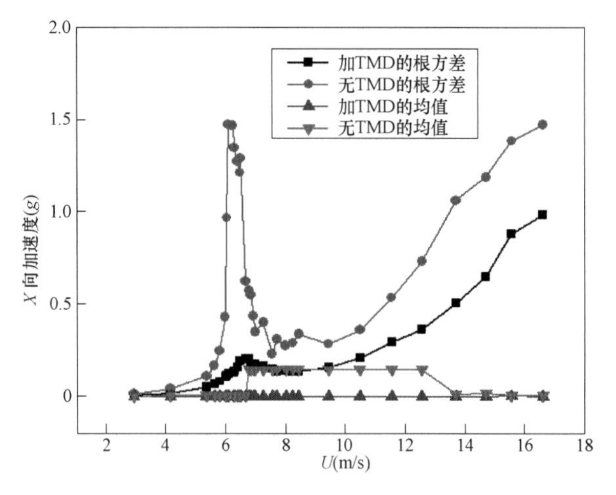

图 2-9　加速度响应

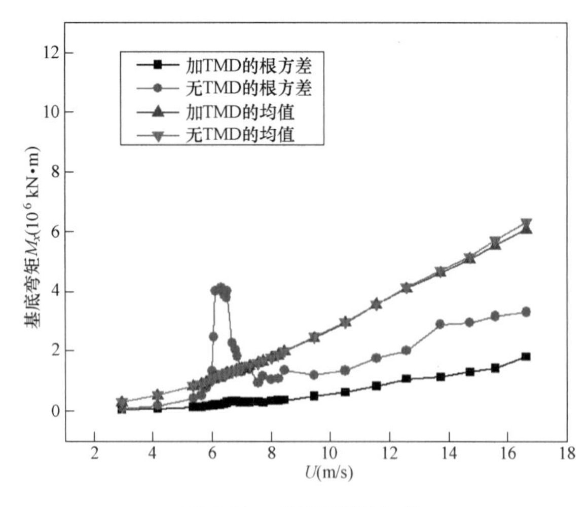

图 2-10　基底弯矩响应

由表 2-1 和图 2-9、图 2-10 可知，电涡流 TMD 可显著减小吸热塔的涡振响应，涡激共振区可减小 60%～70%左右。

2. 阻尼比为 1%时结构响应

在基本模型的两个外衣间粘贴胶条，改变其阻尼比（下同）。在结构阻尼比为 1%，塔顶风速为 38m/s 的条件下，顶部加速度、位移响应及基底剪力、弯矩如表 2-2 和图 2-11、图 2-12 所示。

表 2-2　　　响应峰值对比（U_{243}=38m/s，δ=1.0%）

参数		剪力（kN）	弯矩（kN·m）
无 TMD	*X*	1.65×10^4	2.55×10^6
	Y	0.72×10^4	1.01×10^6

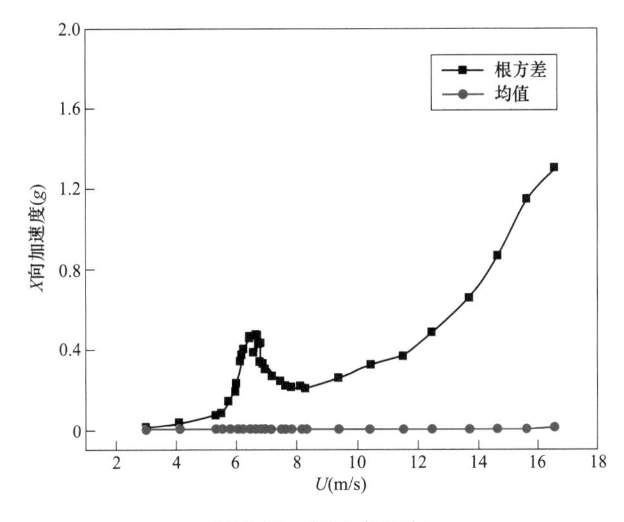

图 2-11　加速度响应

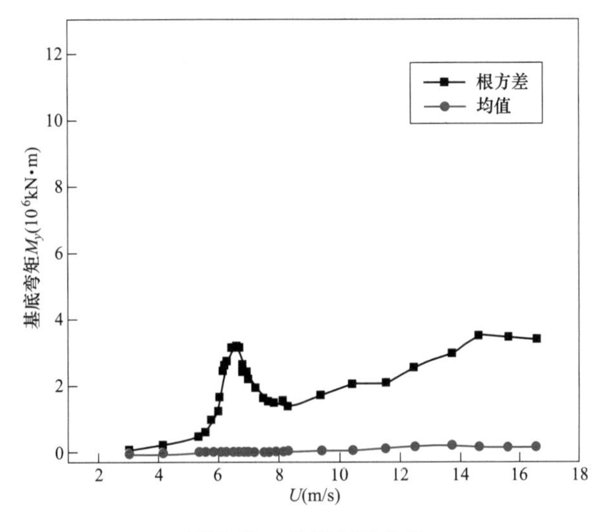

图 2-12　基底弯矩响应

3. 阻尼比为1.5%时结构响应

结构阻尼比为1.5%，当塔顶风速为38m/s的条件下，顶部加速度、位移响应及基底剪力、弯矩如表2-3和图2-13、图2-14所示。

表 2-3　响应峰值对比（U_{243}=38m/s，δ=1.5%）

参数		剪力（kN）	弯矩（kN·m）
无TMD	X	1.21×10^4	1.86×10^6
	Y	0.54×10^4	0.75×10^6

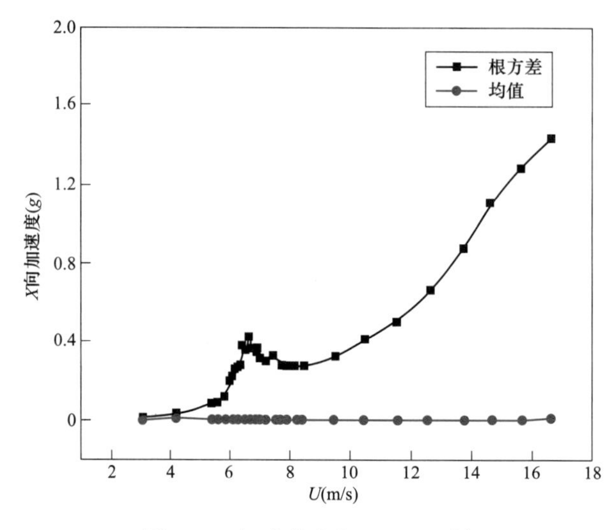

图 2-13　加速度响应（δ=1.5%）

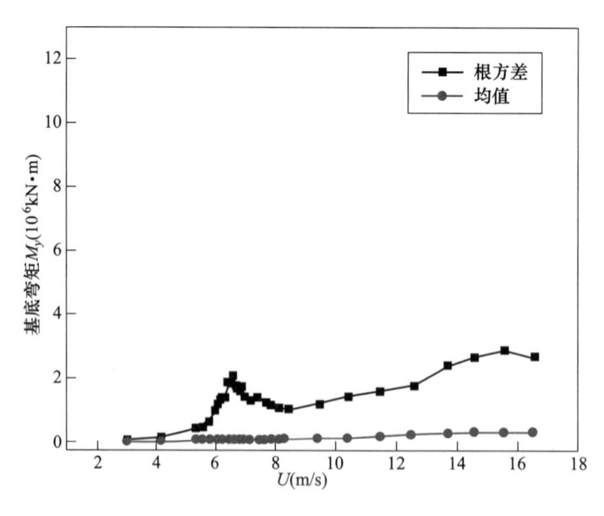

图 2-14　基底弯矩响应（δ=1.5%）

4. 阻尼比为 2%时结构响应

在结构阻尼比为 2%，塔顶风速为 38m/s 的条件下，顶部加速度、位移响应及基底剪力、弯矩如表 2-4 和图 2-15、图 2-16 所示。

表 2-4　　　　响应峰值对比（U_{243}=38m/s，δ=2.0%）

参数		剪力（kN）	弯矩（kN·m）
无 TMD	*X*	1.83×10^4	1.88×10^6
	Y	0.52×10^4	0.75×10^6

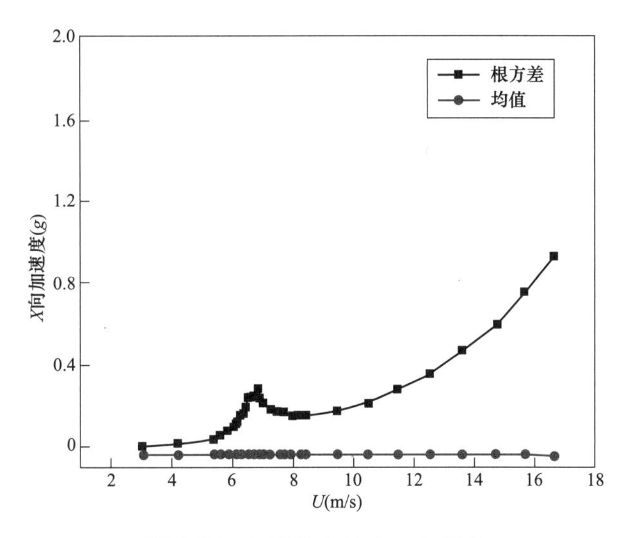

图 2-15　加速度响应（δ=2.0%）

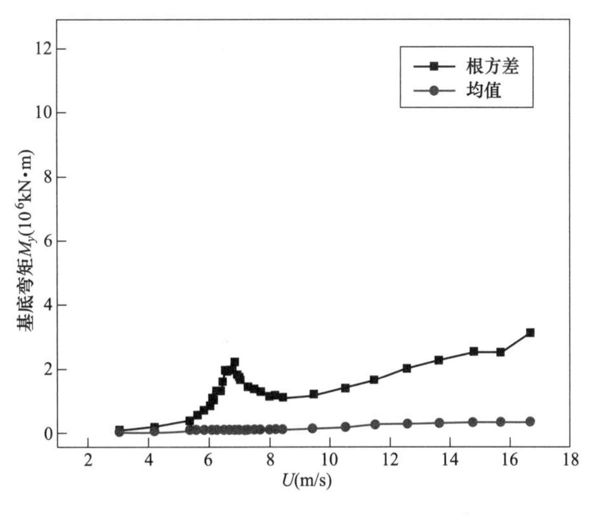

图 2-16　基底弯矩响应（δ=2.0%）

四、风洞试验结果分析

风洞试验的结构响应峰值如表 2-5 所示。

表 2-5　　响应峰值

项目	无 TMD，0.7%		无 TMD，1.0%		无 TMD，1.5%		无 TMD，2.0%		有 TMD，0.7%	
方向	X 向	Y 向	X 向	Y 向	X 向	Y 向	X 向	Y 向	X 向	Y 向
剪力（kN，$\times10^4$）	3.5	1.76	1.65	0.72	1.21	0.54	1.83	0.52	0.94	0.47
弯矩（kN·m，$\times10^6$）	5.6	2.66	2.55	1.01	1.86	0.75	1.88	0.75	1.48	0.69

结果表明实际结构在 243m 高度处的风速为 38m/s 左右时会产生涡振（注，该风速小于设计风速），该作用不能忽略。

简单归纳可得，吸热塔的结构涡振现象与阻尼比十分敏感，一定范围内，随着阻尼比的增大，结构响应迅速减小。阻尼比为 0.7%时，结构安装 TMD 后减振效果显著，响应峰值可减小至 50%左右。

第三节　方变圆截面吸热塔风洞试验

方变圆截面吸热塔的依托工程为迪拜 DEWA 项目，是为了响应国家“一带一路”倡议而具体实施的项目，其建成后将成为世界总装机最大的光热发电项目。

与 NOOR Ⅲ期项目不同，本项目吸热器及其连接钢结构在地面整体组装后整体吊装至塔顶，因此在吸热塔的下部设置矩形开大洞口截面，通过方变圆过渡段变成圆形截面，即形成了底部大开孔上圆下方的截面，具体见图 2-17。

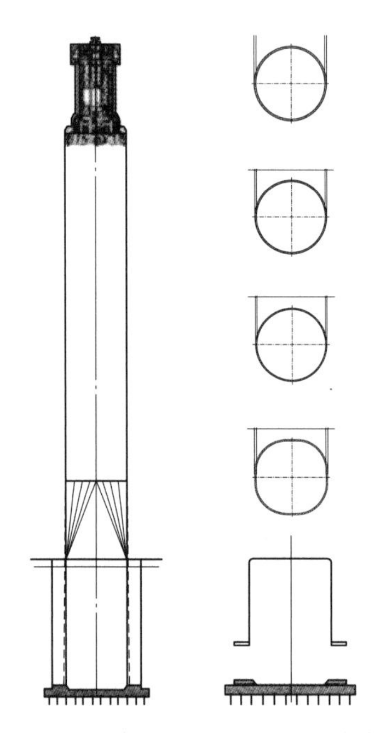

图 2-17　迪拜 DEWA 项目吸热塔结构

一、刚性模型的制作及雷诺数的模拟

为提高试验结果的可靠性，本项目的吸热塔按 1∶200 的几何缩尺制作了两种不同的刚体模型（高频测力天平模型与同步压力积分模型）进行相互验证试验。

高频测力天平（HFFB）模型：HFFB 试验模型采用轻质航空模型板制作，以确保模型的轻质与刚性。模型安装在由德国 ME-Meßsysteme 公司定制的六分量动态天平上，详见图 2-18。

同步压力积分（SPI）模型：SPI 模型采用塑胶材料制作，在模型表面安装了可同步测试的 480 个压力传感器。采用美国 SCANIVALVE 公司的 DSM3400 电子扫描阀对表面风压进行高速采样，详见图 2-19。

模型表面粗糙度的具体设计参照之前类似圆柱结构的风洞试验研究结果，并在当前试验中进行了验证。

图 2-18　高频测力天平（HFFB）模型

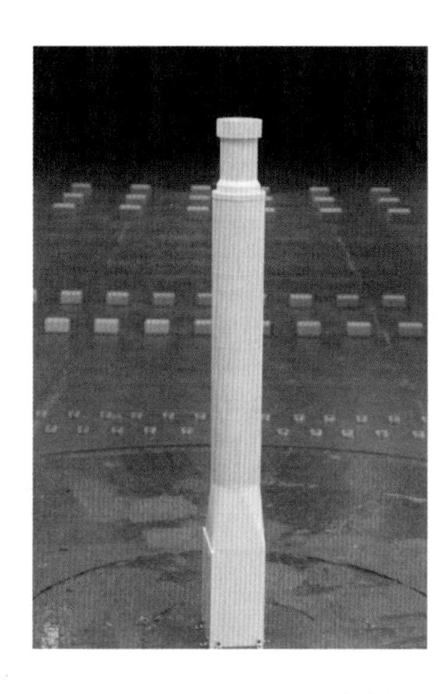

图 2-19　同步压力积分（SPI）模型

二、刚性模型的风洞试验及结果分析

迪拜当地规范规定迪拜地区的建筑与结构强度设计时必须采用 45m/s 作为基本风速（开阔场地上 10m 高度处的 3s 阵风风速）。因此在计算本项目结构设计风荷载时采用了 45m/s 的风速。

根据工程经验并参照类似结构的资料，假定结构阻尼比为 1.0％左右是比较合适的。为了评估结构阻尼对风致响应的敏感性，还分析研究了假定结构阻尼比为 2.0％和 5.0％时的风荷载和加速度响应。

刚性模型风荷载的基底剪力和倾覆力矩计算结果详见图 2-20。

图 2-20 所示为基底风荷载随风向角的变化。结果表明峰值荷载（最大值或最小值）的变化规律与平均荷载的变化规律非常不同。顺风向的平均荷载较大，但峰值荷载相对较小。而在平均荷载几乎为零的横风向上，峰值荷载却很大。吸热塔上较大的横风荷载主要是由规律性的涡旋脱落引起的。图 2-21 为 45m/s 风速下的结果，并且假定该风速

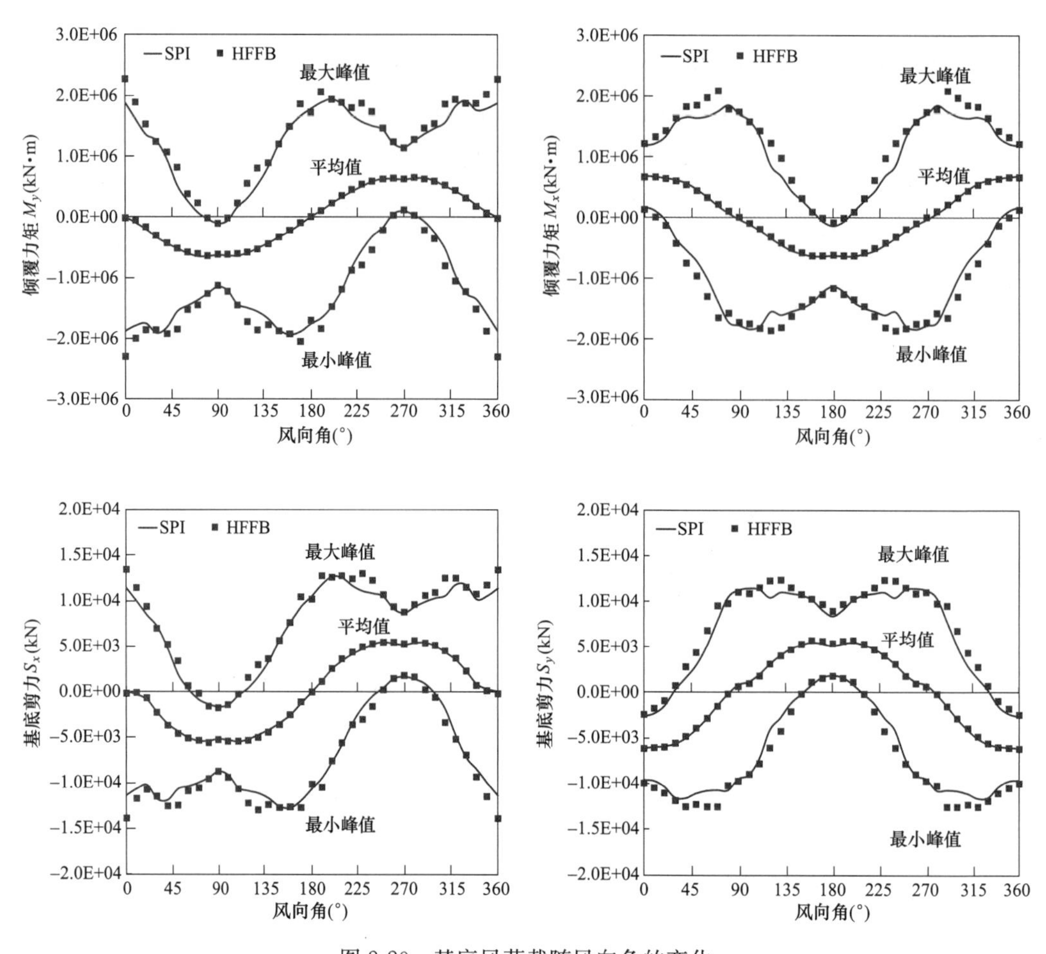

图 2-20　基底风荷载随风向角的变化

出现在每个方向上。作为比较，图中还给出 SPI 模型试验与 HFFB 模型试验的结果比较，可见两个独立模型试验的结果具有很好的一致性。需要说明的是 HFFB 模型试验中仅考虑了基本模态（前两阶模态），而 SPI 模型试验中则包括了高阶模态的影响（前四阶模态），由此可以看出高阶模态对塔基总荷载的影响很小。

基底风荷载随风速变化结果见图 2-21 和图 2-22。

表 2-6 给出吸热塔结构设计风荷载的具体数值，代表各荷载分量在 100 年回归期内（参考风速≤48.1m/s）达到的最大值。

表 2-6　　　　吸热塔结构设计风荷载

参数	M_y(kN·m，$\times10^6$)	M_x(kN·m，$\times10^6$)	S_x(kN，$\times10^4$)	S_y(kN，$\times10^4$)
结构阻尼比=1.0%	2.36	2.19	1.42	1.32
结构阻尼比=2.0%	1.54	1.44	0.104	0.111
结构阻尼比=5.0%	1.18	1.22	0.952	0.101

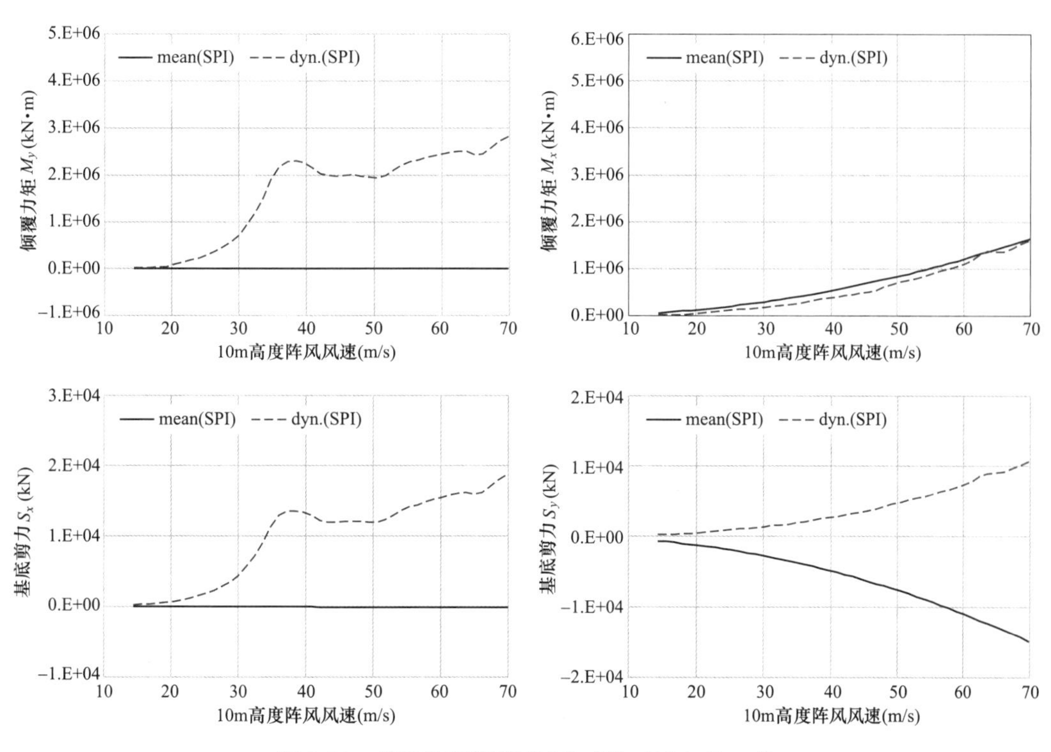

图 2-21　基底风荷载随风速的变化（风向角＝0°）

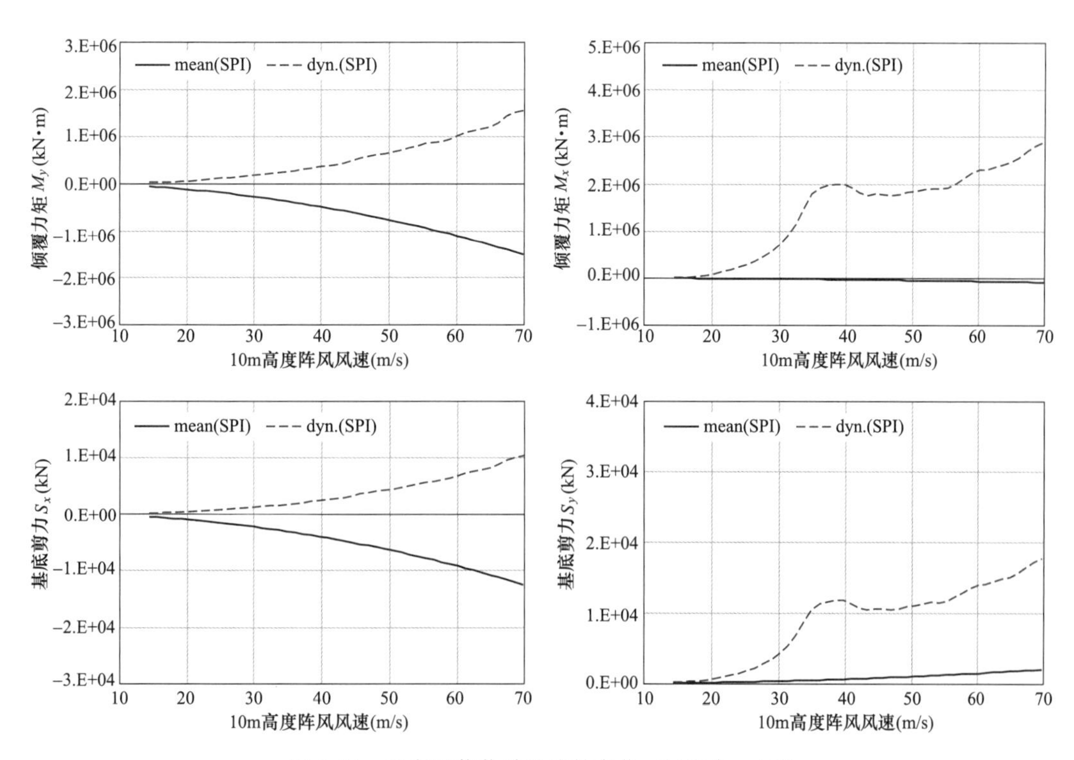

图 2-22　基底风荷载随风速的变化（风向角＝90°）

三、结构阻尼比对风致响应的影响

当结构设计受横风向荷载控制时，结构阻尼比成为一个非常重要的参数，但精确估计结构阻尼比是很困难的，因为结构阻尼比不但受结构材料的影响，而且受结构系统、节点细节、施工方式、地基情况以及振幅大小等诸多因素影响。基于对类似结构的工程经验及有关资料，该处取 1.0%结构阻尼比作为本次研究的基准工况。

如果在塔上安装附加的阻尼装置，则能够提高结构的阻尼比，从而有效降低结构的横风向荷载，同时也能减小设计中对结构阻尼比这一重要参数估计的不确定性而带来的计算误差。通过采用调谐质量阻尼器 TMD，可以将当量结构阻尼比有效提高到 2.0%以上，基于此，我们分析了设置 TMD 之后的结构设计风荷载。分两种情况：①当量结构阻尼比增加到 2.0%；②当量结构阻尼比增加到 5.0%。

图 2-23 和表 2-7 给出不同风速下不同阻尼比结构的风致响应。

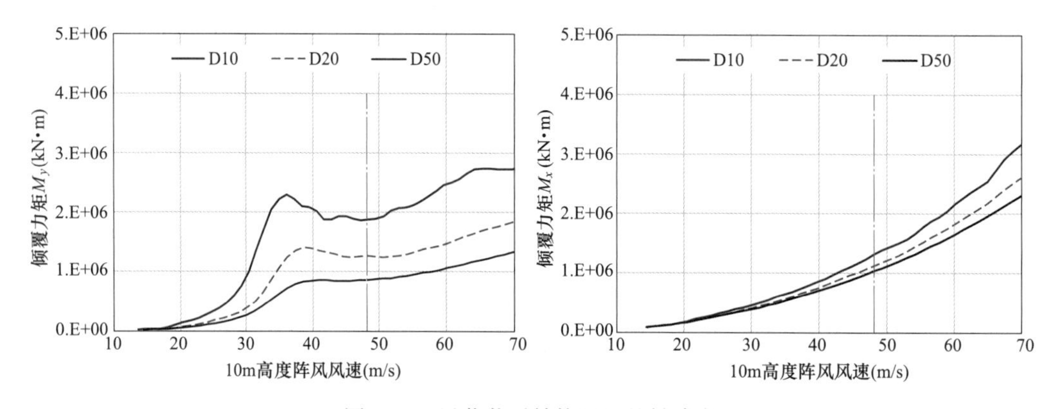

图 2-23　风荷载对结构阻尼的敏感度

表 2-7　　标高 EL. 222m 处的横风向风振加速度与风振位移

参考风速(m/s)	1.0%阻尼比		2.0% 阻尼比		5.0% 阻尼比	
	横风向风振加速度（g）	横风向风振位移（cm）	横风向风振加速度（g）	横风向风振位移（cm）	横风向风振加速度（g）	横风向风振位移（cm）
≤14	0.001	0.5	0.001	0.3	0.001	0.2
≤ 20	0.005	1.4	0.003	0.9	0.002	0.6
≤ 48	0.098	28.2	0.059	17.1	0.037	10.8

四、气动弹性模型的设计、制作与试验方法

为了同时满足外形相似与结构相似的要求，气动弹性模型采用分系统设计方法，即分别设计模型的骨架系统和模型的外壳系统。骨架系统用以满足结构刚度与质量等结构动力特性方面的相似性要求，需要结合有限元分析完成设计；而外壳系统则用以满足结构外形的空气动力学相似性要求。特殊设计的外壳与骨架之间的连接方式确保了外壳不会参与骨架的刚度，同时能够将作用在外壳上的气动力有效地传递到骨架系统。吸热塔气动弹性模型的骨架系统采用铝合金材料，外壳系统则以航空模型板与铝合金材料制作，整个外壳分成 7 段。在仔细测定模型骨架与外壳的质量分布后，再沿模型高度方向

附加集中质量块，使模型的质量及其质量分布与实际结构之间满足相似性要求。模型骨架的底部支座使模型可以直接安装在风洞的底座天平上。图 2-24 为气动弹性模型中具代表性的设计图纸。图 2-25 为完成后的模型图片。

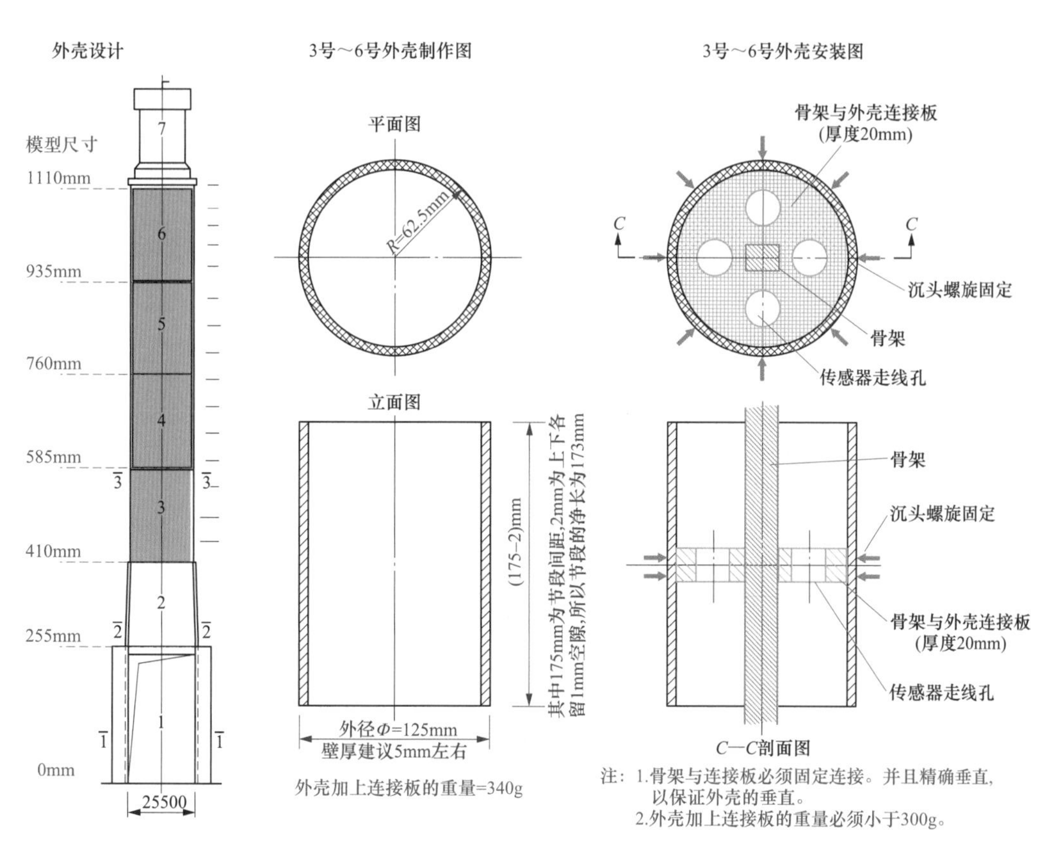

图 2-24 气动弹性模型设计图

图 2-25 制作完成后的气动弹性模型

在对应足尺吸热塔 222m 高度处设置了微型质量阻尼器用以模拟较高的结构阻尼比工况（4.6%），参见图 2-26，实际模型见图 2-27。

图 2-26 加速度传感器与微型质量阻尼器设置

图 2-27 风洞试验中的吸热塔气动弹性模型

五、气动弹性模型试验结果分析

峰值加速度分析：由气动弹性模型风洞试验直接测得吸热塔 EL. 222m 处约 30min 的风振加速度时程，然后对时程数据乘上相似参数后进行统计分析，包括对峰值的极值分析，最后得到不同结构阻尼比下峰值加速度随风速的变化规律，如图 2-28 所示。

从图 2-28 中可以看出，阻尼比对风振加速度非常敏感。在设计风速为 45m/s 时，最大加速度实际上是由小于设计风速（临界风速约为 37m/s）的工况控制的，然而当阻尼比增加到 4.6%时，涡激临界风速时的涡激振幅与设计风速时的抖振振幅已基本持平。

另外还注意到在发生涡激振动时，除了在横风向出现很大的振幅外，沿顺风向的振幅也有明显的增加。这是因为 X 与 Y 两个正交方向的自振频率非常接近，受模态相干性的影响，实际的振动轨迹是以横风向为长轴的椭圆形状。这一复杂的空气动力学与结构动力学现象很难在之前的刚体模型试验分析中得到体现，而气动弹性模型试验则完整详细地描述了这一真实的物理现象。图 2-29 给出在各风向角下涡激共振时吸热塔的加速度轨迹。

风致基底荷载分析：将气动弹性模型风洞试验得到的吸热塔基底荷载时程乘上相似参数，然后进行统计分析，包括对峰值的极值分析，最后得到各试验工况下基底荷载峰值随风速的变化规律，如图 2-30 所示。

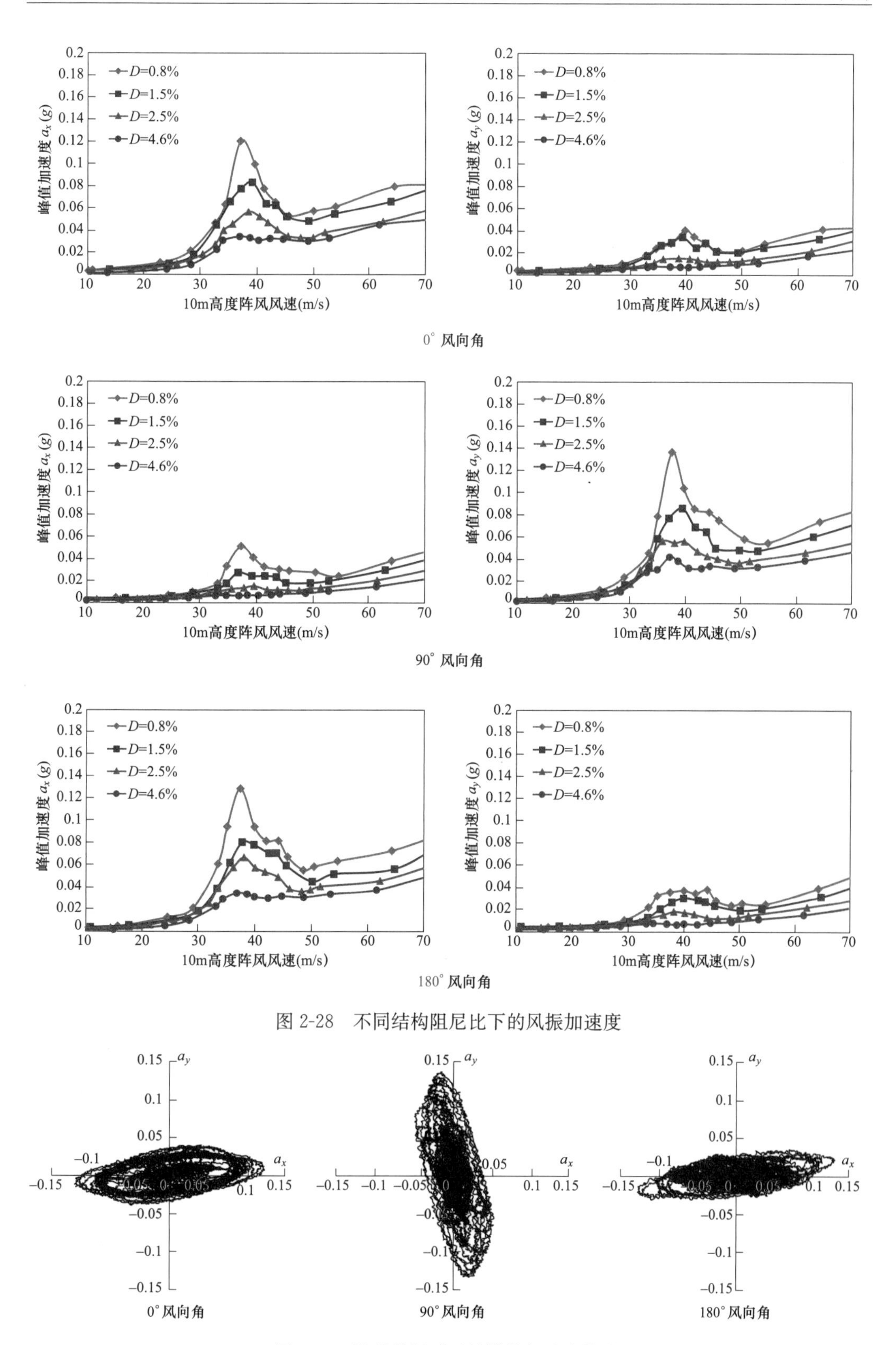

图 2-28　不同结构阻尼比下的风振加速度

图 2-29　涡激共振时吸热塔的加速度轨迹

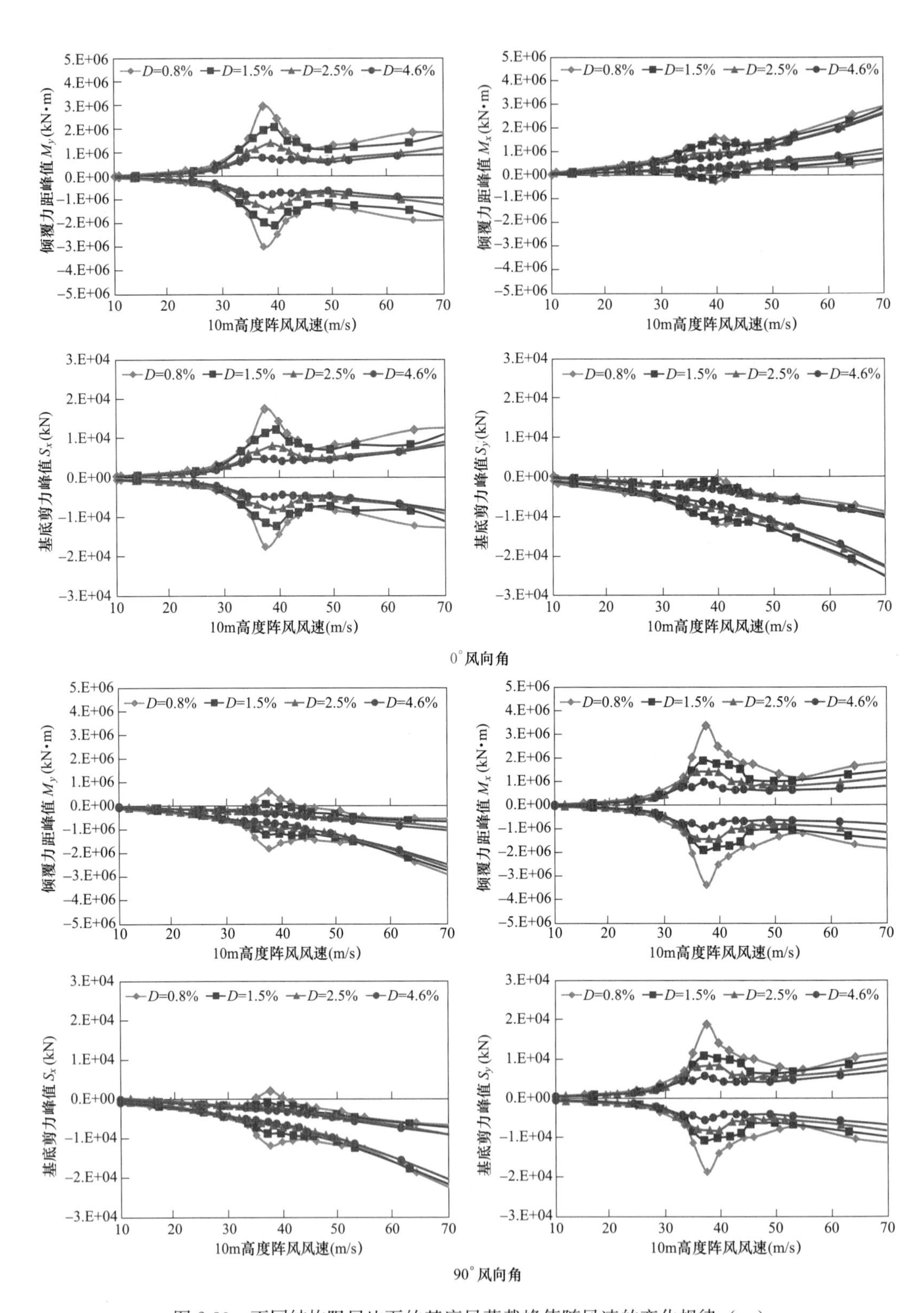

图 2-30　不同结构阻尼比下的基底风荷载峰值随风速的变化规律（一）

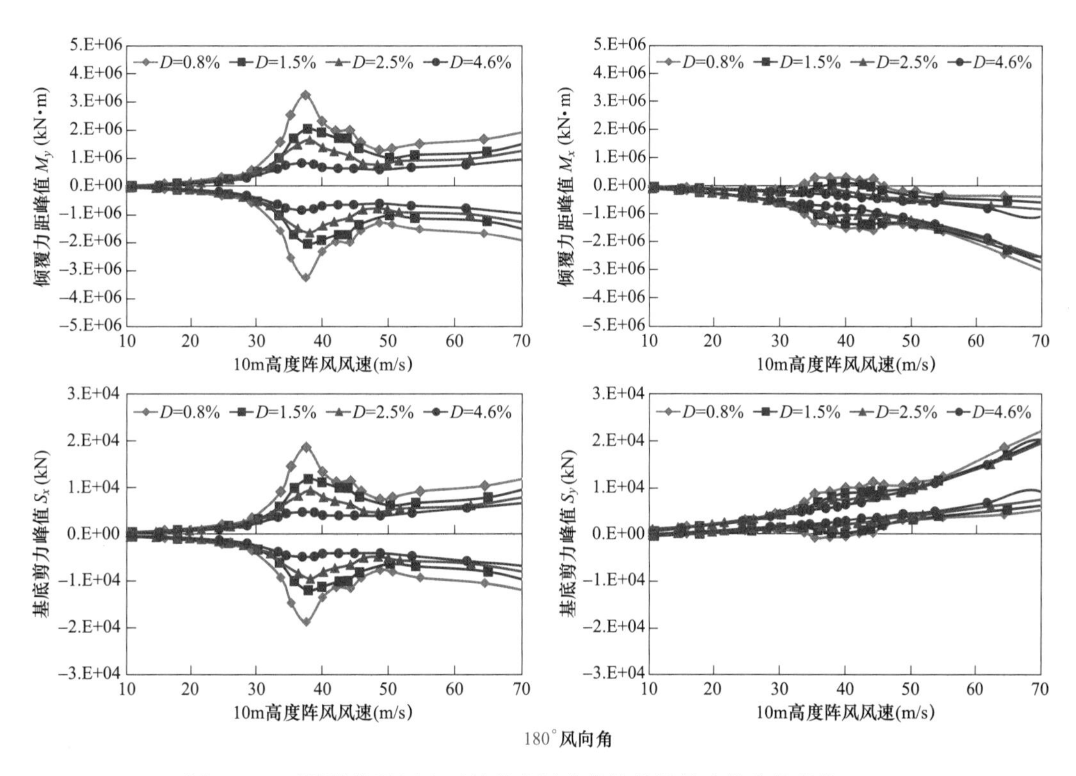

图 2-30 不同结构阻尼比下的基底风荷载峰值随风速的变化规律（二）

图 2-30 中所示峰值代表不同风速下基底的最大与最小荷载。对横风向荷载，最大值与最小值在量值上非常接近。但对顺风向荷载，与顺风向静力荷载同方向的峰值较大。

在顺风向荷载中，由于静力荷载的占比，阻尼比对顺风向荷载的影响远远小于横风向荷载。而阻尼比对横风向荷载的影响则与前述的加速度响应类似。

另外可以看出，当阻尼比较小时，设计风荷载是由小于设计风速（45m/s）时的涡激横风向荷载控制的。然而当阻尼比增加到 4.6%时，设计风速下的顺风向荷载在数值上将超过涡激横风向荷载，所以设计风荷载由顺风向荷载控制。

与加速度数据分析类似，我们也分析了 X 与 Y 两个正交方向的风荷载变化轨迹。这一数据有助于确定最不利的荷载，或确定两个正交方向风荷载的组合系数。图 2-31 为三个测试风向角下结构阻尼比为 0.8%时两个正交方向倾覆力矩的变化轨迹。可以看出倾覆力矩的轨迹椭圆在顺风方向有一个静力偏移。

气动阻尼与峰值系数，更详细的分析结果表明，虽然刚体模型试验与气动弹性模型试验得到的峰值响应基本一致，但如果比较响应的均方值，两种模型试验的结果在涡激共振区域附近是有差别的。由气动弹性模型试验得到的涡激振动加速度的均方值明显大于刚体模型试验得到的估计值，如图 2-32 所示。

这一差别主要是由气流与结构振动之间复杂的非线性耦合作用（即气动弹性力学效应）造成的。为工程应用方便起见，这种效应通常被简化归纳为气动阻尼。气动阻尼的

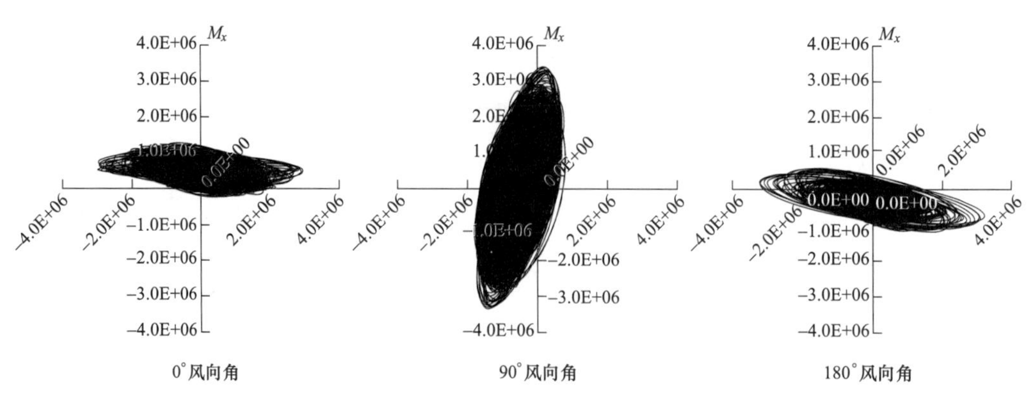

图 2-31 涡激共振时吸热塔的倾覆力矩轨迹

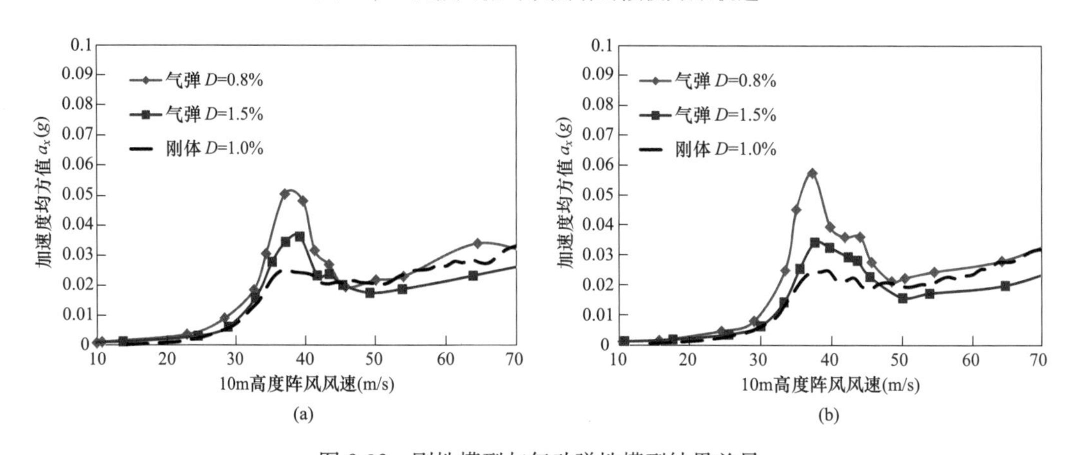

图 2-32 刚性模型与气动弹性模型结果差异

(a) 0°风向角横风向加速度均方值；(b) 90°风向角横风向加速度均方值

影响在涡激共振区附近尤为重要，因为这一区域内的横风向气动阻尼为负值，使得整个振动系统的总阻尼（即结构阻尼+气动阻尼）的数值小于结构阻尼，从而造成实际的横风向响应大于刚体模型试验中按结构阻尼比估计的横风向响应。

采用系统识别技术，可以根据气动弹性模型的实测风振响应求出不同风速下的气动阻尼比。图 2-33 给出实测气动阻尼比随风速比（U/U_{cr}）的变化规律，图中 U_{cr} 为涡激临界风速（=37.3m/s）。可以看出当风速接近涡激临界风速时，负气动阻尼值呈增大趋势，在临界风速处达到最大值（≈−0.6%）。随着风速大于涡激临界风速，负气动阻尼值逐渐降低。当风速比为 1.3 左右时，气动阻尼的影响几乎为零。而当风速比进一步提高，则会出现一定的正气动阻尼，使得实际的横风向风振响应低于不考虑气动阻尼影响的刚体模型试验值。

除了横风向气动阻尼外，顺风向风振也受到顺风向气动阻尼的影响。与横风向气动阻尼不同，顺风向气动阻尼一般为正值，因此在顺风向风振估计中不考虑气动阻尼所得结果是偏保守的。然而对于吸热塔结构，由于顺风向与横风向的自振频率非常接近，顺风向振动会由于模态相关性受到横风向响应的影响，出现明显大于纯顺风响应的振幅。在这种情况下，可以忽略顺风向气动阻尼的作用。

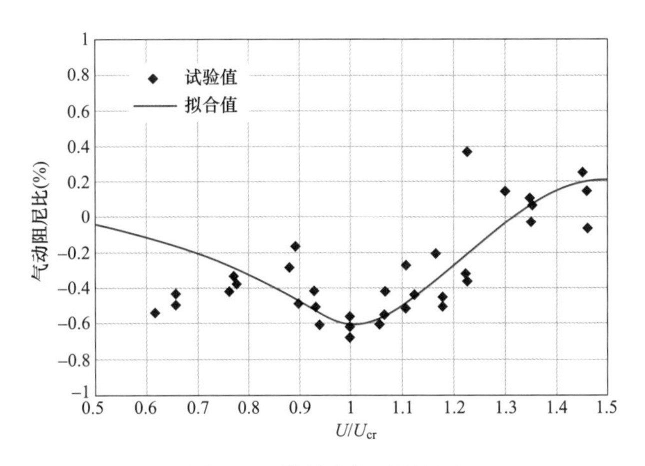

图 2-33　横风向气动阻尼比

值得说明，气动阻尼的大小一般与振幅有关，因此也与结构特性有关。图 2-33 给出的横风向气动阻尼比反映了针对吸热塔结构的一般规律。

除了气动阻尼作用外，风振响应的峰值还与峰值系数有关。峰值系数定义为峰值与均方值之比，峰值系数的大小与风振响应时程的随机特性有关。对正态随机过程，峰值系数可以由理论公式（Davenport 公式）计算得到，其数值一般在 3.5 至 4.0 之间。而对于简谐振动过程，则相应的峰值系数约为 1.4。

顺风向风振主要为抖振响应，具有典型的正态过程特点，因此 Davenport 公式能比较准确地估计顺风向峰值系数。由于这个原因，Davenport 公式被广泛应用于各国的建筑规范。然而对横风向响应，当结构振动从宽带的抖振响应逐步过渡到带宽较窄的涡激振动时，相应的峰值系数将会降低。极端的涡激共振可能接近简谐振动。

在刚体模型试验中，峰值系数是由 Davenport 公式计算得到。而在气动弹性模型试验中，峰值系数则可通过时程记录的最佳无偏极值分析更精确地求得。可以看出横风向响应的峰值系数一般低于 Davenport 公式的计算值，特别是在涡激共振区附近，实际的横风向峰值系数降低到 2.0 左右。

在上述均方值和峰值系数的综合影响下，由刚体模型试验得到的涡激共振区峰值响应与气动弹性模型试验结果基本一致。但超过涡激风速后，由刚体模型试验得到的抖振响应则偏于保守。

由于本项目的结构设计风荷载与风振评估主要受涡激共振区的峰值响应控制，因此基于刚体模型试验给出的结构设计风荷载对本工程项目仍然具有可用性。

六、结构设计风荷载数值模拟 CFD 方法研究

采用计算流体力学（Computational Fluid Dynamics，CFD）方法对该吸热塔进行数值模拟，更直观细致地了解气流在结构周围的流动状态。

吸热塔结构有限元模型参照施工图进行模拟。流场采用结构化网格进行划分，模型周围区域设置加密区及边界层网格。具体网格划分参见图 2-34。湍流模型采用 RNG k-epsilon，湍流积分尺度的计算公式按照日本规范。CFD 的模拟计算采用软件 Fluent

完成。

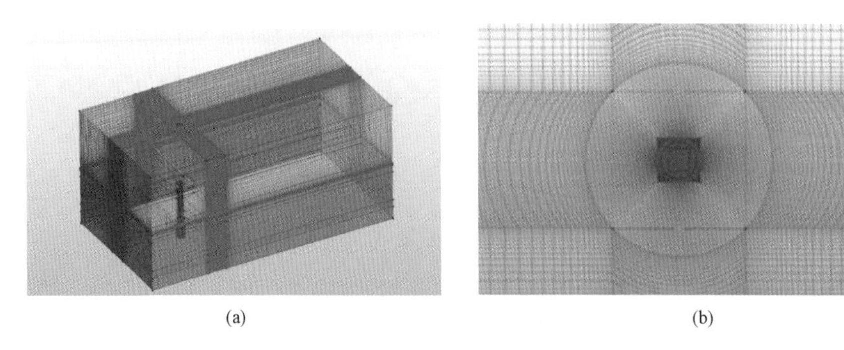

图 2-34　CFD 计算域网格划分

（a）计算流域全局网格；（b）核心区网格

CFD 数值模结果，对上述的有限元模型进行分析，得出如下结果。图 2-35 给出当塔顶参考风速为 35 m/s 时吸热塔表面风压沿高度的分布。

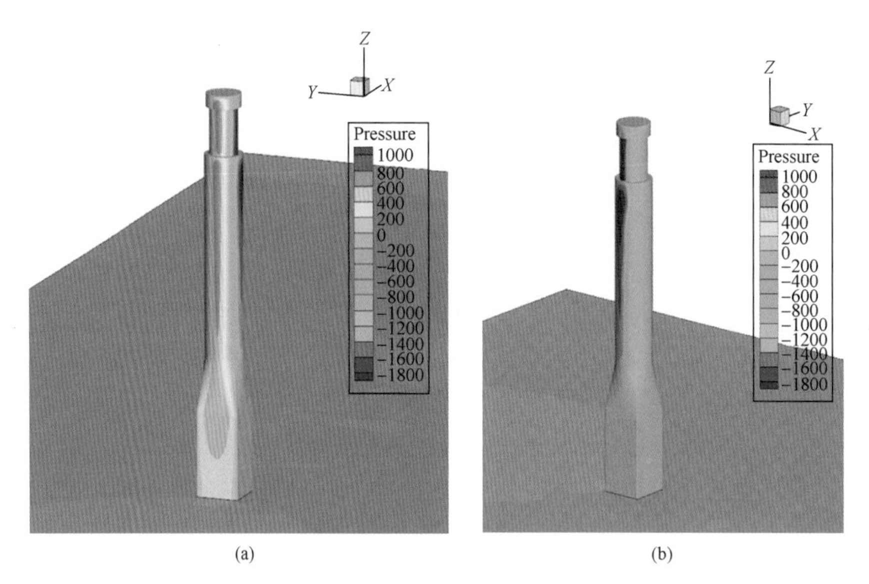

图 2-35　吸热塔表面的风压沿高度的分布图

（a）迎风面风压图；（b）侧风面与背风面风压图

由图 2-35 可见，最大正风压出现在迎风面，最大负风压（吸力）则出现在侧风面。而且沿高度的最大正风压与最大负风压均出现在塔顶设备层附近。这一分布规律基本符合风洞试验结果。

图 2-36 为沿高度的风速矢量图与涡量图，显示了吸热塔绕流过程复杂的三维特性。从图中可以发现，这种三维特性使得绕流流态中不但存在横风向的水平分量，而且存在竖向分量，特别是在塔顶附近与塔体的下部。

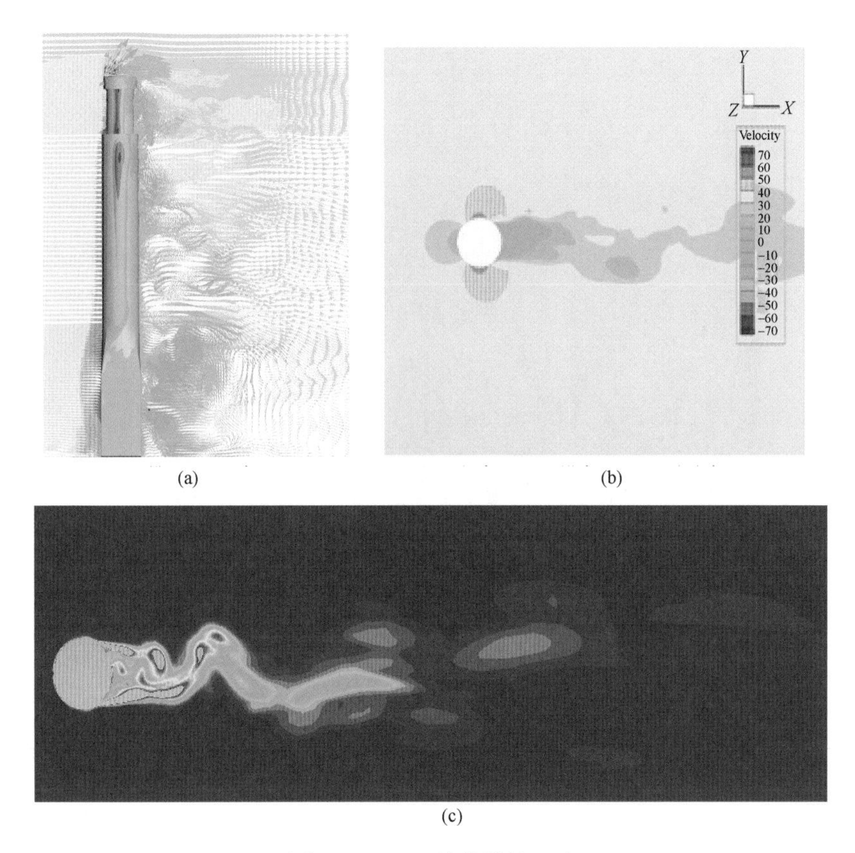

图 2-36　CFD 计算结果显示

（a）CFD 模型风场示意；（b）标高 200m 处塔身周围的风速分布；（c）标高 160m 处的涡量图

第四节　吸热塔风振控制

吸热塔风荷载决定着吸热塔的结构设计，风荷载大小与很多参数相关。对于结构在风荷载作用下的设计，当风荷载响应较大时，为保障安全有两种处理方式，一种为增大结构的承载力，另一种为采取措施减小风荷载的影响，而后者主要有两种方式来实现减小风荷载，主要有增设 TMD 方式和空气动力学优化方式。

一、电涡流 TMD 的应用

TMD 方式，主要通过设置 TMD 设施，吸收风荷载产生的能量，等效于增加了结构阻尼比，从而减小风荷载作用效应。在摩洛哥项目中采用的电涡流 TMD 图，详见图 2-37。

TMD 的设计首先需要根据阻尼器的性能目标，确定最优的设计参数，以此作为技术设计与制造设计的依据。

根据结构固有频率，计算得到从吊点到质量块的单级摆总长度（有效长度）为 2.98m。根据以往工程经验，由于在结构计算模型中某些简化的或难以精确计量的因素，结构建成后的实际固有频率往往高于设计时的计算值。为计入这种可能的差异，所

图 2-37　电涡流 TMD 安装图

设计的 TMD 需要有一定的可调范围，以保证 TMD 的频率能调节到结构建成后的实际频率。这一调节可以通过改变钢索的有效长度实现。一般在设计中考虑的调节范围是在目前的计算频率基础上调节－5％～＋10％，与此相应的钢索有效长度调节范围是 2.46～3.30m。

质量块的质量是一项重要的优化参数。虽然一般来说阻尼器能提供的最大减振效果随质量块的增大而增大，但过大的质量块在造价与空间占用率方面都会有不利的影响。

TMD 的阻尼器参数也是一项重要的优化参数。由于与质量块的大小有关，TMD 的阻尼参数需要通过优化分析得到。

除了设置限幅装置防止 TMD 摆动过大外，还可以采用非线性钢化型的 TMD 阻尼器，为此需要进行复杂的非线性时程分析与优化。在初步设计阶段可先假定 TMD 的阻尼器特性是线性的。

为了可度量 TMD 的效应，我们首先要定义当量阻尼比这个参数。其中当量阻尼比由加速度方差定义如下：

$$\zeta_e = \frac{V_{a0}}{V_{a\_TMD}} \cdot \zeta_0 \tag{2-1}$$

式中　ζ_e——当量阻尼比；

ζ_0——结构阻尼比；

V_{a0}——没有 TMD 时的结构加速度方差；

V_{a_TMD}——设置 TMD 后的结构加速度方差。

显然当量阻尼比越高，代表 TMD 的减振效果越好。由此我们可以取当量阻尼比为指标来评估 TMD 设置在不同高度的效果差异。

图 2-38 给出 TMD 设置在塔顶部与混凝土结构顶部（EL. 222m）这两个高度时各自的效果。计算中取结构阻尼比为 1.0％，TMD 的质量块分别为 30t、40t、50t 和 70t

四种情况。由图中可以看出：

（1）可达到的当量阻尼比随质量块的增大而增加；

（2）TMD 的最佳阻尼比值随质量块的增大而增大；

（3）为了得到相同的当量阻尼比，EL. 222m 高度的 TMD 质量块需要设置比塔顶高度更大的质量。

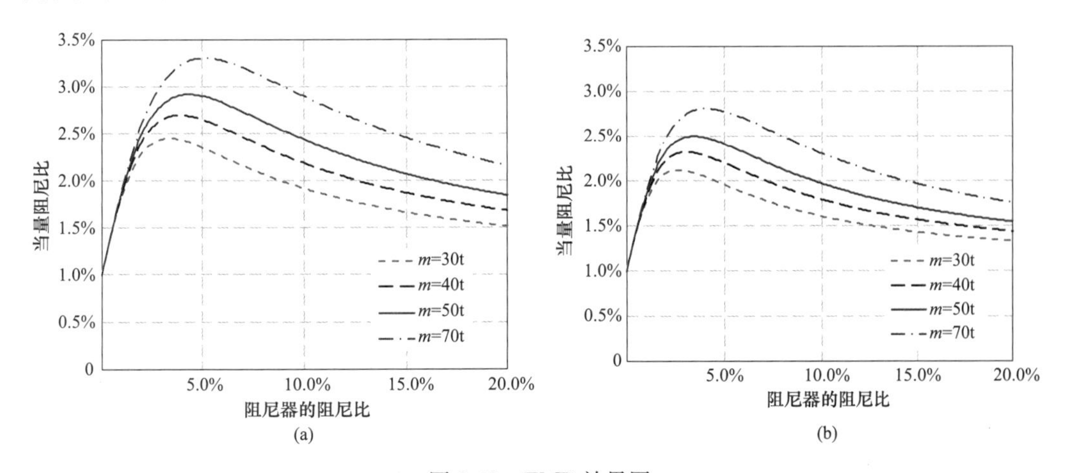

图 2-38　TMD 效果图

（a）阻尼器设置在塔顶；（b）阻尼器设置在标高 EL. 222m

为了验证 TMD 在减少风荷载方面的有效性，需要将风洞试验数据与结构-TMD 系统相结合进行模拟计算。

所得结果如图 2-39 所示，可以看出，由以上参数设置的 TMD 的减振效果与假定整体结构阻尼比为 2.0％的减振效果结果非常接近。

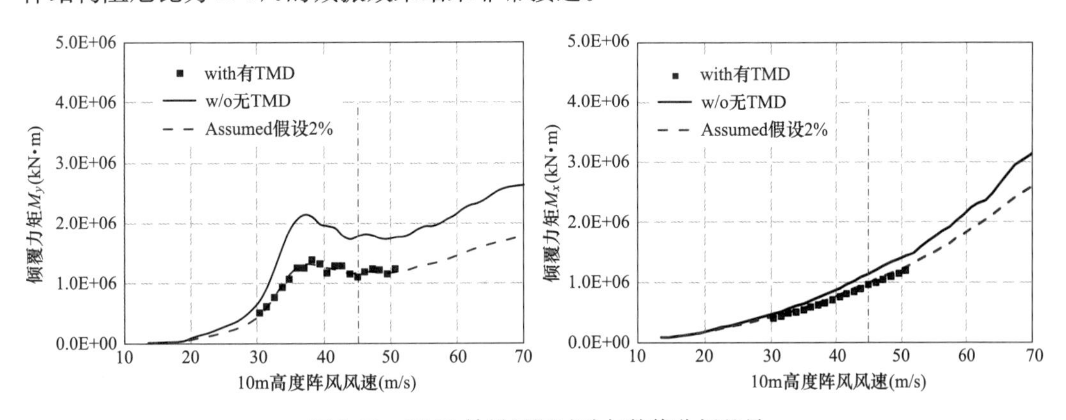

图 2-39　TMD 效果风洞试验与数值分析差异

二、TMD 效应的分析

TMD 效应的分析，可以分为试验方式和有限元软件模拟方式两种。有限元软件模拟方式采用通用有限元软件 ANSYS 分析 TMD 对于光热塔的风振响应控制，进行风载时程分析时，此时取结构阻尼比为 0.01，ANSYS 结构计算模型见图 2-40，TMD 的参数同试验模型。

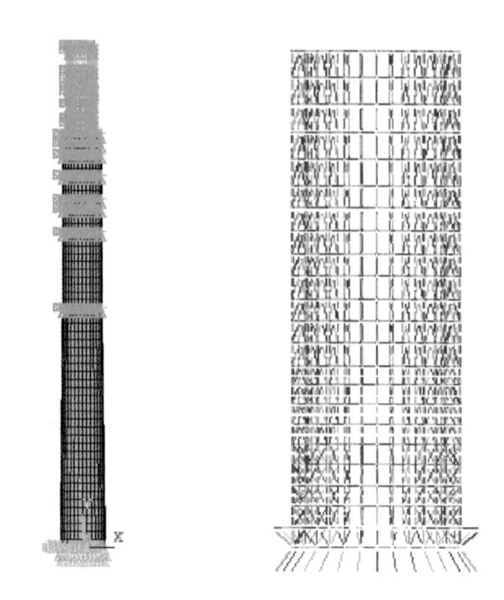

图 2-40　ANSYS结构计算模型

统计各指标峰值处的减振效果如表 2-8 所示。

表 2-8　各指标降低率（%）

条件	243m 处位移	243m 处速度	243m 处加速度
TMD 设置在 230m 处	20.1	41.4	37.2
TMD 设置在 200m 处	2.4	28.4	26.6
条件	200m 处位移	基底弯矩	基底剪力
TMD 设置在 230m 处	24.8	29.0	17.1
TMD 设置在 200m 处	13.68	18.01	12.4

降低率按式（2-2）计算：

$$R=\frac{x_1-x_2}{x_1} \tag{2-2}$$

式中　x_1——没有安装 TMD 时，结构在脉动风作用下，全时程各响应的最大值；

x_2——安装 TMD 后结构全时程响应的最大值。

计算结果表明 TMD 对结构的速度响应和加速度响应有较好的控制效果，而对结构位移、基底剪力和弯矩具有一定的控制效果；TMD 设置在 230m 处时，对结构的控制效果明显优于 TMD 设置在 200m 处时。

三、摩洛哥 NOOR Ⅲ吸热塔现场实测

考虑吸热塔结构的特殊性以及所在区域摩洛哥风速大的实际情况，首次在吸热塔顶部创造性地设置了电涡流调谐质量阻尼器（TMD），同时，为了克服单个 TMD 控制效果不稳定，适用激励频过窄的缺点，本工程吸热塔结构在顶部设置了 4 个 TMD，即为多个调谐质量阻尼器（MTMD），以减少吸热塔结构的风振响应以及结构底部的反力。

根据工程的实际设计，1 阶广义质量 4273.5t，按照 1%质量比，实际结构 TMD 质量 42.7t。实际单摆长度 3～3.5m，TMD 布置在塔顶，具体见图 2-41，现场测试见图 2-42，设置 TMD 后的现场实测数据见表 2-9。

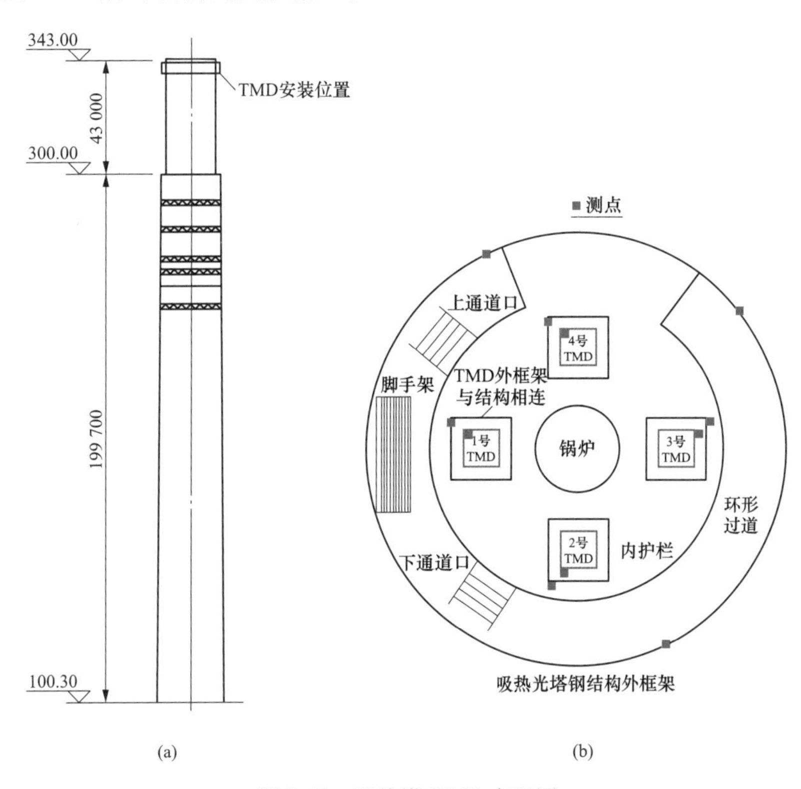

图 2-41　吸热塔 TMD 布置图

（a）立面图；（b）平面图

图 2-42　吸热塔 TMD 现场测试

表 2-9　　现场实测数据

项目	测点 1	测点 2	测点 3	平均值	目标值
阻尼比	4.09%	4.21%	4.21%	4.17%	2%

现场实测表明：

（1）吸热塔的一阶固有频率为 0.330Hz，电涡流 TMD 全部处于锁定状态时（TMD 不工作状态下）吸热塔的阻尼比约为 1.21%；

（2）四个电涡流 TMD 全部打开时（TMD 工作状态下）吸热塔的阻尼比为 4.17%；

（3）TMD 对吸热塔结构顶部位移减少可达 50%。

四、空气动力学优化措施

空气动力学优化方式，通过在吸热塔顶部设置各种措施，破坏风场的规律性变化，从而避免或减小风场与结构间的共振效应，实现减小横风荷载，如图 2-43 所示。

在基本外形基础上，研究了下列几种改变结构外形的气动控制方法：

（1）竖肋：所设计的竖肋气动控制方法由绕圆周的 18 片竖向肋条组成，肋条与烟囱外立面间隔 2m，肋条宽度为 10°圆周长（约 1.9m），相邻肋条之间的间隙也为 10°圆周长。为了考察竖肋长度对气动控制的效果，在距烟囱上端设置了三种不同的竖肋长度，分别为短竖肋（长度 L=40m，L/H=1/4.8）；中竖肋（长度 L=65m，L/H=1/3.0）；长竖肋（长度 L=78m，L/H=1/2.5），其中 H 为烟囱总高度。

（2）曲肋：曲肋的肋条大小与竖肋相同，肋条与烟囱外立面也留有 2m 间隔，但按螺旋线设置三道。参照竖肋长度对气动控制效果的试验结果，曲肋的布置长度取为 65m，即在距烟囱上端 1/3 高度范围内设置曲肋。

（3）整流圈：所设计的整流圈宽度为 2.4m，竖向间隔也是 2.4m。为了防止使用过程中积雪或积沙等问题，所设计的整流圈具有 45°向下的坡度。整流圈布置在距烟囱上端 1/3 高度范围内。

（4）观光平台：在距烟囱上端 1/3 高度范围内设置高 5m 宽 3m 的观光平台，平台之间的间距为 5m。在距烟囱上端 1/3 高度范围内共设置了 7 层观光平台。

（5）GB 破风圈：为了评估所设计的气动控制方法的效率，以 GB/T 50051《烟囱工程技术规范》中建议的螺旋板型破风圈为参照对象，并定义该螺旋板型破风圈为“GB 破风圈”。GB 破风圈的螺旋板宽度为烟囱直径的 1/10，按 120°间隔沿圆周布置三道，螺旋节距为烟囱外直径的 5 倍。GB 破风圈与上述的曲肋有类似之处，区别在于 GB 破风圈的螺旋板垂直于烟囱外立面，螺旋板与烟囱外立面之间没有间隙；而曲肋的螺旋板则平行于烟囱外立面，螺旋板与烟囱外立面之间有 2m 的间隙。

此外，还对在基本外形上增加筒首的情况进行了试验。筒首会改变气流的端部效应，需要评估由此造成的影响大小。

（一）风洞试验方法

为了验算上述几种方式的效应，进行风洞试验。气动控制方法风洞试验研究采用适用于非线性模态的高频测力天平方法与相关的分析技术。

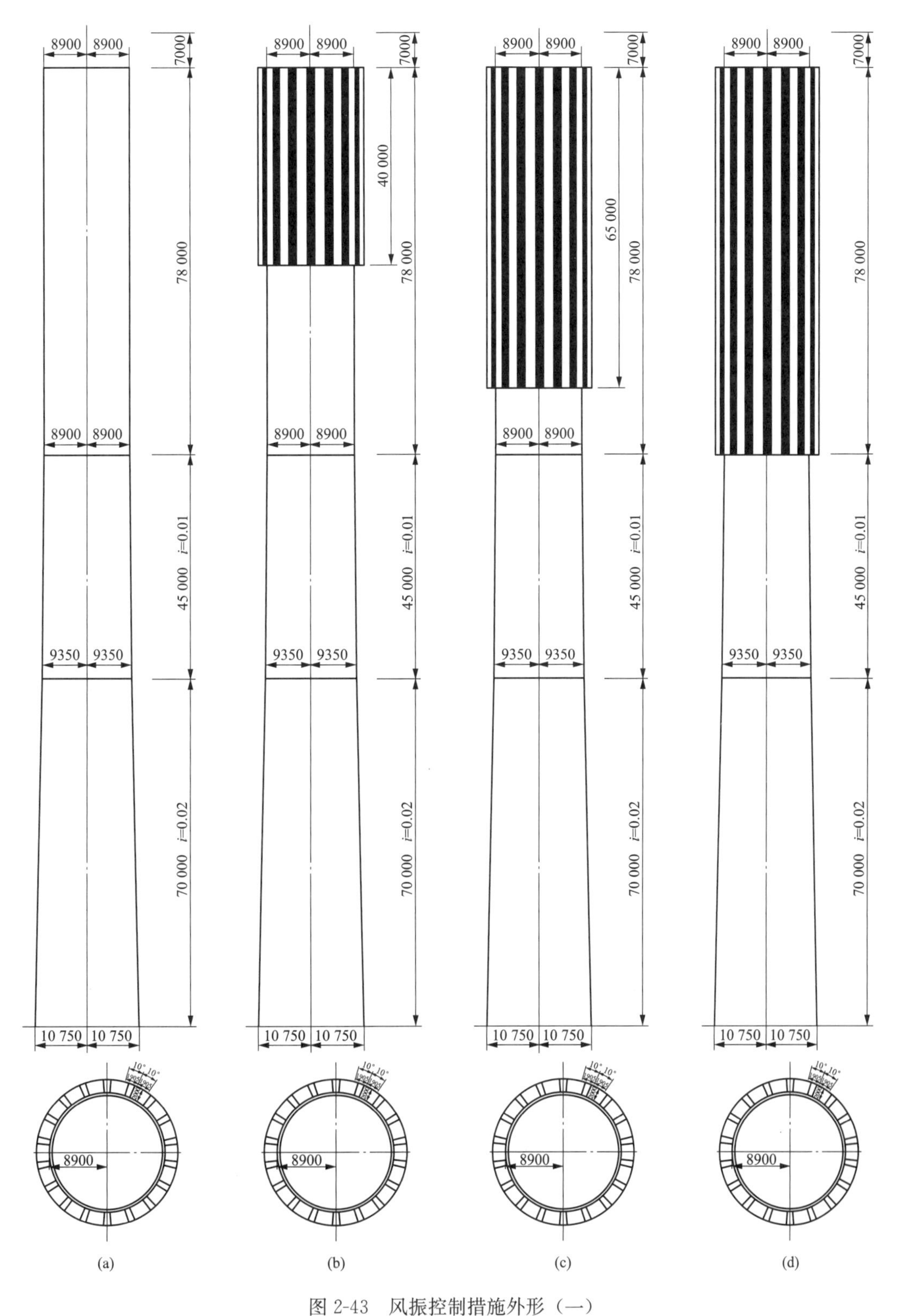

图 2-43　风振控制措施外形（一）

（a）基本外形；（b）短竖肋；（c）中竖肋；（d）长竖肋

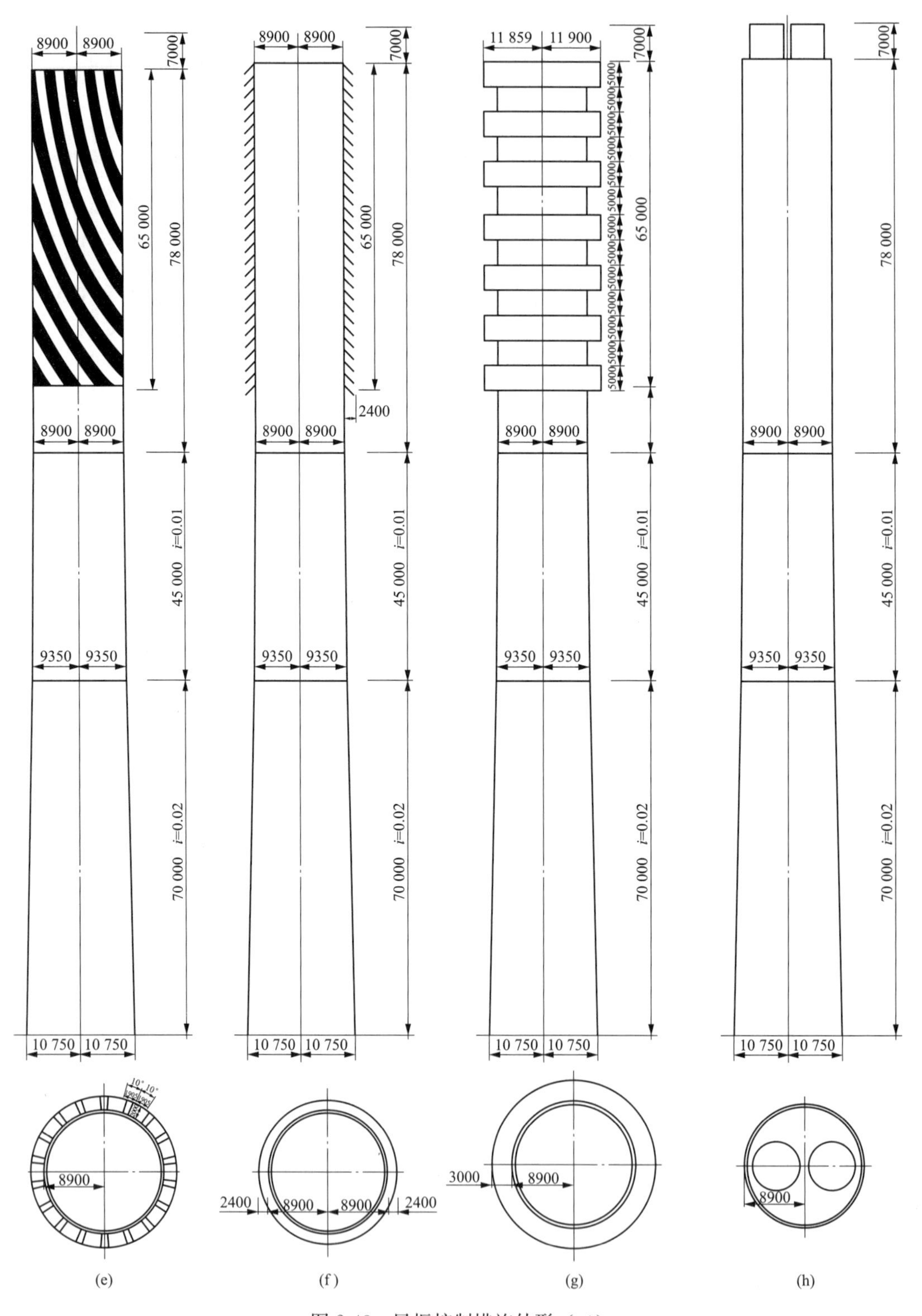

图 2-43　风振控制措施外形（二）

（e）曲肋；（f）整流圈；（g）观光平台；（h）筒首

风洞试验模型的几何缩尺定为 1∶200。这一缩尺满足有关风洞模拟的技术标准，包括对试验模型的模拟以及对大气边界层风场的模拟。试验模型采用轻质木材制作，以确保试验模型的轻质与刚性。由于风洞缩尺试验无法严格满足雷诺数相似条件，因此对试验模型的圆弧面进行粗糙化处理，以使得试验模型的空气动力学特性与足尺结构在实际高雷诺数下的空气动力学特性接近。

按照高频测力天平的理论，原理上只需要测试一个风速。为了验证试验模型对雷诺数的敏感度并提高试验可靠度，分别测试了三种风速 5m/s、7m/s 与 10m/s。试验结果表明 7m/s 风速与 10m/s 风速的测试结果非常一致，而 5m/s 风速的结果有一定偏差，可能是由于低风速情况下较低的信噪比造成的。因此在数据分析中不再考虑 5m/s 风速下的数据。由 7m/s 风速与 10m/s 风速的数据推算得到圆柱阻力系数约为 0.75，与规范数值基本一致，说明所采用的表面粗糙化处理能有效模拟圆柱的高雷诺数效应。试验中的模型见图 2-44。

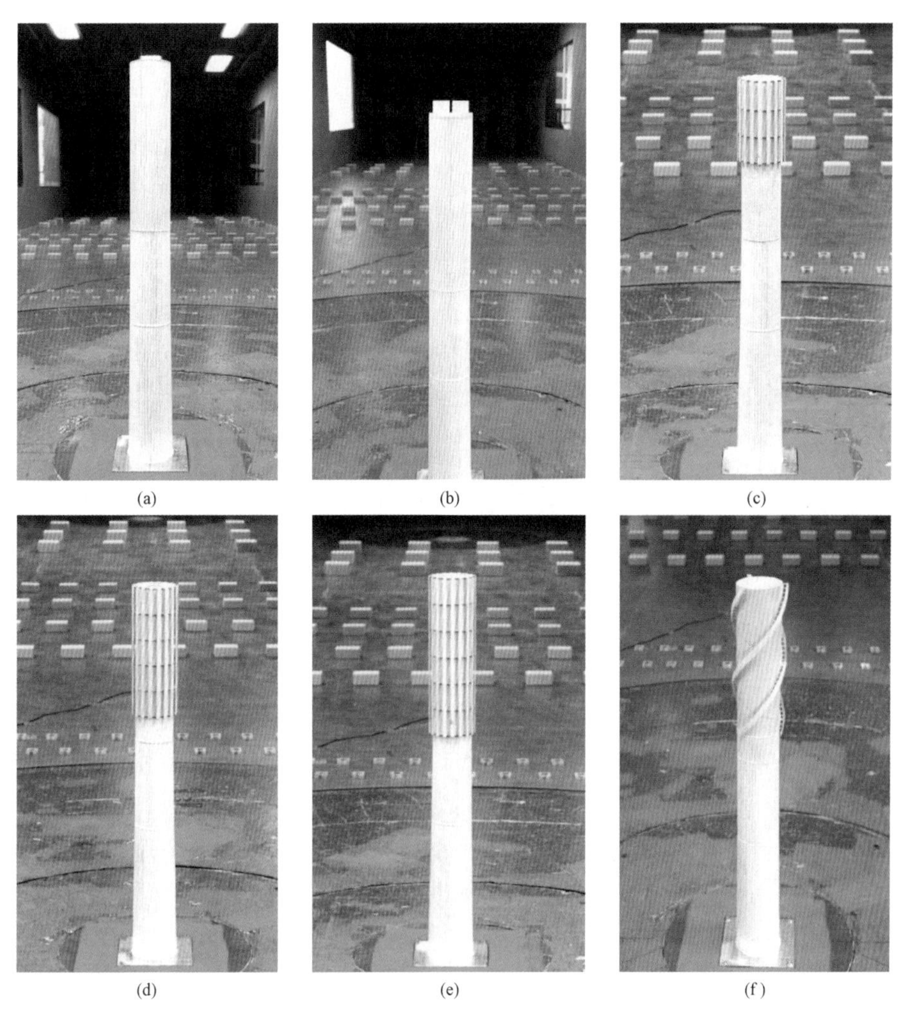

(a)　(b)　(c)　(d)　(e)　(f)

图 2-44　试验中的各种模型（一）

(a) 基本外形；(b) 筒首；(c) 短竖肋；(d) 中竖肋；(e) 长竖肋；(f) 曲肋

(g)

(h)

(i)

图 2-44　试验中的各种模型（二）
（g）整流圈；（h）观光平台；（i）GB 破风圈

（二）试验结果

为了对各试验工况的空气动力学特性进行一般化的比较，采用无量纲倾覆力矩系数与基底剪力系数作为比较指标。

图 2-45 给出各试验工况的倾覆力矩系数与基底剪力系数的测试值，其中包括顺风向的平均系数和均方根系数，以及横风向的均方根系数。平均系数代表风的静力作用，本项目烟囱的横风向平均系数为零。均方根系数代表风的脉动作用，表示动态风荷载中的背景分量。

由图中可以看出，除整流圈方案外，大多数气动控制装置都会略微提高平均风力。而整流圈方案对平均风力的作用几乎可以忽略。相比之下，观光平台方案与 GB 破风圈方案对平均风力的增大作用比较明显。这两种方案对倾覆力矩系数的增大量达 20%左右。筒首也会略微增加平均风力。

各试验工况的顺风向均方根风力系数的变化规律与平均风力系数类似。

除了观光平台方案外，大多数气动控制方案都会明显降低横风向均方根风力系数，特别是中长竖肋和整流圈方案。GB 破风圈方案对横风向均方根风力系数的影响不大。

需要指出，横风向均方根风力系数仅代表了横风向脉动的背景分量大小，不直接代表结构横风向响应的大小。结构横风向响应的大小主要还取决于横风向脉动风力在不同频段的能量分布。一般来说，能量越是集中在某一频段，则越有可能产生大的风致响应。这是因为在一定风速下结构的自振频率可能会落在这一频段内。图中可以看出横风向功率谱中的能量都比较集中，这是高耸结构中横风向响应往往控制设计的主要原因。气动控制研发的一个主要内容就是探求横风向功率谱分布相对不集中的气动

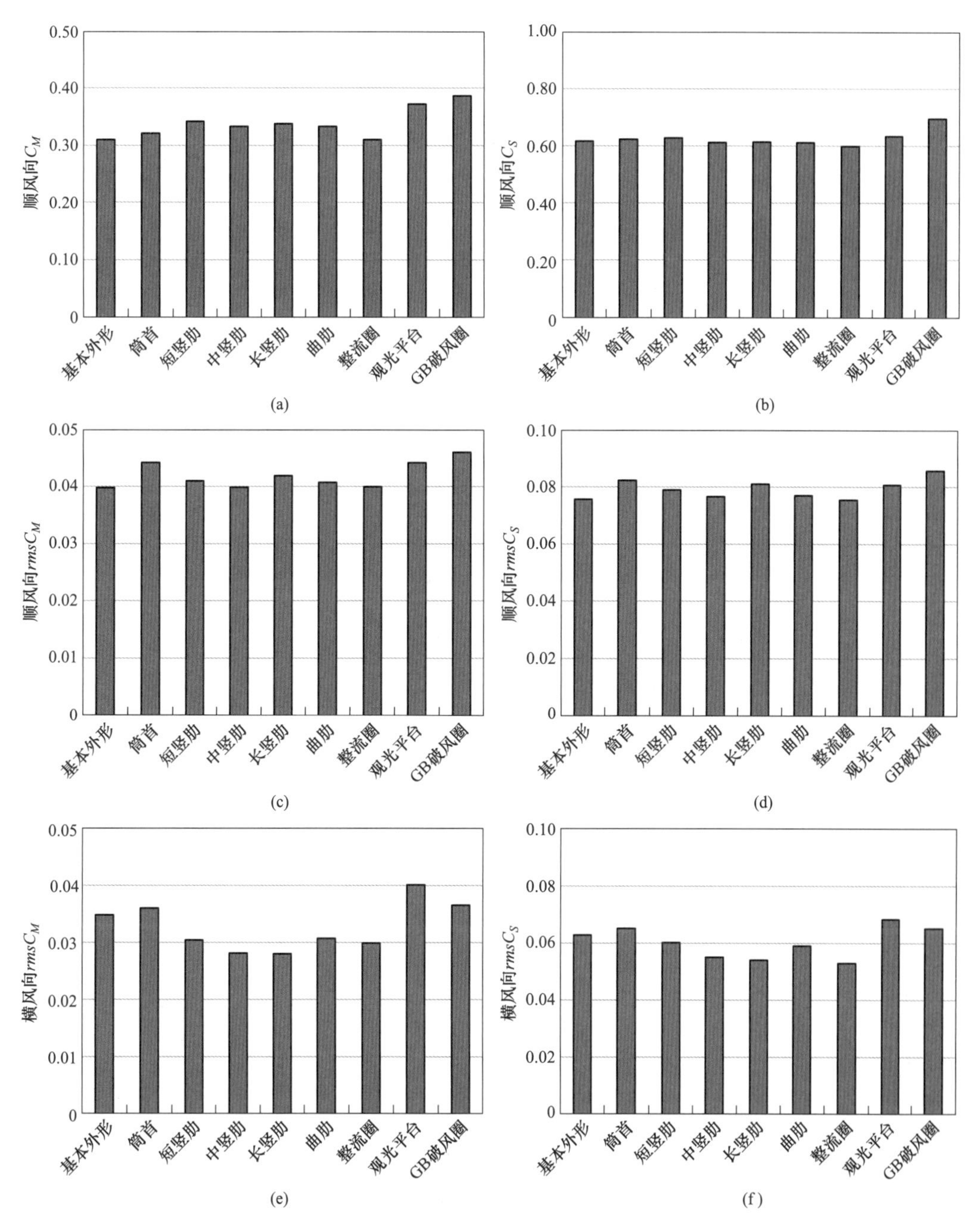

图 2-45 各种风振控制措施效果比较

(a) 顺风向平均倾覆力矩系数；(b) 顺风向平均基底剪力系数；(c) 顺风向均方根倾覆力矩系数；(d) 顺风向均方根基底剪力系数；(e) 横风向均方根倾覆力矩系数；(f) 横风向均方根基底剪力系数

措施。

图中可以看出，除了观光平台方案外，其余试验工况的顺方向功率谱彼此都很接近，说明这些工况的顺风向动力响应基本类似。观光平台方案会使得顺风向响应略有增大。

基本外形与筒首的横风向功率谱的峰值出现在约化频率 $fD/U_H=0.2$ 左右，这与圆柱体的 Strouhal 数一致。横风向功率谱的峰值部分主要由流体的周期性涡旋脱落产生的气动力组成，所以当结构固有频率、结构直径以及风速这三者的组合使得约化频率达到 0.2 左右时，就会出现剧烈的横风向涡激振动。可以看出设置 GB 破风圈后，横风向功率谱的峰值部分大大降低，因此 GB 破风圈对降低横风向涡激振动是有明显效果的。但同时可以看到在约化频率低于峰值频率时（$fD/U_H<0.15$），GB 破风圈的横风向功率谱值大于基本外形，这表明设置 GB 破风圈的烟囱在高风速时的风致抖振响应会高于基本外形。

三种不同长度竖肋的横风向功率谱比较结果表明，短竖肋对降低峰值有一定作用，但效果有限；中竖肋对降低峰值的作用与 GB 破风圈类似；虽然长竖肋比中竖肋的效果更好一些，但差别并不很大。所以从成本考虑，中竖肋是比较合适的长度。与 GB 破风圈相比，中竖肋方案显然具有不增大高风速抖振响应的优点。

整流圈方案具有与中竖肋方案相同的优点，不但能有效降低横风向功率谱峰值，而且具有不增大高风速抖振响应的优点。曲肋方案对降低涡激振动的效果不如 GB 破风圈，但却避免了高风速时增大抖振响应的缺点。观光平台方案有可能产生比基本外形更大的涡激振动，但由于峰值约化频率有所降低，出现涡激振动的临界风速会有所推迟。

对上述所有试验工况进行综合比较的结果表明中竖肋与整流圈方案具有最优的空气动力学特性。

从工程应用的角度考虑，结构抗风优化设计关心的是结构的风致响应（如结构设计风荷载与风振加速度）。而结构风致响应是空气动力学特性、结构动力特性以及设计条件（如设计风速）综合的产物。所以在空气动力学特性上具有某一方面优点的结构不一定形成最优的结构抗风设计。

进一步对不同试验工况的风致响应特性进行了比较分析，定义如下约化倾覆力矩作为比较指标。约化倾覆力矩的定义不同于前述的倾覆力矩系数。倾覆力矩系数 C_M 的定义中分子项 M_B 是外部风压造成的基底倾覆力矩，即 M_B 仅包含风的静力作用与背景分量。而倾覆力矩系数 M_B^* 定义中分子项 MAll 不但包含风的静力作用与背景分量，而且包含由风致振动引起的结构惯性力。为使比较分析具有一般性意义，我们统一采用无量纲约化参数，以约化风速 $U_H/(fD)$ 取代风速变量。

图 2-46 给出各试验工况风致响应特性的比较。可以看出顺风向响应具有随风速单调上升的特点，而且斜率彼此基本类似。但其中观光平台方案与 GB 破风圈方案的顺风向响应明显较大，这主要是由于这两种方案对应的顺风向平均倾覆力矩系数 C_M 较大。横风向响应与风速的关系比较复杂，但都具有峰值。在峰值附近的横风向响应均大于顺风向响应，而远离峰值附近的横风向响应一般低于顺风向响应。

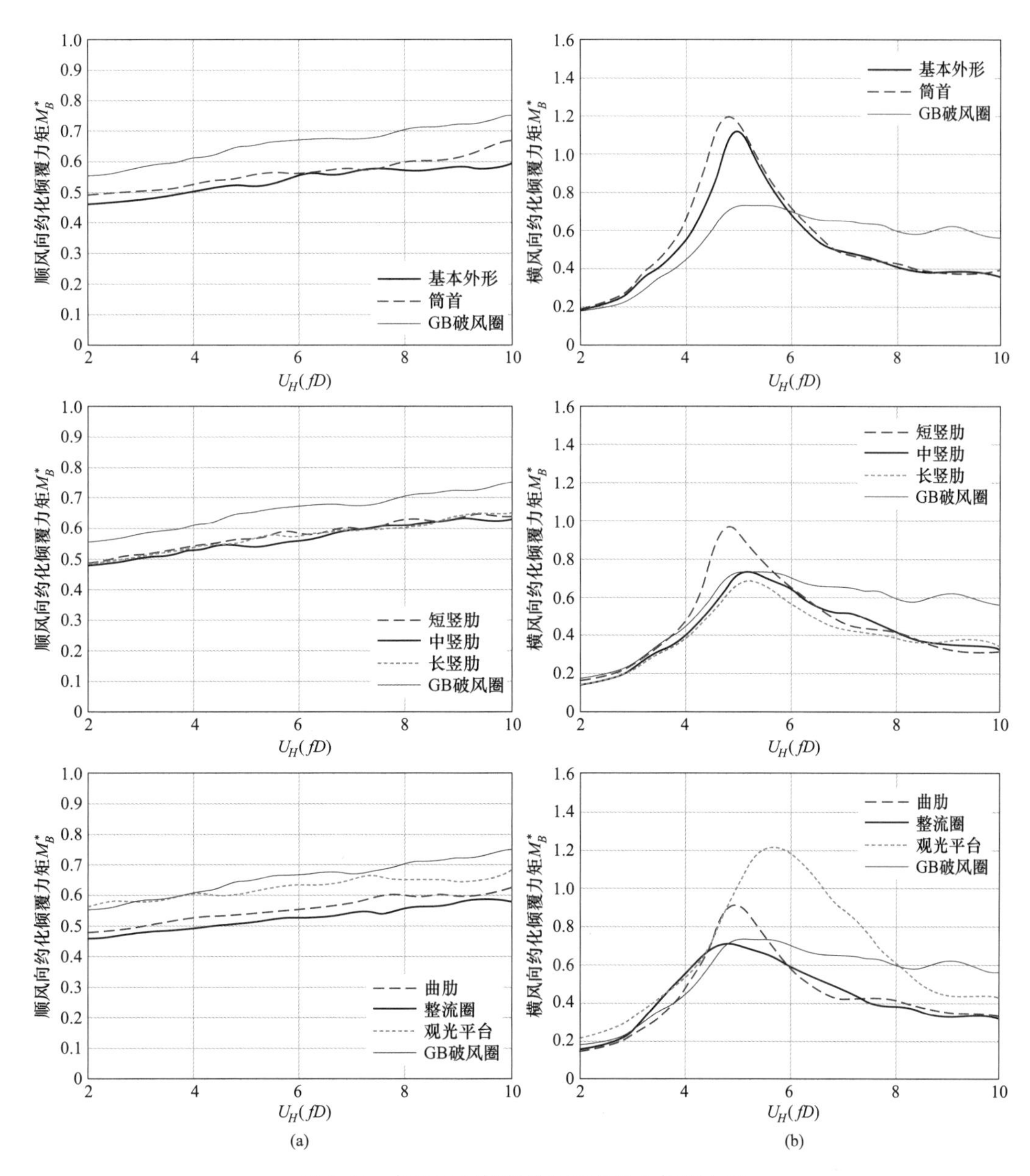

图 2-46　各种风振控制措施下的约化倾覆力矩

（a）顺风向约化倾覆力矩；（b）横风向约化倾覆力矩

第五节　吸热塔风荷载计算理论

为了获得对吸热塔风荷载更准确的风荷载计算方式，对实用计算方法研究主要进行下列工作：

（1）规范文献综合：归纳总结包括中国规范在内的世界主要结构设计规范中对圆柱结构设计风荷载与风振响应的相关条款与规定，并简述这些条款的理论背景与工程依据，特别是这些规范中计算方法的适用范围。在此基础上提出针对吸热塔结构，可以获得风荷载计算的准确方法。

（2）实用计算方法研究：介绍这一计算方法的基本理论框架，特别是与中国现有规范计算方法相比，具有哪些方面的优点。然后对这一方法的理论推导进行详细演绎，对参数的计算与导出给出具体说明。

一、规范文献综合

根据中国、美国、欧洲、日本等规范之间的相互比较，可以发现以下特点：

（1）在顺风向荷载计算方面，各规范在表述方式与计算方法方面比较一致。但在横风向计算方法上存在较大的差异，算例计算结果也有明显的不同。中国规范对涡激振动的处理是基于简谐振动理论，而美国规范则基于随机振动理论。而大多数规范则基于横风向荷载的复杂性及其相应的计算可靠性问题，没有列为正式条款，仅作为参考性的资料。因此在实际工程项目中，对横风向荷载响应为主的结构，需要进行专项研究（即风洞试验研究）。

（2）中美规范中需要验算设计风速在涡激临界风速附近一定范围内的最大风荷载。美国烟囱规范指定的范围是0.5至1.3的涡激临界风速，中国规范采用了起始高度的方式，引入了起点高度 H_1 与终点高度 H_2。事实上，中国烟囱规范的计算会导致较高设计风速下得到的风荷载小于较低设计风速下的风荷载，这将造成实际应用中的困惑。

（3）理论上涡激振动的大小应与 Sc 数（斯柯顿数）有关，Sc 数越大，涡激振动的幅度就越小。Sc 数一般定义为

$$Sc=\frac{2m\zeta}{\rho D^2} \tag{2-3}$$

式中 m——当量每延米广义质量；

ζ——结构阻尼比；

ρ——空气密度；

D——圆柱直径。

（4）取决于风场条件与振幅大小，在涡激临界风速附近的横风向响应一般是窄带响应与宽带响应的混合。窄带响应的振幅与结构阻尼比成反比，而宽带响应的振幅则与结构阻尼比的平方根成反比。同时窄带响应的峰值系数（峰值与均方值之比）较小，而宽带响应的峰值系数较大。中国规范对横风向响应计算默认为窄带响应，而美国烟囱规范则默认是宽带响应，日本规范则根据 Sc 数的大小区别对待。事实上由于大气湍流的作用，实际工程上较少观察到完全的窄带响应。

二、新方法的假定及改进

根据上述比较，我们认为适用于光热电站吸热塔抗风设计的实用计算方法应当在现有烟囱规范的基础上，重点进行以下方面的改进与完善：

（1）增加对 Sc 数的影响考虑：与传统烟囱结构相比，结构质量沿高度分布的不均匀有可能使 Sc 数的影响更为重要。

（2）改进涡激锁定区内风荷载的计算方法：事实上，在设计风速超过涡激临界风速

的一段范围内，最大设计风荷载是由该临界风速对应的风荷载控制的。所以实用计算方法应当给出设计风速范围内的最大风荷载，而不应当是设计风速直接对应的风荷载。

（3）增加超临界状态的风荷载计算：如果设计风速大大高于涡激临界风速，则由抖振产生的风荷载可能会超过最大涡激风荷载。

三、实用计算方法的表达式与参数确定

为了使得基于严格理论推导的风荷载计算方法具有实用性，需要将计算过程表达为适合工程应用的形式，并且将大多数复杂的计算结果以参数的形式给出。

为便于工程应用，实用计算方法采用与目前结构规范相类似的形式。

（一）顺风向荷载计算

顺风向风荷载按照式（2-4）计算：

$$w_k = \beta_z \mu_s \mu_z w_0 \tag{2-4}$$

式中　w_k——高度 z 处的顺风向风荷载标准值，kN/m^2；

w_0——基本风压，kN/m^2；

β_z——高度 z 处的风振系数；

μ_s——风荷载体型系数，可取 0.65；

μ_z——风压高度变化系数，取值参照 GB 50009《建筑结构荷载规范》的规定。

高度 z 处结构顺风向风荷载风振系数可按照下式计算：

$$\beta_z = 1.0 + \frac{\gamma_D \cdot \gamma_M \cdot \gamma_{aP}}{\sqrt{\zeta_s}} \tag{2-5}$$

式中　γ_D——z 高度处的圆柱直径沿高度变化系数；

γ_M——z 高度处结构质量与振型变化系数；

γ_{aP}——z 高度处气动特性系数；

ζ_s——用于风荷载计算的结构阻尼比，可取 1.25%。

高度 z 处的圆柱直径沿高度变化系数可通过下式计算：

$$\gamma_D = \begin{cases} \dfrac{1}{\mu_{z,10}} \cdot \dfrac{\mu_{s,char}}{\mu_s} \cdot \dfrac{D_e}{D_z} & (z \leqslant 10m) \\ \dfrac{1}{\mu_z} \cdot \dfrac{\mu_{s,char}}{\mu_s} \cdot \dfrac{D_e}{D_z} & (z > 10m) \end{cases} \tag{2-6}$$

$$D_e = \frac{\int_0^h D_z \cdot {\varphi_z}^2 \cdot dz}{\int_0^h {\varphi_z}^2 \cdot dz} \tag{2-7}$$

式中　μ_z——z 高度处的风压高度变化系数；

$\mu_{z,10}$——10m 高度处的风压高度变化系数；

μ_s——z 高度处的风荷载体型系数；

$\mu_{s,char}$——特征高度处的风荷载体型系数，吸热塔结构的特征高度通常取塔高的 5/6；

D_e——吸热塔整体外形等效直径，m；

φ_z——z 高度处结构振型函数；

D_z——z 高度处的吸热塔直径，m。

高度 z 处的结构质量与振型变化系数可通过下式计算：

$$\gamma_M = \frac{M_z \cdot \varphi_z}{M_e \cdot C_\varphi} \tag{2-8}$$

$$M_e = \frac{\int_0^h M_z \cdot \varphi_z^2 \cdot dz}{\int_0^h \varphi_z^2 \cdot dz} \tag{2-9}$$

$$C_\varphi = \frac{\int_0^h \varphi_z^2 \cdot dz}{h} \tag{2-10}$$

式中 M_z——z 高度处吸热塔重量分布函数，kg/m；

M_e——吸热塔等效重量分布值，kg/m；

C_φ——振型系数。

高度 z 处的气动特性系数可通过下式计算：

$$\gamma_{aP} = g_R \cdot I_{10} \cdot \sqrt{\pi \cdot fS_u(f_{eq}) \cdot J_p} \tag{2-11}$$

$$f_{eq} = \frac{f \cdot Lu(h_{char})}{V_0 \cdot \sqrt{\mu_{z,h_{char}}}} \tag{2-12}$$

$$Lu = L_0 \cdot \left(\frac{z}{10}\right)^{\varepsilon_x} \tag{2-13}$$

$$g_R = \sqrt{2 \cdot \ln(600 \cdot f)} + \frac{0.5775}{\sqrt{2 \cdot \ln(600 \cdot f)}} \tag{2-14}$$

$$fS_u = \frac{4 \cdot f}{(1 + 70.8 \cdot f^2)^{\frac{5}{6}}} \tag{2-15}$$

式中 $\mu_{z,h_{char}}$——特征高度处的风压高度变化系数；

f——吸热塔结构自振频率；

fS_u——关于等效频率 f_{eq}顺风向湍流功率谱函数；

ε_x——湍流尺度变化指数，对应 A、B、C、D 类场地地面粗糙度场地，可分别取 0.125、0.200、0.333、0.500；

Lu——湍流尺度函数；

h_{char}——吸热塔风荷载计算特征高度，可取 5/6 倍吸热塔高度，m；

L_0——湍流尺度标准值，对应 A、B、C、D 类场地地面粗糙度场地，可分别取 197、152、97、55；

g_R——共振响应峰值因子，小于 2.5 时取 2.5；

V_0——基本风压对应的基本风速，m/s，可取 $\sqrt{\frac{2w_0}{\rho_{air}}}$；

I_{10}——10m 高度名义湍流强度，对应 A、B、C、D 类场地地面粗糙度场地，可分别取 0.12、0.14、0.23、0.39；

J_p——顺风向气动力相关系数，可取0.15。

（二）横风向荷载计算公式

烟囱表面的横风向风荷载标准值，应按下式计算：

$$w_{Lk}=\beta_{Lz}\cdot c_L\cdot \mu_{Lz}\cdot w_0 \tag{2-16}$$

式中　w_{Lk}——z 高度处的横风向风压，kN/m^2；

β_{Lz}——z 高度处横风向风振系数；

c_L——横风向体型系数（脉动升力系数），圆形截面可取0.1；

μ_{Lz}——z 高度处的横风向风压高度变化系数。

横风向风压高度变化系数 μ_{Lz}，应按下式计算：

$$\mu_{Lz}=\frac{D_e}{D_z}\cdot\frac{M_z\cdot\varphi_z}{M_e}\cdot\mu_{z,h} \tag{2-17}$$

$$D_e=\frac{\int_0^H D_z\times\varphi_z d_z}{\int_0^H \varphi_z d_z} \tag{2-18}$$

$$M_e=\frac{\int_0^H M_z\times\varphi_z^2 d_z}{h} \tag{2-19}$$

式中　$\mu_{z,h}$——h 高度处的顺风向风压高度变化系数；

D_z——高度 z 处的烟囱直径；

φ_z——所求频率下烟囱振型；

D_e——烟囱整体外形等效直径；

M_z——烟囱沿高度方向质量分布函数，kg/m；

M_e——烟囱整体等效质量分布值，kg/m。

横风向风振系数，应按下列规定计算：

$$\beta_L=\sqrt{r\cdot\gamma_{cB}{}^2+(1-r)\cdot\gamma_{cN}{}^2} \tag{2-20}$$

$$r=\begin{cases}\dfrac{Sc}{10} & 0.8<r_v\leqslant 1.3\text{，且 }Sc<10\\ 1.0 & \text{其他情况}\end{cases} \tag{2-21}$$

$$Sc=\frac{4\cdot\pi\cdot M_e\cdot\zeta_s}{\rho_{air}\cdot D_e{}^2} \tag{2-22}$$

$$V_{cr}=\frac{f\cdot D_e}{St} \tag{2-23}$$

$$V_{char}=V_0\cdot\sqrt{\mu_{z,h_{char}}} \tag{2-24}$$

$$r_v=\frac{V_{char}}{V_{cr}} \tag{2-25}$$

式中　γ_{cB}——宽带响应气动特性系数；

γ_{cN}——窄带响应气动特性系数；

r——横风向宽、窄带响应比值系数；

Sc——涡激振动的斯柯顿数；

V_{cr}——临界风速，m/s；

$\mu_{z,h_{char}}$——典型高度处的风压高度变化系数；

St——斯特劳哈尔数，圆形结构取 0.2；

V_{char}——设计风压对应的典型高度处的风速，m/s；

r_v——典型高度风速与临界风速比值；

ρ_{air}——空气密度，可取 1.25kg/m³。

宽带响应气动特性系数 γ_{cB}，应按下列规定计算：

$$\gamma_{cB}=g_R\cdot\sqrt{\frac{\pi\cdot fS_L\cdot J_c}{4\cdot(\zeta_s+\zeta_a)}} \tag{2-26}$$

$$fS_L=\frac{10.7\cdot f_c^{1.7}}{(1+2.7\cdot f_c^2)^{9.5}}+2.5\cdot\left(\frac{f_c}{St}\right)\cdot e^{-\left(\frac{1-\frac{f_c}{St}}{0.16}\right)^2} \tag{2-27}$$

$$\zeta_a=\begin{cases}\dfrac{-0.15\cdot\rho_{air}\cdot D_e^2\cdot r_v^7}{M_e} & (r_v\leqslant 1.0)\\[2ex] \dfrac{-0.15\cdot\rho_{air}\cdot D_e^2}{M_e\cdot r_v^7} & (r_v>1.0)\end{cases} \tag{2-28}$$

$$f_c=\frac{f\cdot D_e}{V_{char}} \tag{2-29}$$

式中 J_c——横风向气动力相关系数，取 0.12；

fS_L——基本风压对应的横风向气动功率谱；

f_c——横风计算时的特征频率；

f——烟囱结构的特征频率；

ζ_s——结构阻尼比；

ζ_a——气动阻尼比。

窄带响应气动特性系数 γ_{cN}，应按下式计算：

$$\gamma_{cN}=g_N\cdot\frac{\sqrt{J_c}}{2(\zeta_s+\zeta_a)} \tag{2-30}$$

式中 g_N——简谐振动峰值系数，可取 1.4；

J_c——横风向气动力相关系数，可取 0.12。

（三）风荷载合力计算公式

顺风向荷载的脉动分量峰值和横风向荷载峰值不会同时出现，因此在计算风荷载合力时，可以忽略顺风向荷载的脉动分量，即

$$p_R(z)=w_0\sqrt{(\mu_{D_z}\mu_z d_z)^2+(\beta_{Lz}\mu_L\mu_h d_r)^2} \tag{2-31}$$

第六节 小　结

（1）由于吸热塔结构具有不连续的外形、刚度及质量分布，形成了不同于常规高耸结构特点，因此在进行吸热塔风荷载设计时，不能采用规范中针对常规高耸结构的风荷

载计算方式，而需进行风洞试验，并在试验数据的基础上，通过理论推导，获得针对吸热塔结构的风荷载计算方式。

（2）圆形截面吸热塔风洞试验研究以摩洛哥 NOOR Ⅲ期光热电站工程吸热塔为参考，方变圆截面吸热塔风洞试验研究以迪拜 DEWA 项目光热塔为参考，对这两种典型的吸热塔结构形式进行了详细的风荷载研究，每个项目分别进行了刚性模型、气弹模型的试验研究，对包括结构阻尼、表面粗糙度在内的各影响因素进行了详细的研究，得出了该种结构的受力特点，同时，也提出了国内高耸结构的风荷载计算的不完善之处。

（3）保证结构在风荷载作用下的安全性，除增强结构承载力外，还可通过采取措施，减小结构承受的风荷载，本报告研究了两种风振控制措施，包括 TMD 方式和空气动力学优化方式。通过研究可以发现，结合光热电站的环境特点，采用电涡流 TMD 方式，通过增大系统的阻尼来减小风荷载，该方式能显著地增大结构阻尼而减小风荷载。该方式已在摩洛哥 NOOR Ⅲ期光热电站中得到应用，取得了良好的效果。

（4）以理论推导为基础，结合上述所做的风洞试验，推导出了针对吸热塔结构的风荷载计算方式，通过引入斯柯顿数等方式，综合考虑了各种因素对风荷载的影响，由于该方式理论基础的广泛性，其不仅解决了吸热塔结构的风荷载计算问题，更对现有的高耸结构风荷载计算方式做了完善，修改了计算结果不稳定等问题。

第三章

吸热塔结构振动台试验及抗震设计方法研究

第一节　吸热塔抗震的基本特点

地震是一种剧烈的地壳运动，其突发性和毁灭性，使其产生严重的破坏后果。高耸结构由于高度大，在地震作用下反应更加剧烈，更容易产生震害。以典型的高耸结构烟囱为例，Wang L[1]等人调查了国内外739座烟囱的实际破坏案例，发现由地震引起的破坏比例达到19%，高于由于风荷载引起的破坏数量（15%）。在我国1975年海城地震中，出现了水平裂缝烟囱，在地震烈度7度区占调查总数的33%，在8度区为62%，而在9度区的比例则高达70%以上。在1976年唐山大地震中，位于地震烈度10度区的9个钢筋混凝土烟囱，3个轻微破坏，3个严重破坏，2个倒塌，破损率为89%，破坏率为56%，倒塌率为22%；在9度区，陡河发电厂一座180m高的钢筋混凝土烟囱在7.8级主震时从距离地面132m处折断，在7.1级余震时，上部48m部分坠落。在汶川地震中，位于震中高烈度区的砖烟囱结构破坏非常严重。其原因是震中竖向地震分量短周期成分显著，而结构自振周期短，材料强度、延性和整体性较差。而在远离震中的地区，由于地震波经长距离传播后，水平向地震波中长周期成分显著，与高烟囱共振效应明显，因而较高的钢筋混凝土烟囱破坏更为严重。

国内外对于高耸结构的抗震性能研究已开展了大量的工作。孙波[2]采用ANSYS软件对高耸结构烟囱建模进行抗震分析，通过对比试验和计算，发现烟囱结构的震害是由水平和竖向作用共同引起的，其中水平输入地震动应力大于竖向地震动应力，但竖向地震作用不可忽略，尤其是对烟囱上部的破坏起主要作用。潘世劼和许哲明[3]通过对钢筋混凝土电视塔和烟囱在竖向和水平双向地震同时作用下的反应进行研究，结果表明在水平双向地震同时作用时高耸结构的弯矩和剪力都有较显著的增大；竖向地震作用时，高耸结构顶端的轴向力可能出现拉力，或者压力突然增加的情况。陈健云[4]等通过缩尺振动台模拟实验开展了高耸烟囱在竖向地震作用下的动力响应研究，结果表明竖向地震作

---

[1] Wang L，FAN X Y，《Failure cases of high chimneys：A review》。

[2] 来源：孙波，《烟囱在地震力作用下的动应力反应分析》。

[3] 来源：潘世劼，许哲明，《钢筋混凝土电视塔和烟囱的地震反应分析》。

[4] 来源：陈健云，周晶，马恒春，等，《高耸烟囱结构竖向地震响应的模拟实验研究及分析》。

用下，高耸烟囱的地震响应以一阶竖向模态为主，竖向振动时，烟囱结构的弹性动力响应呈中部较大而上下两端逐渐减小的分布形态，中上部是总拉应力较大的区域。Zembaty[1]研究了地震激励作用下细长塔式结构的随机振动问题。利用快速傅里叶变换对某高耸钢筋混凝土塔的峰值响应和可靠性进行了数值分析。结果表明，塔筒上部为地震破坏部位，强震运动时间对风致响应和可靠性的影响较大。

吸热塔结构的高度通常较高，属于高耸结构的范畴，并且高宽比较大。通常将较大质量的吸热器设备集中布置在吸热塔结构的顶部，而顶部大质量对于结构的抗震性能又是非常不利的。

虽然吸热塔与烟囱同属于高耸结构，并且与烟囱在形式上非常相似，但是其荷载分布与烟囱存在着较大的差别。吸热塔结构顶部集中有较大质量的吸热器设备，且吸热塔结构沿竖向的质量、刚度分布均不均匀，外形有突变。目前国内外尚没有专门针对吸热塔抗震性能的相关研究，也没有相关的土建设计技术标准和规程。近年来，随着国内塔式太阳能电站的兴起，亟待开展吸热塔结构的抗震性能研究。

本章将采用模拟地震振动台试验和动力有限元分析相结合的研究方法，分析吸热塔结构在地震作用下的动力响应，并提出吸热塔结构的抗震设计方法。

第二节　吸热塔结构振动台试验

一、模型设计及制作

针对某典型工程吸热塔结构开展模拟地震振动台试验。根据试验室厂房的高度和起吊高度能力的要求，确定模型的几何相似比为 1∶18；加速度相似比为 9∶4；参考以往的振动台试验经验并结合实际可用的现有工程材料，选用 1/3 的材料等效应力和弹性模量，再根据模型结构制成后的实测值加以调整。模型结构应满足相似性原理，模型相似关系如表 3-1 所示。

表 3-1　　模型相似关系

参数	物理量	相似准数	
材料特性	应力	S_σ	1/3
	弹性模量	S_E	1/3
	应变	S_ε	1
	密度	S_ρ	8/3
	质量	S_m	1/2187
	刚度	S_K	1/54
几何特性	长度	S_l	1/18
	线位移	S_δ	1/18
	角位移	S_θ	1
	截面积	S_A	1/324

[1]来源：Zembaty，《On the Reliability of Tower-shaped Structures under Seimic Excitations》。

续表

参数	物理量	相似准数	
荷载特性	集中荷载	S_F	1/972
	线荷载	S_q	1/54
	面荷载	S_p	1/3
	弯矩	S_M	1/17 496
动力特性	周期	S_T	$\frac{\sqrt{2}}{9}$
	频率	S_f	$\frac{9}{\sqrt{2}}$
	速度	S_v	$\sqrt{1/8}$
	加速度	S_a	9/4
	重力加速度	S_g	1

图 3-1　试验模型

根据模型相似关系，模型选材应尽量满足和原型结构材料本构关系一致、低弹性模量和高容重等特点。故模型采用铅粉混凝土模拟原型混凝土、镀锌铁丝模拟原结构钢筋和紫铜结构替代原结构顶部钢结构部分，以满足上述要求。

塔式太阳能光热电站吸热塔模型结构竣工后实际总重 14.56t，总高 14.4m，其中混凝土底座高 0.4m，混凝土筒体高 11.1m，顶部紫铜结构高 3m（包含伸入混凝土筒体内部和其连接部分）。

吸热塔振动台模型制作完成后如图 3-1 所示。

二、振动台试验及结果分析

（一）试验工况

试验选取适合Ⅱ类场地条件的 2 条天然地震波（El-Centro 波和 Taft 波）和 1 条人工拟合地震波。试验中设计的地震波激励方向为 X、Y、Z 三向输入，三向地震输入值 $X:Y:Z=1:0.85:0.65$，其中 X、Y 向为结构水平主方向，Z 向为竖直方向。试验工况设定为：6、7、8 度对应的多遇、设防、罕遇等地震工况，共 68 步。

（二）主要试验现象及分析

1. 7 度多遇地震工况

模型结构混凝土筒壁表面未发现可见裂缝，紫铜结构未出现变形和可见的局部屈曲。经过白噪声扫描，模型结构自振频率基本相同。上述现象说明模型结构处于弹性阶段。

模型结构在 7 度多遇地震工况下加速度、位移放大系数如图 3-2 所示。

2. 8 度多遇地震工况

模型结构混凝土筒壁表面发现细小裂纹，筒壁表面裂纹如图 3-3 所示，紫铜结构未出现变形和可见的局部屈曲。经过白噪声扫描，模型结构自振频率出现轻微衰减。上述现象说明模型混凝土筒体结构开始进入塑性阶段，紫铜结构仍处于弹性阶段。

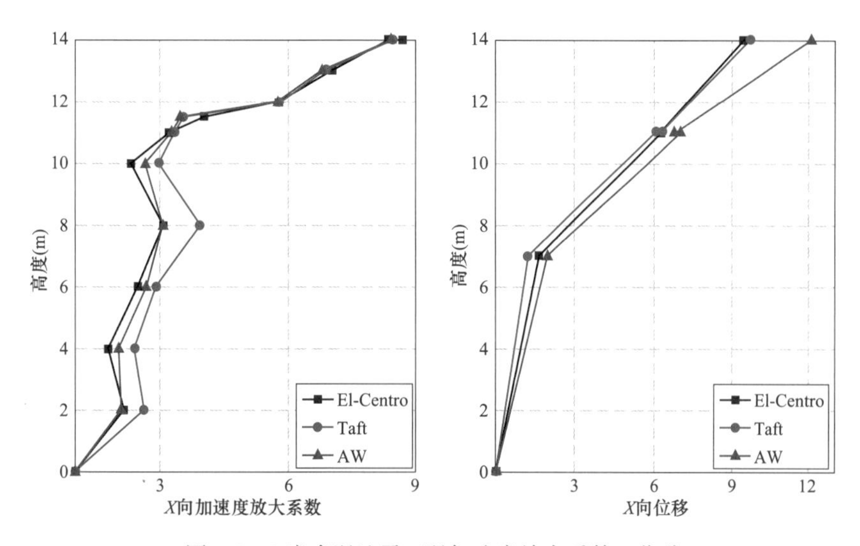

图 3-2　7 度多遇地震工况加速度放大系数、位移

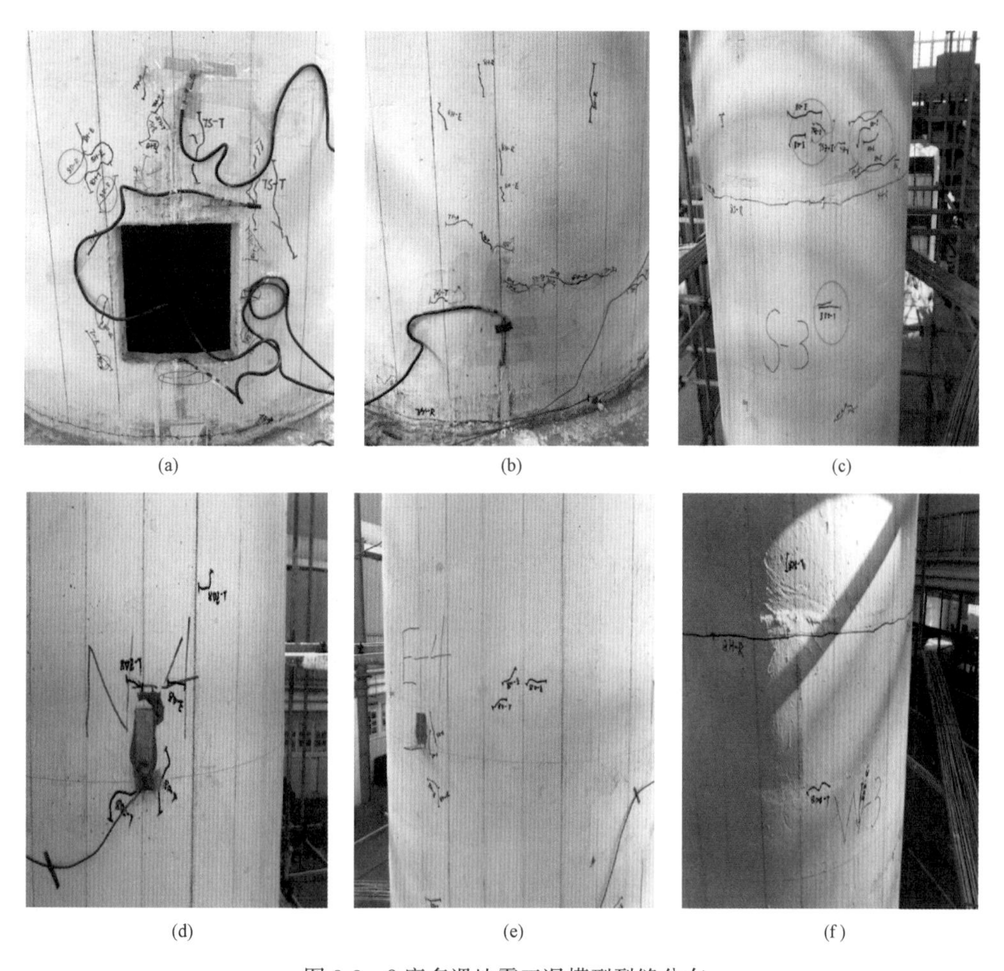

图 3-3　8 度多遇地震工况模型裂缝分布

（a）W 面洞口周围裂纹；（b）E 面底部裂纹；（c）S 面 3m 处裂纹；（d）N 面 4m 处裂纹；（e）E 面 4m 处裂纹；（f）W 面 3m 处裂纹

模型结构在 8 度多遇地震作用下加速度放大系数、位移如图 3-4 和图 3-5 所示。

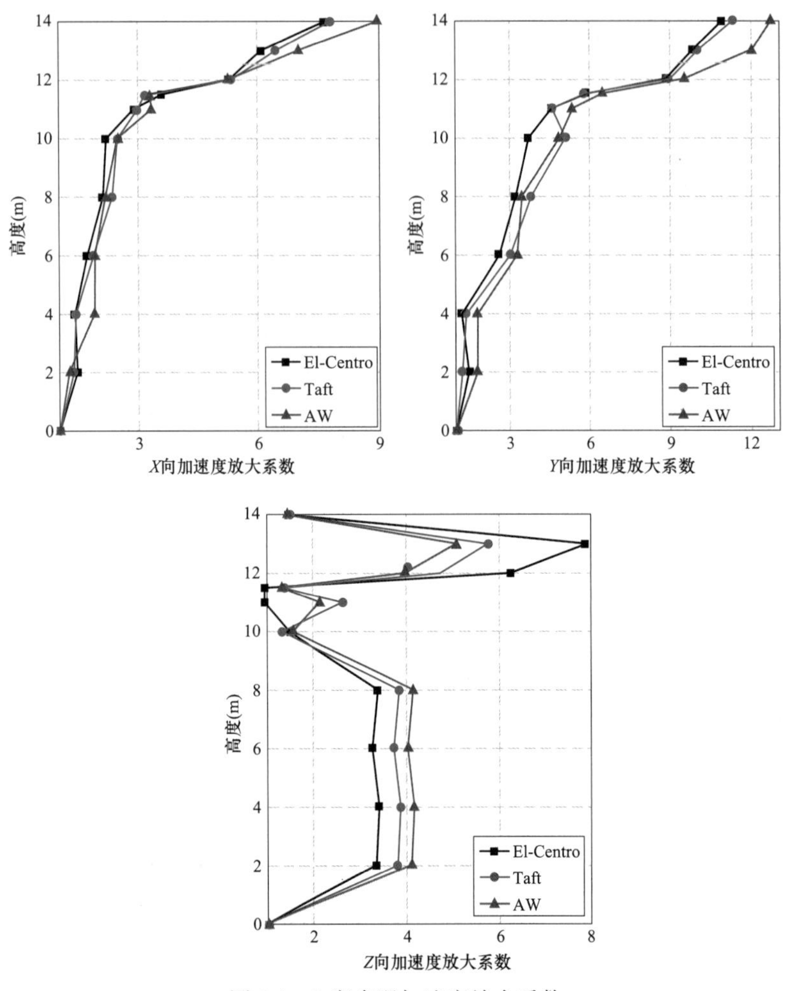

图 3-4　8 度多遇加速度放大系数

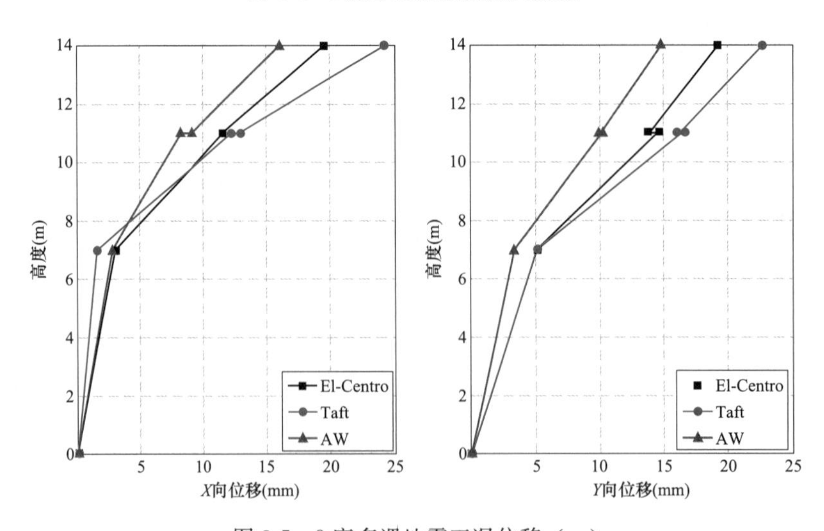

图 3-5　8 度多遇地震工况位移（一）

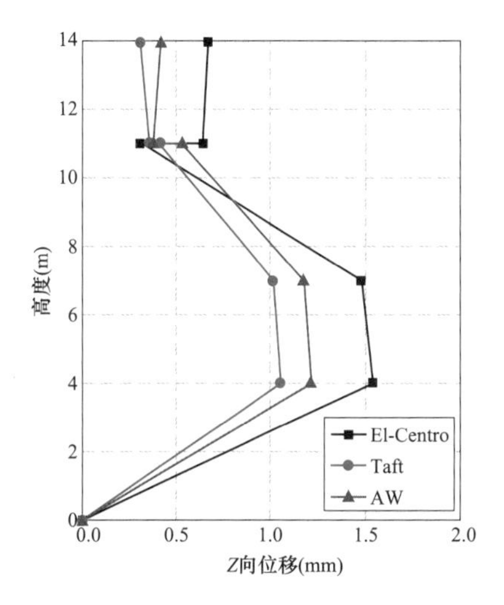

图 3-5　8 度多遇地震工况位移（二）

3. 7 度设防地震工况

模型结构混凝土筒壁表面发现轻微裂缝，筒壁表面裂缝如图 3-6 所示，紫铜结构未出现

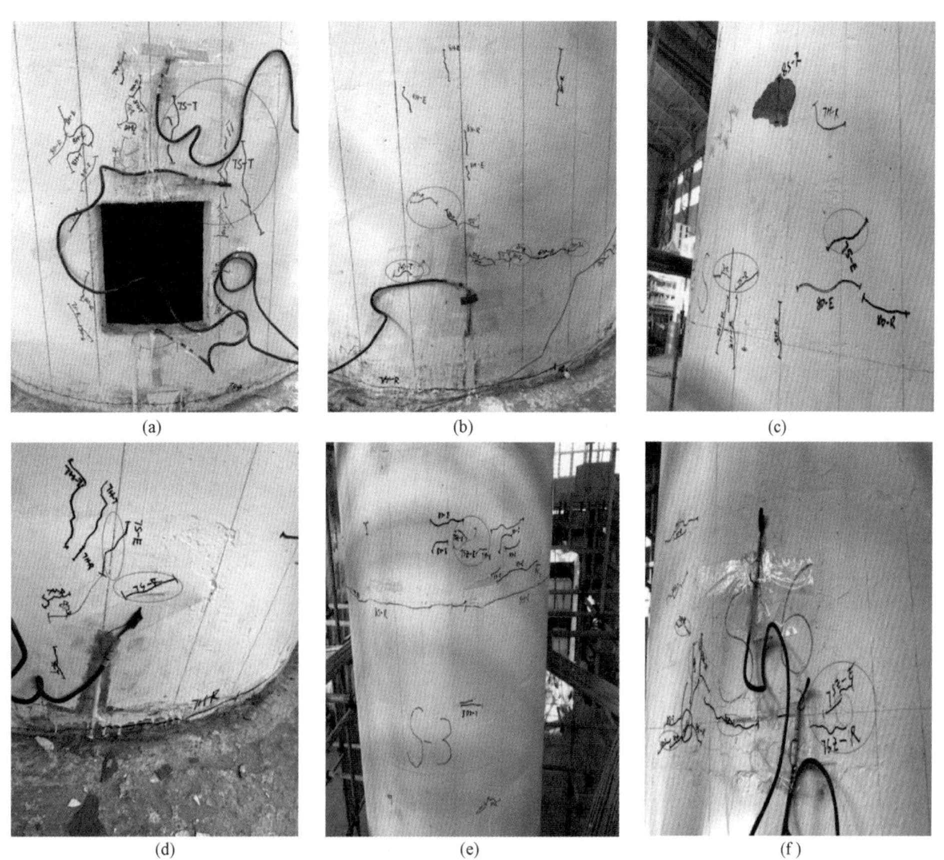

(a)　(b)　(c)
(d)　(e)　(f)

图 3-6　7 度设防地震工况模型裂缝分布

（a）W 面洞口周围裂缝；（b）E 面底部裂缝；（c）S 面 1m 处裂缝；
（d）N 面底部裂缝；（e）S 面 3m 处裂缝；（f）S 面 6m 处裂缝

变形和可见的局部屈曲。经过白噪声扫描，模型结构自振频率出现进一步轻微衰减。上述现象说明模型混凝土筒体结构已经进入塑性阶段，紫铜结构依然处于弹性阶段。

模型结构在7度设防地震工况下加速度放大系数、位移如图3-7和图3-8所示。

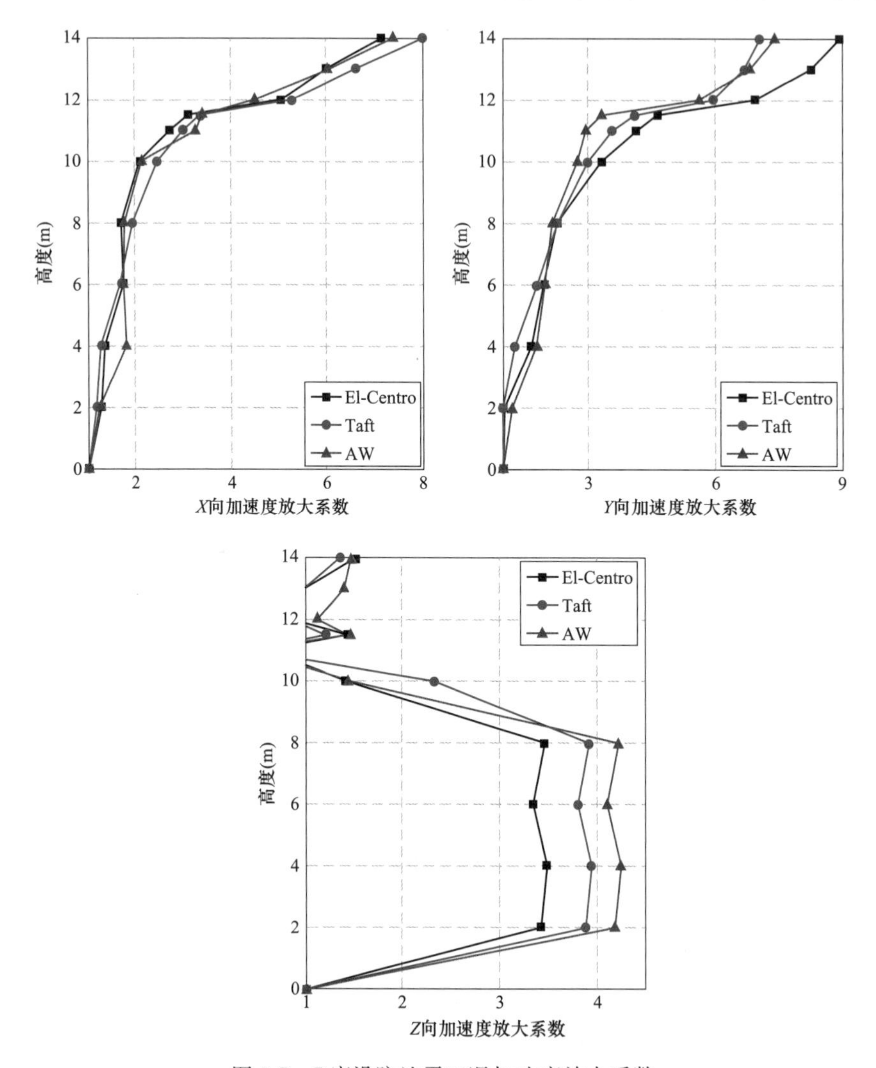

图3-7　7度设防地震工况加速度放大系数

4. 8度设防地震工况

模型结构混凝土筒壁表面裂缝继续发展，筒壁裂缝如图3-9所示，紫铜结构未出现明显的变形和局部屈曲。经过白噪声扫描，模型结构自振频率出现小幅衰减。上述现象说明模型混凝土筒体结构依然处于塑性发展阶段。

模型结构在8度设防地震工况下加速度放大系数、位移如图3-10和图3-11所示。

5. 7度罕遇地震工况

模型结构混凝土筒壁表面原有裂缝继续发展，根部和底座连接部位出现环向贯通裂缝，筒壁裂缝如图3-12所示，紫铜结构局部发生轻微弯曲变形，11m处最底层结构斜

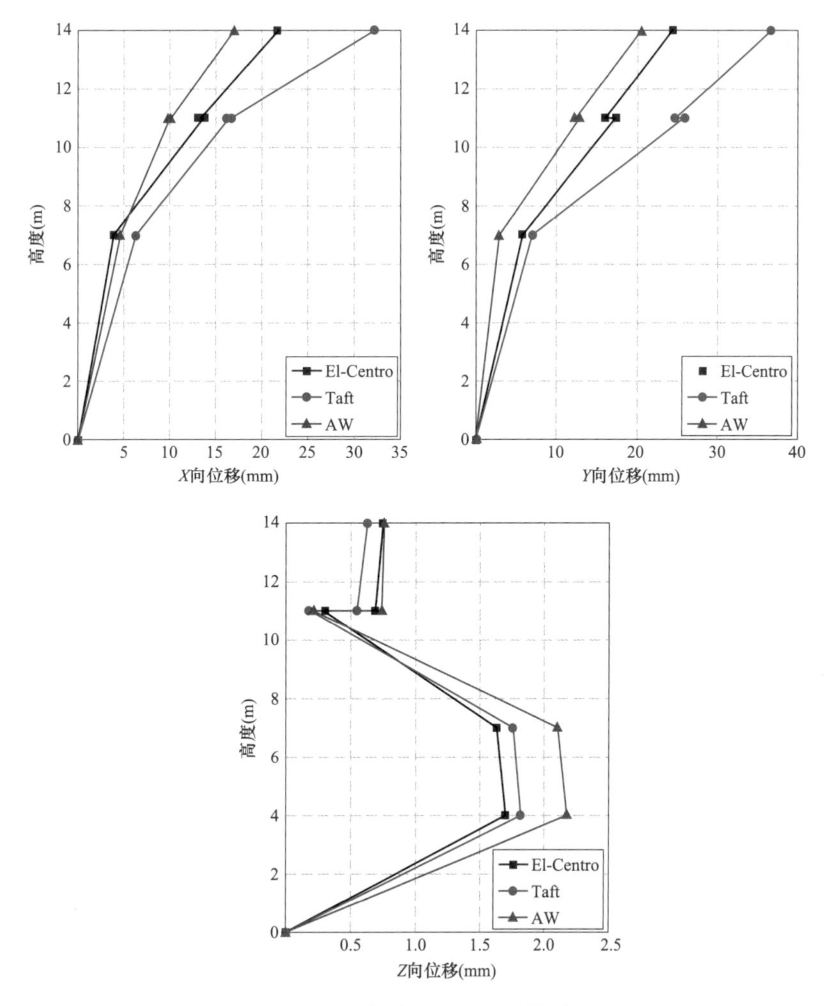

图 3-8　7 度设防地震工况位移

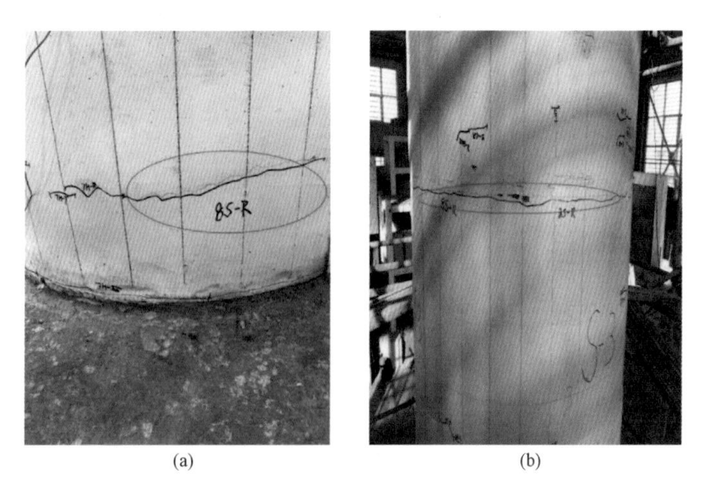

(a)　(b)

图 3-9　8 度设防地震工况模型裂缝分布

（a）E 面底部裂缝；（b）S 面 3m 处裂缝

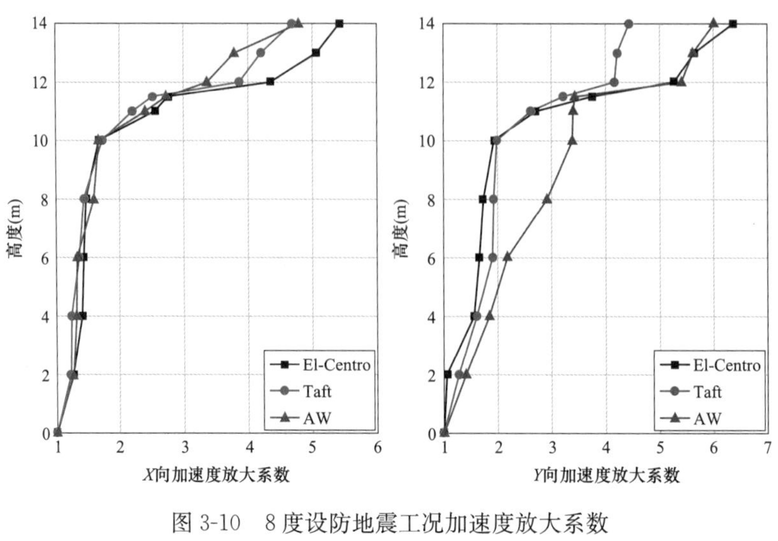

图 3-10　8 度设防地震工况加速度放大系数

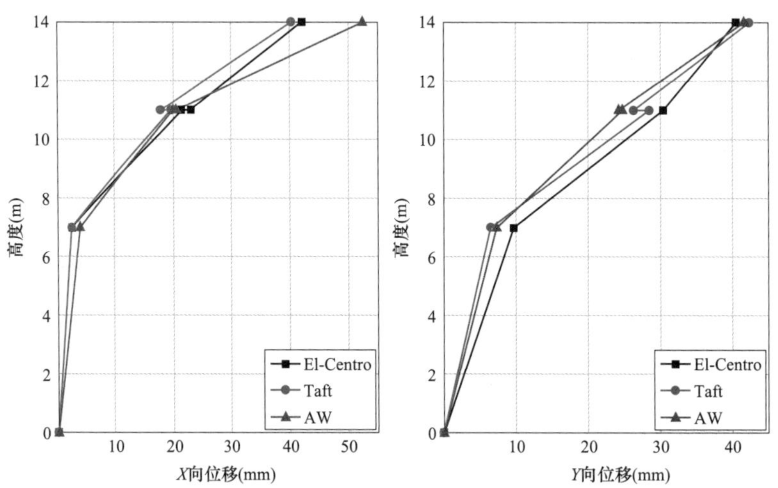

图 3-11　8 度设防地震工况位移

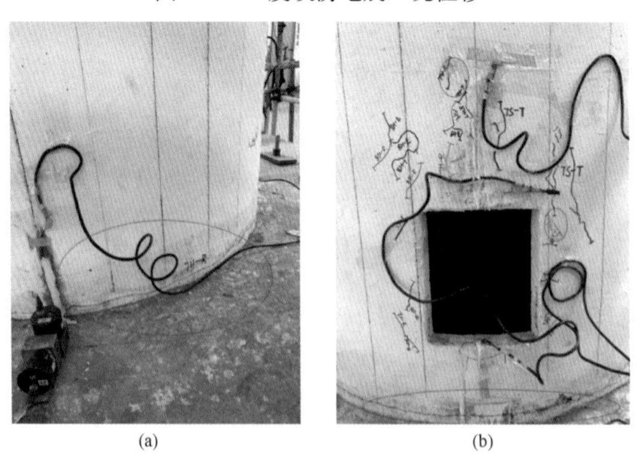

(a)　(b)

图 3-12　7 度罕遇地震工况模型裂缝分布

（a）根部贯通裂缝；（b）W 面洞口周围裂缝

撑出现屈曲反应，整体稳定性良好。经过白噪声扫描，模型结构自振频率出现进一步衰减，紫铜结构进入塑性阶段。模型结构抗震性能满足抗震水准要求。

模型结构在7度罕遇地震工况下加速度放大系数、位移如图3-13、图3-14所示。

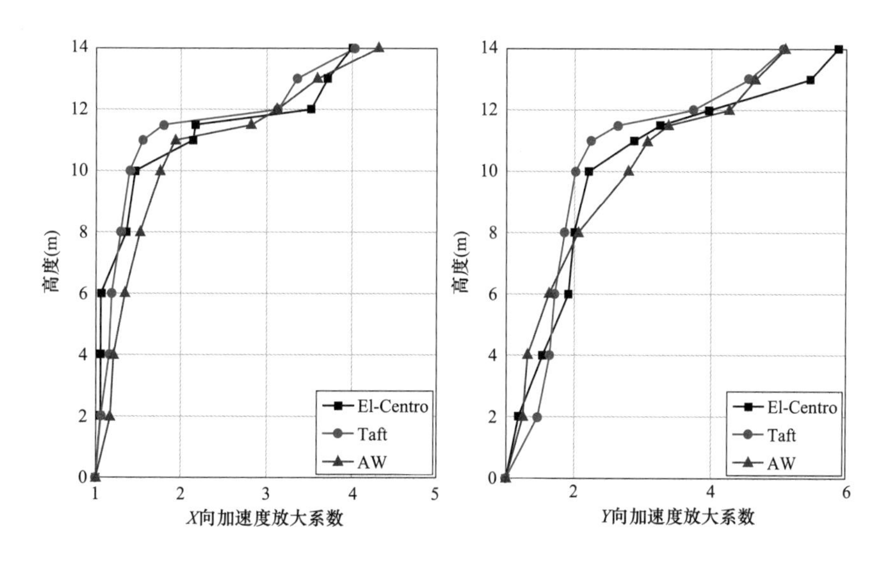

图3-13　7度罕遇地震工况加速度放大系数

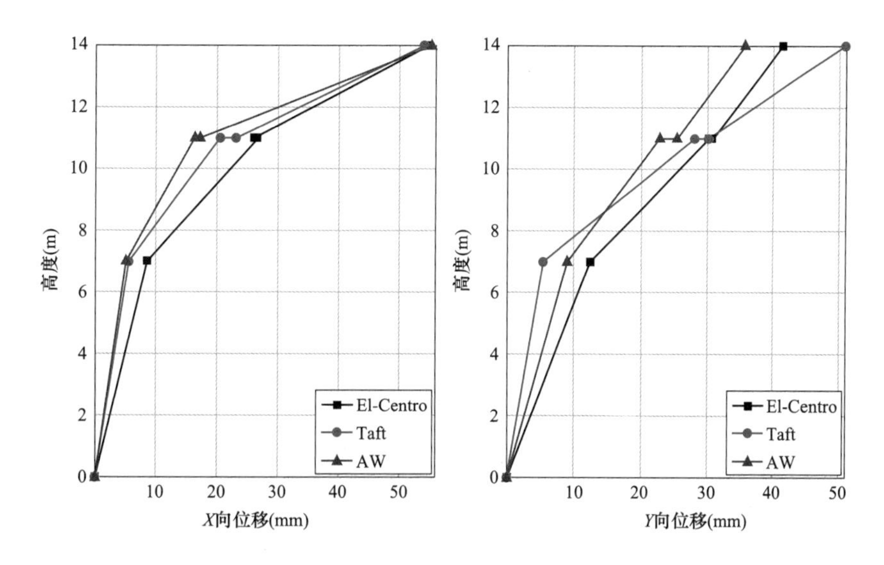

图3-14　7度罕遇地震工况最大位移反应

6. 8度罕遇地震工况

模型结构混凝土筒壁表面出现较多新裂缝，原有裂缝继续发展，S面4m处裂缝环向贯通，7m处出现一条环向贯通裂缝，紫铜结构局部弯曲变形，结构柱底部出现屈曲反应，整体发生轻微变形，筒壁裂缝如图3-15所示。经过白噪声扫描，模型结构自振频率出现更大衰减。模型结构依然具有一定的抗震能力。

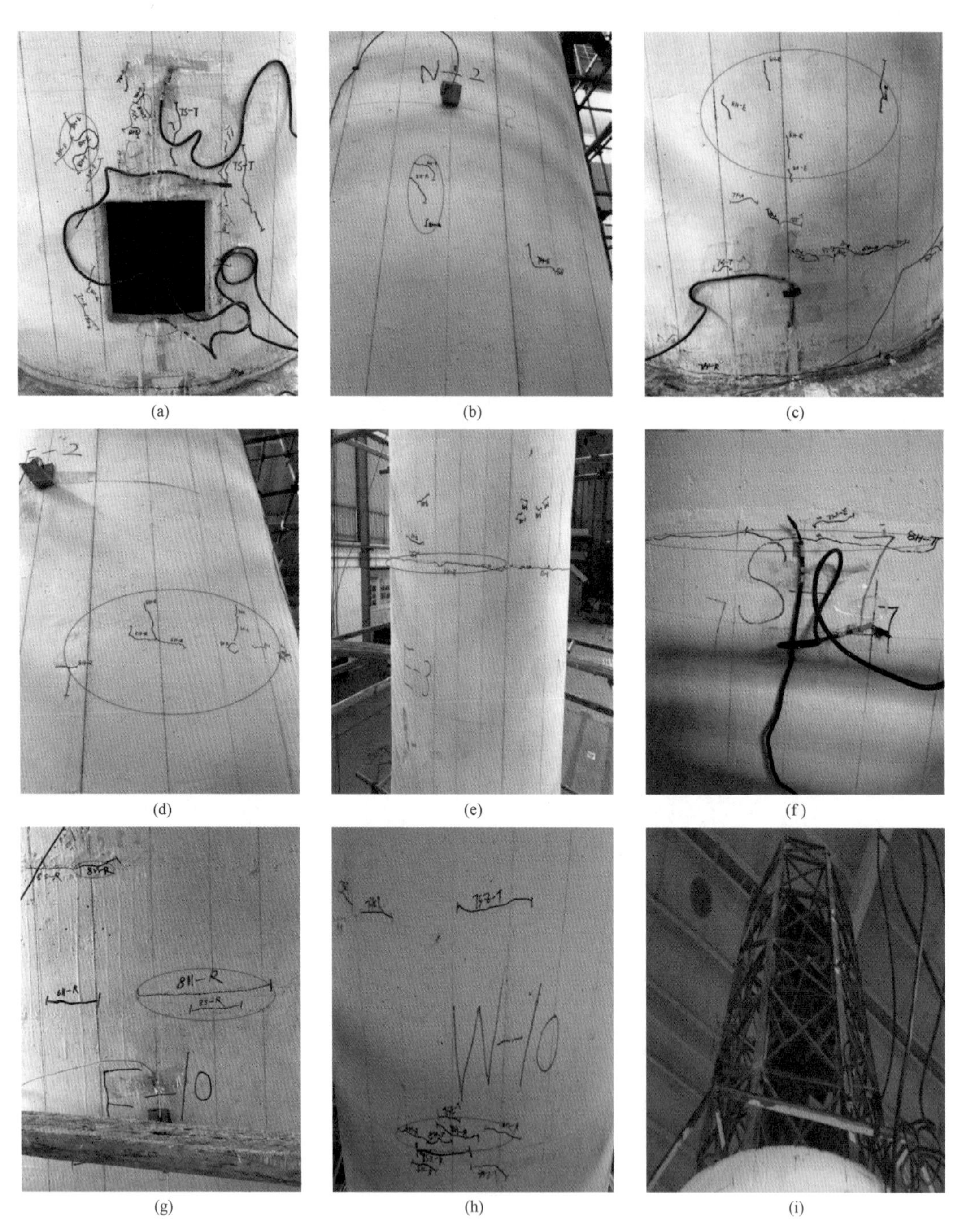

图 3-15 8 度罕遇地震工况模型裂缝分布

(a) W 面洞口周围裂缝；(b) N 面 2m 处裂缝；(c) E 面底部裂缝；
(d) E 面 2m 处裂缝；(e) 3.5m 处贯通裂缝；(f) 7m 处贯通裂缝；
(g) E 面 10m 处裂缝；(h) W 面 10m 处裂缝；(i) 紫铜整体结构

模型结构在 8 度设防地震工况下加速度放大系数、位移如图 3-16 和图 3-17 所示。

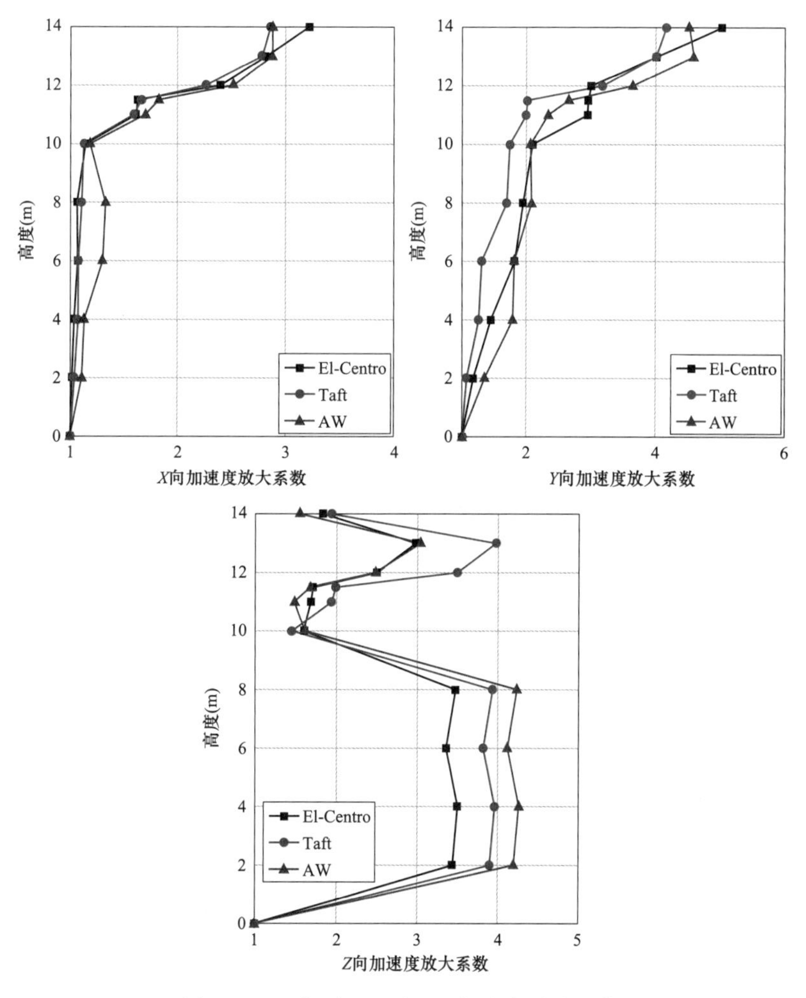

图 3-16　8 度罕遇地震工况加速度放大系数

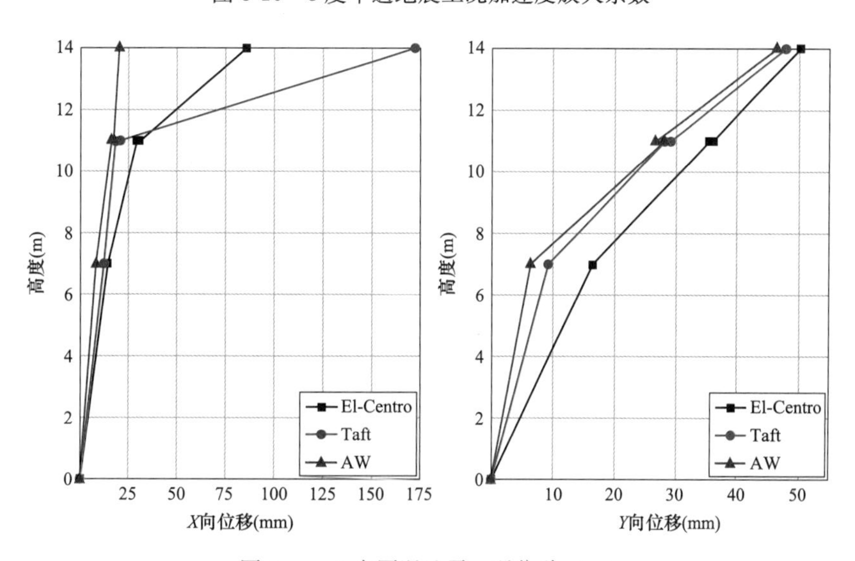

图 3-17　8 度罕遇地震工况位移（一）

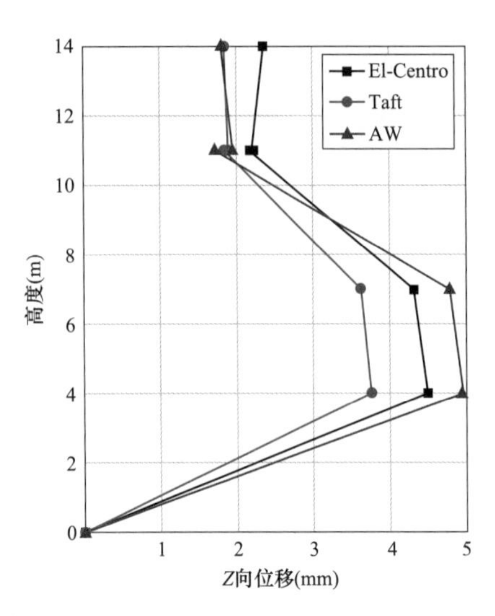

图 3-17　8 度罕遇地震工况位移（二）

在振动台试验过程中，对模型结构进行白噪声扫描，将加速度传感器收集的数据通过 Matlab 软件建立传递函数分析模型结构的幅频特性和相频特性，结构在不同水准地震工况下的自振频率、阻尼比和振型见表 3-2。

表 3-2　　不同水准地震工况下的自振频率、阻尼和振型

振型阶数		一	二	三	四	五	六
7 度多遇前	频率（Hz）	2.002	2.026	7.446	7.471	12.010	12.040
	阻尼比	0.069	0.070	0.047	0.045	0.084	0.082
	振型	X 向平动	Y 向平动	X 向平动	Y 向平动	扭转	扭转
7 度多遇后	频率（Hz）	2.002	2.026	7.446	7.471	11.960	11.990
	阻尼比	0.074	0.075	0.050	0.050	0.096	0.097
	振型	X 向平动	Y 向平动	X 向平动	Y 向平动	扭转	扭转
8 度多遇后	频率（Hz）	1.929	1.953	6.787	6.812	10.470	10.520
	阻尼比	0.112	0.112	0.063	0.063	0.122	0.123
	振型	X 向平动	Y 向平动	X 向平动	Y 向平动	扭转	扭转
7 度设防后	频率（Hz）	1.880	1.904	6.372	6.396	10.205	10.230
	阻尼比	0.136	0.136	0.075	0.075	0.134	0.134
	振型	Y 向平动	X 向平动	X 向平动	Y 向平动	扭转	扭转
8 度设防后	频率（Hz）	1.733	1.758	6.030	6.079	9.470	9.500
	阻尼比	0.166	0.167	0.102	0.103	0.178	0.179
	振型	Y 向平动	X 向平动	Y 向平动	X 向平动	扭转	扭转
7 度罕遇后	频率（Hz）	1.660	1.685	5.688	5.786	9.110	9.180
	阻尼比	0.174	0.174	0.111	0.111	0.190	0.190
	振型	Y 向平动	X 向平动	Y 向平动	X 向平动	扭转	扭转

续表

振型阶数		一	二	三	四	五	六
8度罕遇后	频率（Hz）	1.489	1.611	4.541	5.054	8.081	8.521
	阻尼比	0.185	0.197	0.124	0.143	0.272	0.213
	振型	Y向平动	X向平动	Y向平动	X向平动	扭转	扭转

（三）钢结构塔顶地震反应分析

为研究塔式太阳能光热电站吸热塔顶部钢结构在地震作用下产生的反应，通过模拟地震振动台试验结果（见表3-3）分析。

表3-3　模拟地震振动台试验结果

序号	指标	钢结构S	混凝土结构C	整体结构A	Si/Ci	Si/Ai
1	自振频率（一阶）（Hz）	1.224	0.311	0.314	3.94	3.90
2	水平加速度最大值（g）	1.827	0.970	1.827	1.88	1.00
3	竖向加速度最大值（g）	1.333	1.564	1.564	0.85	0.85
4	水平位移最大值（mm）	1248	417	1665	2.99	0.75
5	总位移角最大值	1/36	1/475	1/146	14.00	4.00
6	竖向位移最大值（mm）	2	61	61	0.03	0.03

从表3-3中可以看出，钢结构塔顶在水平地震工况下一阶自振频率和塔式太阳能光热电站吸热塔整体结构一阶自振频率比值为3.90，水平加速度最大值比混凝土结构放大1.88倍，水平位移最大值比混凝土结构放大2.99倍，总位移角最大值比混凝土结构放大14倍。说明钢结构塔顶出现了明显的鞭梢效应，可以通过提高结构整体刚度、改善结构质量分布和布置合理有效的减振装置等措施，以达到控制结构鞭梢效应的目的。钢结构塔顶在竖向地震工况下竖向加速度最大值比塔式太阳能光热电站吸热塔整体结构放大0.85倍，竖向位移最大值比塔式太阳能光热电站吸热塔整体结构放大0.03倍。说明钢结构塔顶竖向的伸缩效应不明显，竖向地震的影响主要位于大质量的混凝土结构塔身。

钢结构塔顶放大系数见表3-4。可以得出，钢结构塔顶在水平地震作用下放大系数β_b的包络值为2.99。

表3-4　钢结构塔顶放大系数

参数	水平加速度	水平位移	总位移角
钢结构塔顶放大系数β_b	1.88	2.99	3.25

（四）竖向地震和水平地震工况影响对比分析

在塔式太阳能光热电站吸热塔结构模拟地震振动台试验中，分别设置了6度设防、

7 度设防、8 度多遇和 8 度罕遇四个地震工况人工波来对比研究水平地震和竖向地震对结构的影响大小，各地震工况下结构的加速度最大值如表 3-5 所示。原型结构在不同水准地震工况下的剪力和轴力的分布如图 3-18 所示。

表 3-5　　　　各地震工况下的加速度最大值

方向	指标	6 度设防	7 度设防	8 度多遇	8 度罕遇
X	出现时间（s）	9.46	11.42	9.02	12.09
	加速度最大值（g）	0.425	0.753	0.571	1.195
Z	出现时间（s）	2.02	9.16	8.75	4.16
	加速度最大值（g）	0.185	0.390	0.437	1.564
a_X/a_Z		2.297	1.931	1.307	0.764

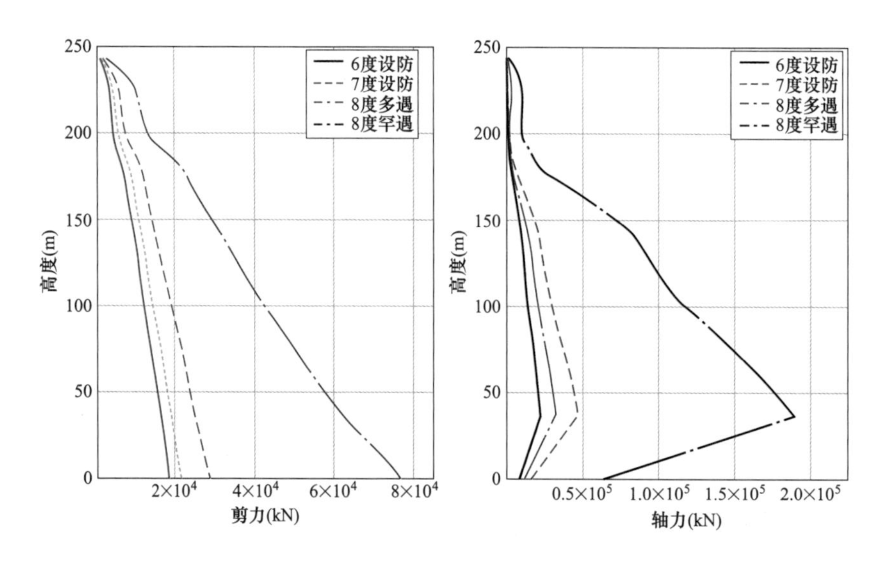

图 3-18　不同水准地震工况下剪力和轴力分布图

从表 3-5 中可以看出，在 6 度设防和 7 度设防地震工况下，水平地震加速度反应大于竖向地震加速度反应，水平加速度最大值和竖向加速度最大值比分别为 2.297 和 1.193。从 8 度多遇地震工况起，竖向地震加速度反应逐渐开始超过水平地震加速度反应，水平加速度最大值和竖向加速度最大值比为 1.307。在 8 度罕遇地震工况下，竖向地震加速度反应大于水平地震加速度反应，水平加速度最大值和竖向加速度最大值比为 0.764。从图 3-18 可以看出，原型结构底部最大剪力为 76 668kN，轴力为 19 1042kN。此结果表明，8 度水准地震以下水平地震影响对结构起控制作用，8 度水准地震以上（包含 8 度）竖向地震影响对结构起控制作用；竖向地震加速度最大值出现时间总是先于水平地震。因此竖向地震作用对结构的影响不容忽视，尤其是在 8 度罕遇地震下，竖向地震对塔式太阳能光热电站吸热塔结构起绝对的控制作用。

第三节　吸热塔结构抗震性能有限元分析

一、工程概况

依托摩洛哥 NOOR Ⅲ期塔式太阳能光热电站项目，吸热塔高 243m，结构形式采用混合结构方案，即从地面到 200m 高度范围内采用混凝土结构，200m 以上至塔顶采用钢结构。塔身底部直径 23m，沿高度方向逐渐减小，顶部直径 15.7m。

采用有限元分析软件对混凝土-钢混合结构吸热塔开展拓展性研究，考虑 7 度Ⅲ类场地和 8 度Ⅲ类场地，进行小震下的弹性反应谱分析以及大震下的弹塑性分析。

（一）结构计算分析参数

结构计算分析参数如表 3-6 所示。

表 3-6　　结构计算分析参数

项目	吸热塔	
混凝土容重	$25kN/m^3$	
钢材容重	$78kN/m^3$	
嵌固端	地下室顶板	
抗震设防烈度	7 度（0.10*g*）/8 度（0.20*g*）	
设计地震分组	第二组	
抗震构造措施	7 度/8 度	
地震影响系数最大值	多遇地震	0.08/0.16
	罕遇地震	0.50/0.90
设计基本地震加速度	多遇地震	$35cm/s^2/70cm/s^2$
	罕遇地震	$200cm/s^2/400cm/s^2$
建筑场地类别	Ⅲ类场地	
场地特征周期	多遇地震	0.55s
	罕遇地震	0.60s
阻尼比	多遇地震	0.035
	罕遇地震	0.05
周期折减系数	多遇地震	1.0
	罕遇地震	1.0
剪力墙抗震等级	一级（乙类）/二级（丙类）	
地震力振型组合数	保证质量参与系数＞90%	
地震力计算	单向地震	
竖向地震	考虑	
振型组合	CQC	
刚性楼板假定	否	
考虑 P-Delta 效应	是	
弹性时程计算	三条地震波（2 条天然波＋1 条人工波）	

（二）分析模型有效性验证

采用通用有限元软件对该结构进行分析设计，因此首先要保证结构模型在各个不同有限元软件间的一致性，如图 3-19 所示。

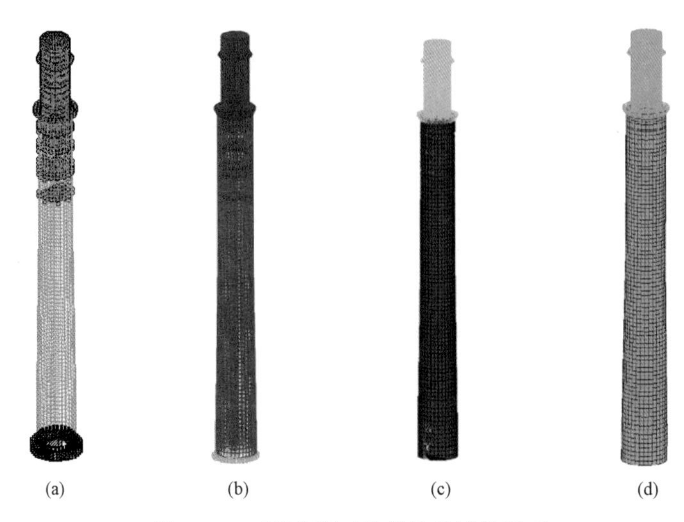

(a)　　(b)　　(c)　　(d)

图 3-19　不同有限元软件结构计算模型

(a) STAAD 模型；(b) SAP2000 模型；(c) ANSYS 模型；(d) ABAQUS 模型

1. 结构周期比较

结构计算模型在 STAAD、SAP2000、ANSYS 和 ABAQUS 的重力荷载代表值分别为 226 333kN、226 422kN、226 650kN 和 226 650kN，四个结构计算模型总质量基本一致，说明荷载取值保持一致。四种有限元软件计算得到的结构前 6 阶自振周期见表 3-7。

表 3-7　　前 6 阶自振周期　　单位：s

阶数	STAAD	SAP2000	ANSYS	ABAQUS
1	3.66	3.67	3.65	3.66
2	3.52	3.54	3.52	3.54
3	0.99	1.05	1.04	1.05
4	0.98	1.03	1.02	1.04
5	0.61	0.59	0.61	0.63
6	0.54	0.54	0.54	0.55

四种有限元软件计算得到的结构前 6 阶自振周期及对应的振型基本相同。说明结构模型是准确可靠的。第一阶和第三阶为 X 向平动，第二阶为 Y 向平动。

2. 基底剪力比较

有限元软件在不同工况下基底剪力及总质量参与系数计算结果见表 3-8 和表 3-9，其中振型模态均取到 500 阶。

表 3-8　　不同工况下基底剪力　　单位：kN

有限元软件	基底剪力			
	$E7X$（X 向）	$E7Y$（Y 向）	$E8X$（X 向）	$E8Y$（Y 向）
SAP2000	3880	3913	7760	7826
ANSYS	4021	4004	8041	8007
ABAQUS	4104	4054	8206	8106

注：$E7$ 和 $E8$ 分别表示为 7 度和 8 度下的地震响应。

表 3-9　　不同工况下总质量参与系数　　单位：%

有限元软件	总质量参与系数		
	X	Y	Z
SAP2000	97.17	96.95	93.04
ANSYS	97.05	96.71	92.64
ABAQUS	97.13	96.96	93.07

由表 3-8 和表 3-9 可以看出，不同有限元软件计算的基底剪力基本相同，虽然 SAP2000 略小一点，但相差很小，且总质量参与系数在各个方向上均达到 90%以上，满足 GB 50011—2010《建筑抗震设计规范》要求，计算结果准确。对应的剪重比见表 3-10，不同模型之间的差别也较小。

表 3-10　　不同有限元计算软件剪重比　　单位：%

有限元软件	剪重比			
	$E7X$（X 向）	$E7Y$（Y 向）	$E8X$（X 向）	$E8Y$（Y 向）
SAP2000	1.71	1.73	3.43	3.46
ANSYS	1.77	1.77	3.55	3.53
ABAQUS	1.81	1.79	3.62	3.58

3. 位移比较

各有限元软件不同工况下的位移计算结果如表 3-11 所示。

表 3-11　　不同工况下的位移计算结果　　单位：m

工况组合	SAP2000		ANSYS		ABAQUS	
	顶部位移	位移/高度	顶部位移	位移/高度	顶部位移	位移/高度
$E7X$	0.114	1/2137	0.115	1/2111	0.114	1/2137
$E7Y$	0.108	1/2252	0.109	1/2225	0.109	1/2238
$E8X$	0.228	1/1068	0.230	1/1056	0.227	1/1069
$E8Y$	0.216	1/1127	0.219	1/1112	0.217	1/1119

由表 3-11 可以看出，三种不同有限元软件计算的结构位移基本一致。7 度地震反应谱位移/高度的值均小于 1/2000，8 度地震反应谱位移/高度的值均小于 1/1000。

通过不同有限元软件之间结构模型的周期对比，以及各工况下的结构基底剪力与结构位移对比可知，三种计算软件 SAP2000、ANSYS 和 ABAQUS 对吸热塔结构进行有限元分析，计算模型正确，计算结果准确可靠，可为结构设计和结构安全性提供参考。以下对结构进行多遇和罕遇地震分析时，以 ABAQUS 计算为主。

二、多遇地震作用反应谱分析

多遇地震作用反应谱分析运用 GB 50011—2010《建筑抗震设计规范》中反应谱进行。分析包括了足够的振型，使建筑物总的振型质量参与系数超过 90%，每一振型的峰值反应均采用 CQC 法组合。

（一）结构位移响应

吸热塔结构没有层概念，为直观反映结构变形情况，混凝土结构部分假定层高为 2.5m 左右，钢结构以实际平台作为层高，查看结构在反应谱和风荷载下的层间位移角情况，因规范中对无楼层结构的层间位移角如何定义及其限值无明确规定。因此，仅作为对结构变形情况的参考。

GB 50051—2021《烟囱设计规范》中 3.1.27 条规定在荷载的标准组合效应作用下，钢筋混凝土烟囱、钢结构烟囱任意高度的水平位移不应大于该点离地高度的 1/100 的要求，且根据工艺要求，吸热塔应满足任意高度处的水平位移不大于该点离地面高度的 1/300 的要求。

地震作用下结构层间位移角及水平位移与其所属高度比值沿竖向分布情况如图 3-20 和图 3-21 所示。

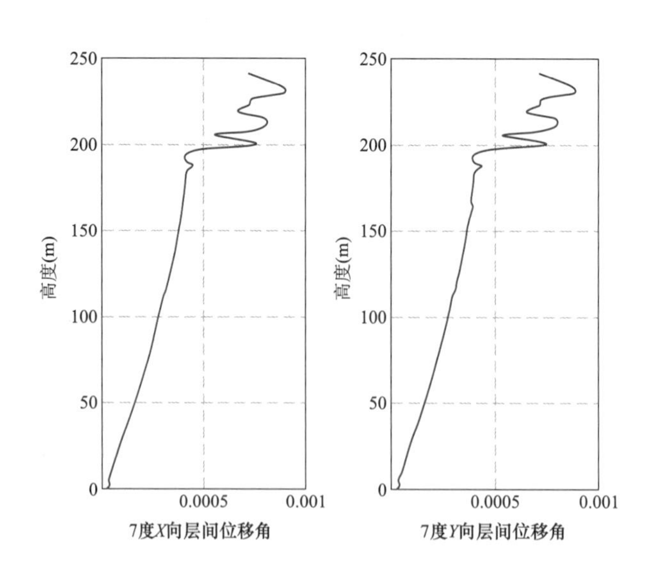

图 3-20　多遇地震作用下层间位移角（一）

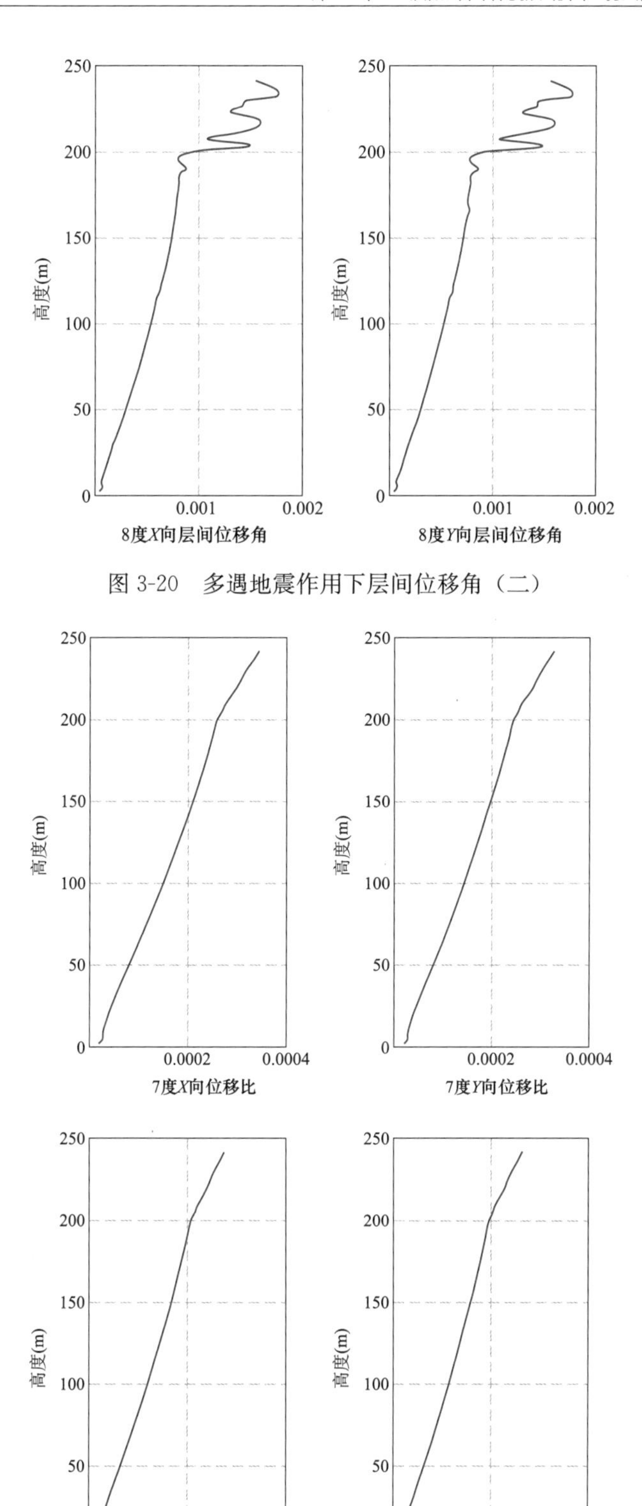

图 3-20 多遇地震作用下层间位移角（二）

图 3-21 多遇地震作用下水平位移与高度比

由图 3-21 可见，在标高 200m 以下，层间位移沿竖向地分布均匀，基本没有过大的刚度突变。标高 200m 以上（即顶部钢结构部分）由于刚度突变，变形明显。同时计算层间位移角在顶部有鞭梢效应影响。

（二）结构层剪力

振型反应谱法计算得到的结构基底剪力及剪重比结果见表 3-12。可以看出，地震作用下的剪重比均大于规范限值。

表 3-12　反应谱法结构最大基底剪力及剪重比结果

项目	$E7X$（X 向）	$E7Y$（Y 向）	$E8X$（X 向）	$E8Y$（Y 向）
基底剪力	4324	4287	8649	8575
剪重比	1.92%	1.91%	3.85%	3.81%

地震作用下结构的层剪力沿竖向的分布情况如图 3-22 所示。

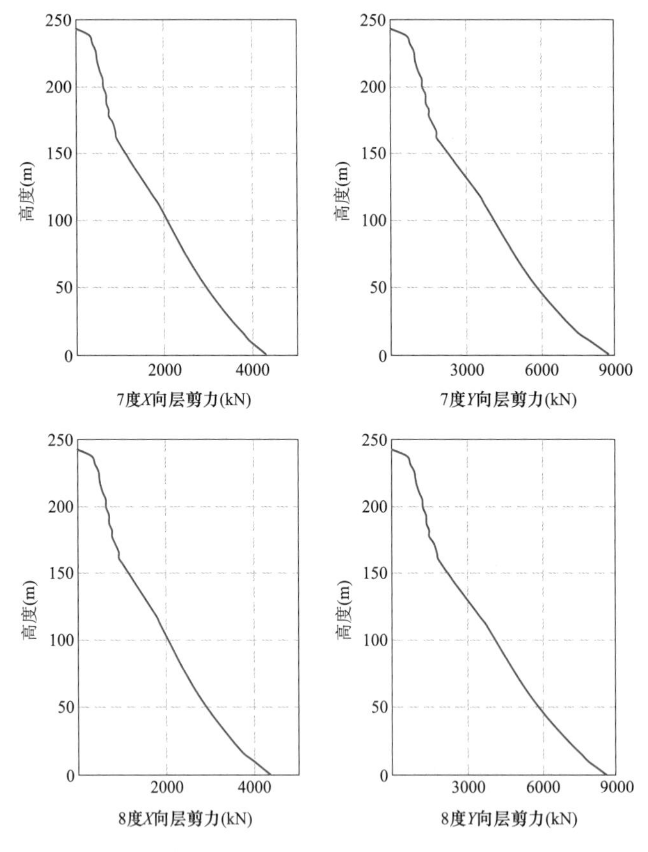

图 3-22　多遇地震下层剪力分布

由图 3-22 可见，地震荷载工况下，层剪力在标高较低区段衰减较快，在标高较高阶段衰减相对较慢。不同地震烈度对层剪力的分布规律无明显影响。

（三）结构相对抗侧刚度

吸热塔结构内部存在多个钢结构平台，需研究钢结构平台对结构抗侧刚度的影响，在计算模型中，按照考虑和不考虑钢平台的影响分别进行计算。

1. 考虑钢结构平台结构

考虑钢结构平台时结构的层刚度分布如图 3-23 所示。

由图 3-23 可知，在钢桁架楼层下部相邻位置以及混凝土与钢结构过渡区域的结构层刚度相对较弱。结构存在一些薄弱层，如在钢桁架楼层下部相邻位置以及混凝土与钢结构过渡区域，在设计中应对该部位地震剪力进行放大。

2. 不考虑钢结构平台结构

不考虑钢结构平台时结构的层刚度分布如图 3-24 所示。

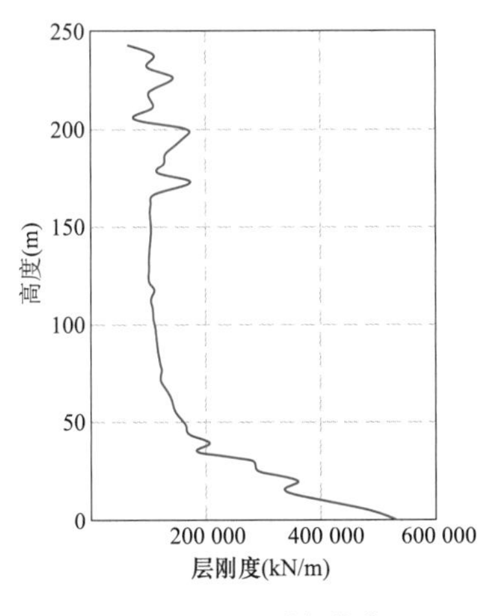

图 3-23　层刚度分布

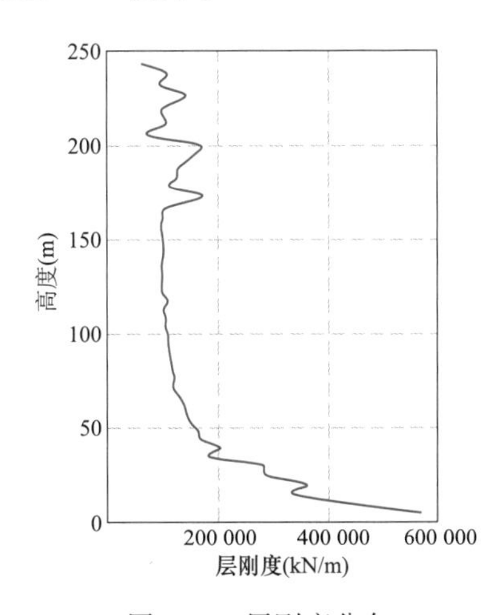

图 3-24　层刚度分布

由图 3-24 可见，结构存在一些薄弱层，如在钢桁架楼层下部相邻位置以及混凝土与钢结构过渡区域，在设计中应对该部位地震剪力进行放大。

3. 有无钢结构平台结构的抗侧刚度对比

吸热塔结构在有无钢结构平台情况下的层刚度分布比较如图 3-25 所示。

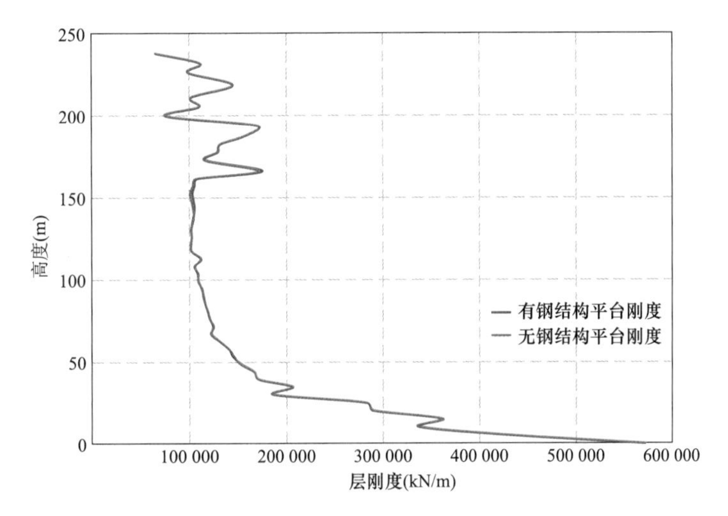

图 3-25　层刚度分布

由图 3-25 可见，两种布置方案的层刚度分布曲线基本重合，结构有无钢结构平台对总体结构抗侧刚度几乎没有影响，仅在钢结构平台处有一定的影响，但影响很小。

（四）倾覆弯矩

地震作用下吸热塔结构的倾覆弯矩沿竖向的分布情况，如图 3-26 所示。由分析结果可知，结构倾覆弯矩沿竖向分布无明显突变。

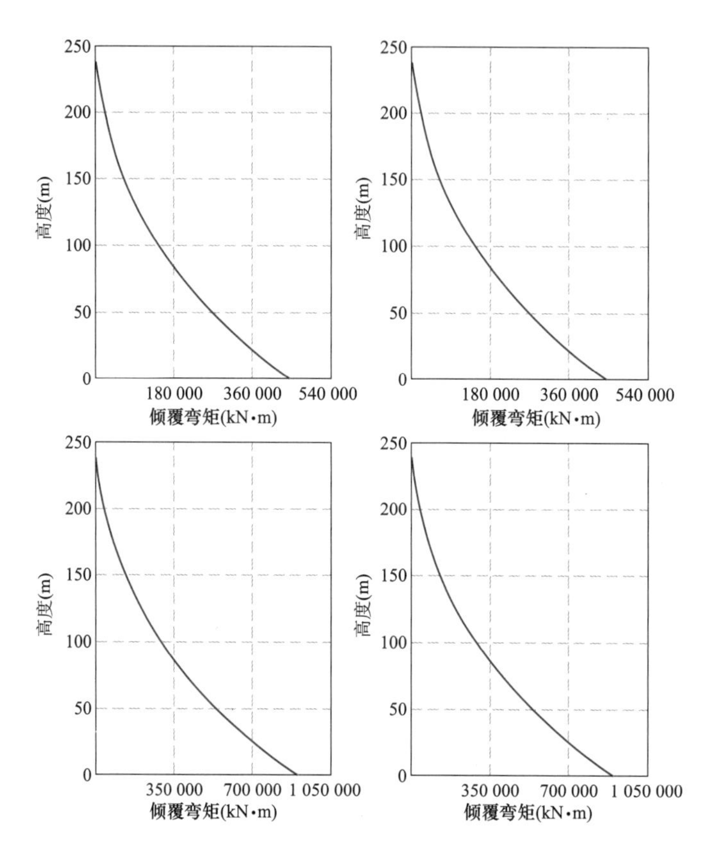

图 3-26　多遇地震下倾覆弯矩分布

三、弹性时程分析

（一）地震波的选取

按照有效峰值、持续时间、频谱特性等方面匹配的原则在波库里选用三组地震波：①人工 AW 波组；②天然波组：Northridge-01_N0_949-PW 和 Northridge-01_N0_949-SW；③天然波组：TH3TG055-PW 和 TH3TG055-SW。地震波持续时间均不小于结构自振周期的 5 倍和 15s，地震波的时间间距为 0.02s，满足规范对地震波选择的要求，分别计算结构在 7 度区和 8 度区下的地震响应，即峰值加速度分别为 35cm/s^2 和 70cm/s^2。地震波输入时按三方向 X、Y 和 Z（1∶0.85∶0.65）输入。地震波输入工况列表如表 3-13 所示。

表 3-13　　地震波分组

地震波类别	地震波组	地震波编号	比例系数	方向说明	峰值（gal）
人工波	AW	AW1	1	水平主向	7 度 35/ 8 度 70
		AW2	0.85	水平次向	
		AW3	0.65	竖向	
天然波	N0_949	N0_949-PW	1	水平主向	
		N0_949-SW	0.85	水平次向	
		N0_949-PW	0.65	竖向	
	TG055	TG055-PW	1	水平主向	
		TG055-SW	0.85	水平次向	
		TG055-PW	0.65	竖向	

（二）分析结果对比

对吸热塔结构采用时程分析法与反应谱法的计算结果进行了对比。

1. 基底剪力对比

时程分析法与反应谱法基底剪力对比如表 3-14 所示。

表 3-14　　时程分析法与反应谱法基底剪力对比

主方向	地震波组	7 度				8 度			
		剪力（kN）	剪重比	反应谱（kN）	时程分析/反应谱	剪力（kN）	剪重比	反应谱（kN）	时程分析/反应谱
X	AW	4464.9	1.97%	4324.7	1.03	8464.9	3.73%	8649.0	0.98
	N0_949	4025.0	1.78%		0.93	8051.0	3.55%		0.93
	TG055	4203.4	1.85%		0.97	8414.8	3.71%		0.97
	最大值	4464.9	1.97%		1.03	8464.9	3.73%		0.98
Y	AW	4490.3	1.98%	4287.8	1.05	7721.8	3.41%	8575.1	0.90
	N0_949	3764.9	1.66%		0.88	7528.4	3.32%		0.88
	TG055	4415.6	1.95%		1.03	8842.4	3.90%		1.03
	最大值	4490.3	1.98%		1.05	8842.4	3.90%		1.03

由表 3-14 可以看出，每条地震波的基底剪力均大于振型分解反应谱法的 65%并小于 135%，三组地震波的基底剪力平均值大于振型分解反应谱法的 80%并小于 120%，满足规范要求。

2. 层间位移对比

为直观反映结构变形情况，混凝土结构部分假定层高为 2.5m 左右，钢结构以实际平台作为层高，查看结构在弹性时程和反应谱下的层间位移角情况，具体如图 3-27 和图 3-28 所示。

由图 3-27 和图 3-28 可以看出，反应谱法与时程分析法的位移计算结果比较接近，变形趋势一致。采用时程分析时，顶部变形较反应谱大，这是由于采用直接积分的动力

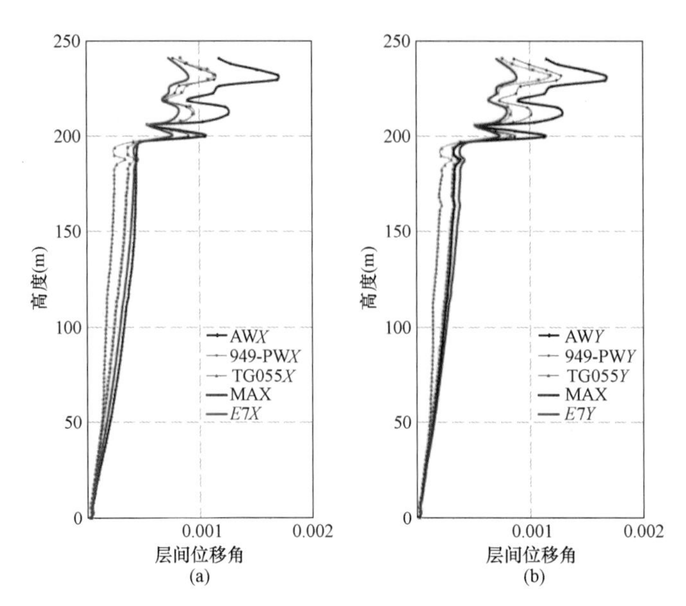

图 3-27　7 度弹性时程与反应谱层间位移角对比

(a) X 向；(b) Y 向

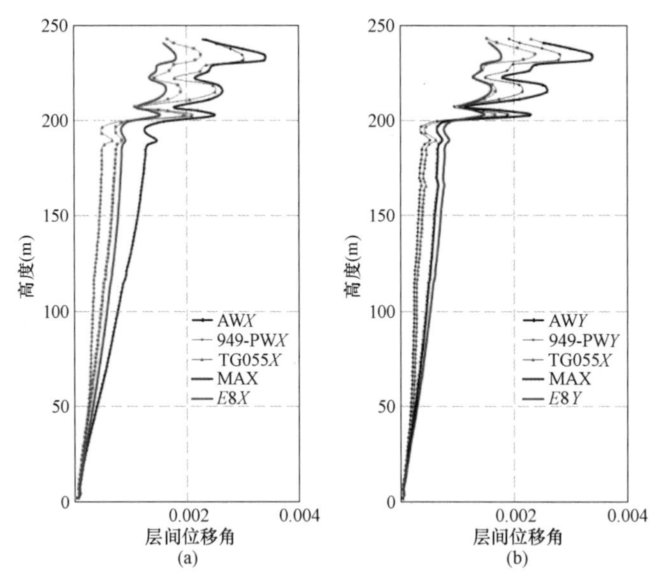

图 3-28　8 度弹性时程与反应谱层间位移角对比

(a) X 向；(b) Y 向

时程计算时，可以很好地反顶部结构的鞭梢效应。从层间位移角曲线可以看出，标高 200m 以上，即顶部钢结构部分，由于刚度突变变形明显。同时在混凝土与钢结构过渡区域标高 187.86m 处，层间位移有一定的突变，该处存在一定的薄弱部位。

3. 层剪力对比

每隔 5m 对该结构进行水平切割，提取该结构在各个标高处的层剪力，提取结果如

图 3-29 和图 3-30 所示。

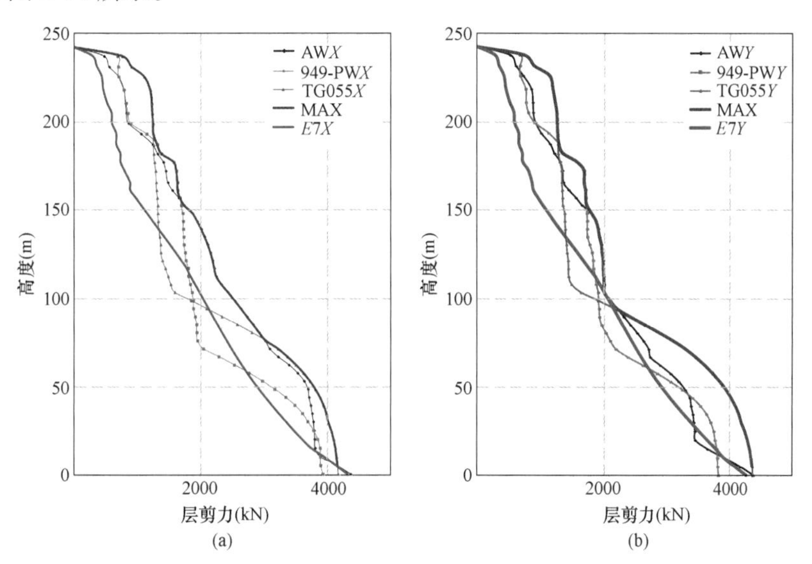

图 3-29　7 度弹性时程与反应谱层剪力对比

（a）*X* 向；（b）*Y* 向

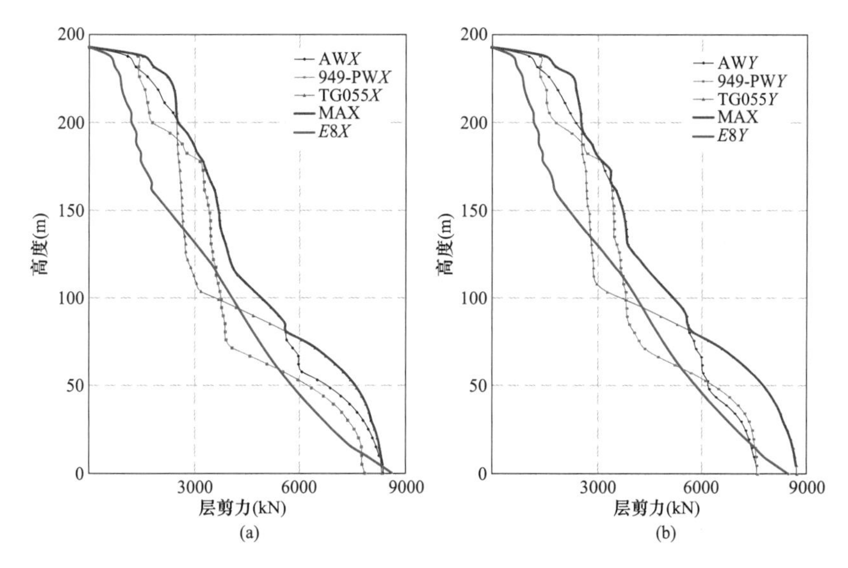

图 3-30　8 度弹性时程与反应谱层剪力对比

（a）*X* 向；（b）*Y* 向

由图 3-30 可以看出，时程分析结果在结构中上部的层剪力大于反应谱分析结果，结构中下部时程分析和反应谱分析结果慢慢趋于一致。同时，采用时程分析法的层剪力最大值略大于反应谱法计算结果。采用弹性时程分析方法可较好地考虑结构的鞭梢效应。

四、罕遇地震动力弹塑性时程分析

（一）设计概况

罕遇地震分析中，建立 ABAQUS 弹塑性分析模型，分别考虑 7 度和 8 度罕遇地震响应，地震地面峰值加速度分别为 220cm/s² 和 400cm/s²。

1. 计算模型

混凝土材料采用弹塑性损伤模型，当混凝土材料进入塑性状态后，其拉、压刚度降低如图 3-31、图 3-32 所示，混凝土受拉、受压损伤系数分别由 d_t 和 d_c 表示。

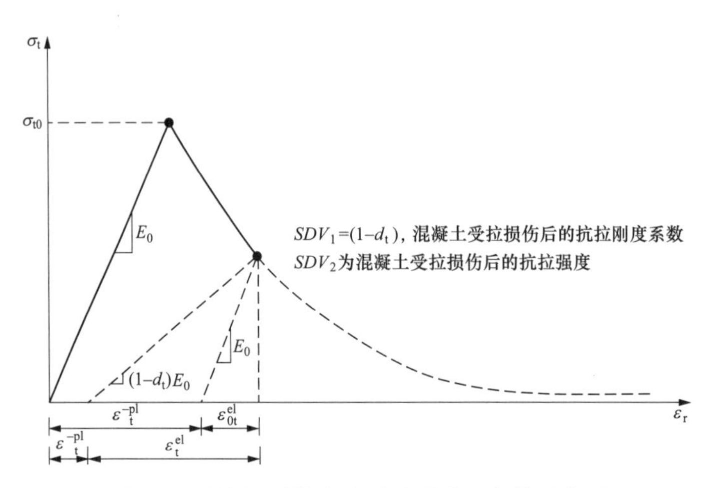

图 3-31　混凝土受拉应力-应变曲线及损伤示意图

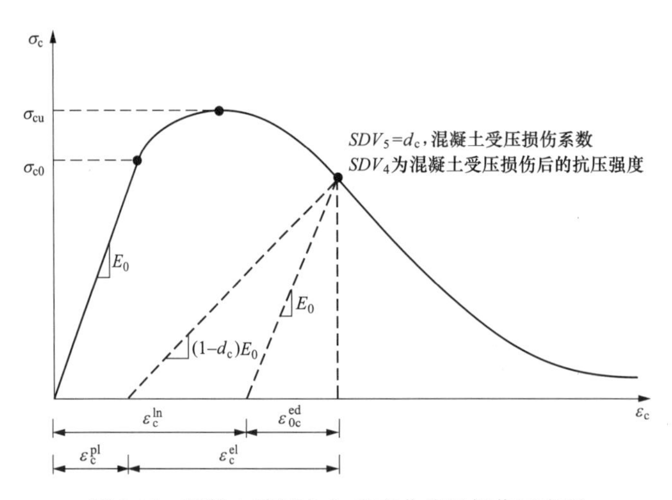

图 3-32　混凝土受压应力-应变曲线及损伤示意图

反复荷载下材料拉、压刚度的恢复示意图如图 3-33 所示，当荷载从受拉变为受压时，混凝土材料的裂缝闭合，抗压刚度恢复至原有的抗压刚度；当荷载从受压变为受拉时，混凝土材料的抗拉刚度不恢复。

分析中，采用二折线动力硬化模型模拟钢材在反复荷载作用下的 $\sigma-\varepsilon$ 关系，并控制最大塑性应变为 0.025，钢材的弹性模量为 E_s，强化段的弹性模量为 $0.01E_s$，如图 3-34 所示，考虑了在反复荷载作用下，钢材的包辛格（Bauschinger）效应。

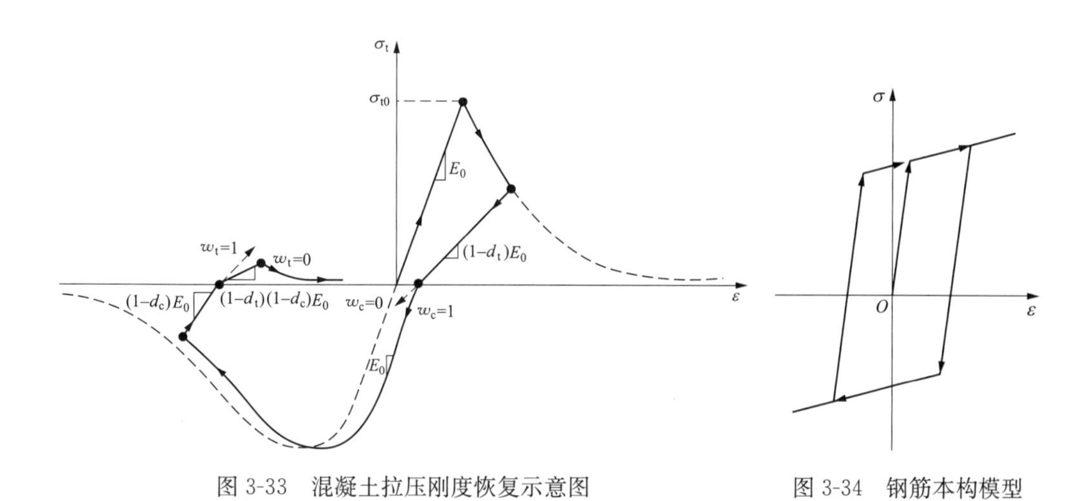

图 3-33　混凝土拉压刚度恢复示意图　　　　图 3-34　钢筋本构模型

2. 分析步骤

根据工程在施工建造及使用过程中的实际情况，整个分析过程分为施工加载计算、"附加恒荷载+0.5 活荷载"加载计算、地震波时程计算三个部分，其关系如图 3-35 所示：

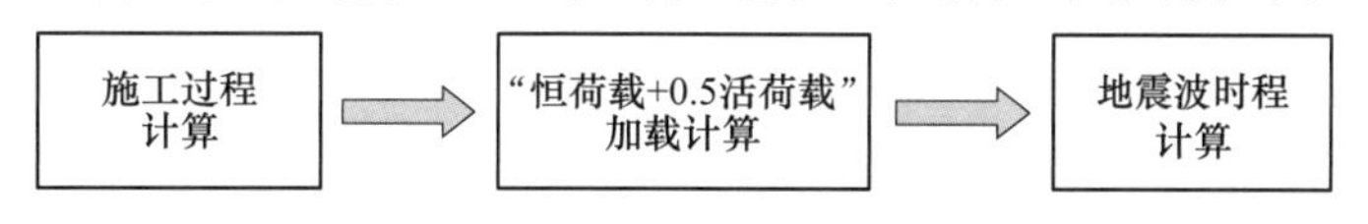

图 3-35　分析步骤

3. 地震波选取

按照有效峰值、持续时间、频谱特性等方面匹配的原则在波库里选用三组地震波：①人工 AW 波组；②天然波组：HectorMine_N0_1768-PW 和 HectorMine_N0_1768-SW；③天然波组：TH3TG055-PW 和 TH3TG055-SW。地震波持续时间均不小于结构自振周期的 5 倍和 15s，地震波的时距为 0.02s，满足规范对地震波选择的要求，分别计算结构在 7 度和 8 度下的罕遇地震响应，即峰值加速度分别为 220cm/s^2 和 400cm/s^2。地震波输入时按三方向 X、Y 和 Z(1∶0.85∶0.65) 输入。地震波输入工况列表如表 3-15 所示。

表 3-15　　地震波分组

地震波类别	地震波组	地震波编号	比例系数	方向说明	峰值（gal）
人工波	AW	AW1	1	水平主向	7 度 220/8 度 400
		AW2	0.85	水平次向	
		AW3	0.65	竖向	
天然波	N0_1768	N0_1768-PW	1	水平主向	
		N0_1768-SW	0.85	水平次向	
		N0_1768-PW	0.65	竖向	
	TG055	TG055-PW	1	水平主向	
		TG055-SW	0.85	水平次向	
		TG055-PW	0.65	竖向	

（二）罕遇地震计算结果

1. 基底剪力

每组地震波作用下吸热塔结构的基底剪力最大值见表 3-16 和表 3-17。

表 3-16　　每组地震波的最大基底剪力与相应的剪重比（7 度罕遇地震）

主方向	地震波组	弹塑性		弹性		弹塑性/弹性	反应谱（kN）	弹性时程/反应谱
		剪力（kN）	剪重比	剪力（kN）	剪重比			
X	AW	22 602.7	10.05%	25 506.6	11.34%	0.89	24 635.3	1.04
	N0_1768	28 222.9	12.55%	28 413.0	12.64%	0.99		1.15
	TG055	22 261.3	9.90%	22 538.1	10.02%	0.99		0.91
	最大值	28 222.9	12.55%	28 413.0	12.64%	0.99		1.15
Y	AW	24 799.3	11.03%	26 001.2	11.56%	0.95	24 878.8	1.05
	N0_1768	27 664.8	12.30%	28 093.2	12.50%	0.98		1.13
	TG055	23 224.8	10.33%	24 929.1	11.09%	0.93		1.00
	最大值	27 664.8	12.30%	28 093.2	12.50%	0.98		1.13

表 3-17　　每组地震波的最大基底剪力与相应的剪重比（8 度罕遇地震）

主方向	地震波组	弹塑性		弹性		弹塑性/弹性	反应谱（kN）	弹性时程/反应谱
		剪力（kN）	剪重比	剪力（kN）	剪重比			
X	AW	38 736.1	17.23%	46 325.0	20.60%	0.84	44 343.5	1.04
	N0_1768	45 799.5	20.37%	51 583.4	22.94%	0.89		1.16
	TG055	30 623.1	13.62%	40 959.9	18.22%	0.75		0.92
	最大值	45 799.5	20.37%	51 583.4	22.94%	0.89		1.16
Y	AW	41 667.8	18.53%	47 182.6	20.99%	0.88	44 781.8	1.05
	N0_1768	44 693.4	19.88%	50 718.2	22.56%	0.88		1.13
	TG055	33 379.9	14.85%	45 456.6	20.22%	0.73		1.02
	最大值	44 693.4	19.88	50 718.2	22.56%	0.88		1.13

由表 3-16 和表 3-17 可以看出，每条地震波的基底剪力均大于振型分解反应谱法的 65%并小于 135%，三组地震波的基底剪力平均值大于振型分解反应谱法的 80%并小于 120%，满足规范要求。

由弹塑性与弹性基底剪力对比可知，在 7 度罕遇地震作用下，结构弹塑性与弹性基底剪力几乎一致，即在罕遇地震作用下，结构几乎处于弹性工作状态，结构刚度无退化，因此，7 度罕遇地震作用下，结构抗震性能良好，结构几乎保持弹性；在 8 度罕遇地震作用下，结构弹塑性基底剪力约为弹性基底剪力的 90%，基底剪力有一定的折减，这是由于在 8 度罕遇地震作用下，结构部分构件进入塑性，结构出现刚度退化，因此剪力有所降低，部分构件进入了塑性，出现了刚度退化。

2. 层间位移

吸热塔结构没有层概念，为直观反映结构变形情况，混凝土结构部分假定层高为

2.5m左右，钢结构以实际平台作为层高，查看结构在罕遇地震下的层间位移角情况，具体如图3-36和图3-37所示。

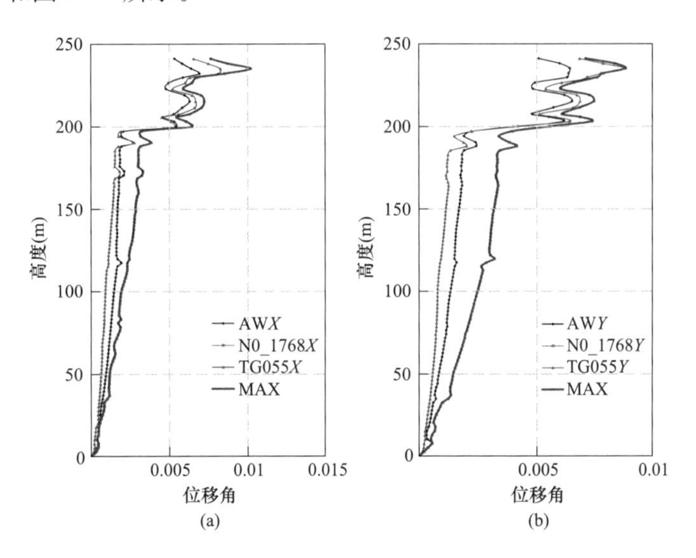

图3-36　7度弹塑性时程与反应谱层间位移角对比

(a) X向；(b) Y向

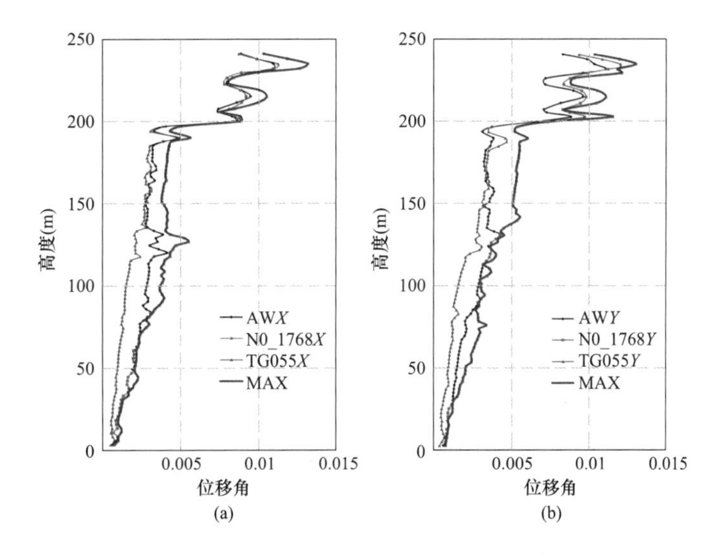

图3-37　8度弹塑性时程与反应谱层间位移角对比

(a) X向；(b) Y向

由图3-36和图3-37可以看出，标高200m以上，即顶部钢结构部分，由于刚度突变，层间位移角变形明显。同时在混凝土与钢结构过渡区域标高187.86m处，层间位移有一定的突变，该处存在一定的薄弱部位。该结构在7度和8度罕遇地震下最大层间位移角分别为1/98和1/76，满足罕遇地震作用下钢结构层间位移角不大于1/50的限值要求。

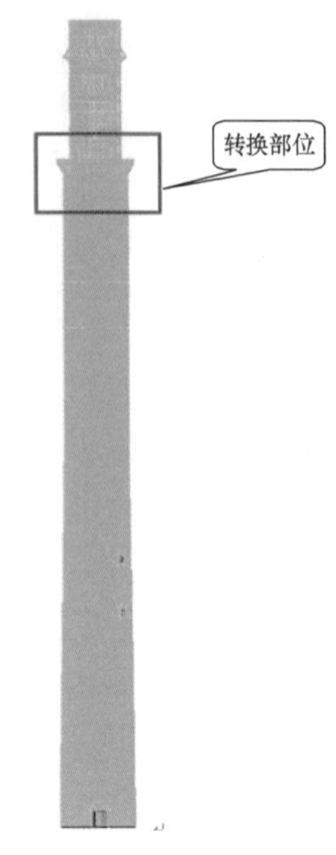

图 3-38　转换部位示意图

3. 关键部位性能分析

由于结构在 7 度罕遇地震下几乎完好，因此以下仅对 8 度罕遇地震下的结构性能进行评价。

（1）混凝土与钢结构转换部位。对混凝土与钢结构转换部位处墙体的损伤、钢筋的塑性应变以及转换部位（见图 3-38）钢构件的塑性应变发展情况进行性能分析，转换部位墙体仅在与钢桁架相连的小范围内出现一定程度的损伤，如图 3-39 所示。从损伤发展情况来看，属于轻度损伤，而且转换部位墙体钢筋未进入塑性，处在弹性工作阶段，同时转换部位的钢构件也均处在弹性工作阶段，因此该结构转换部位抗震性能良好。

（2）底部洞口部位。对底部洞口部位墙体的损伤及钢筋的塑性应变情况进行性能分析，如图 3-40 所示。

由分析结果可以看出，底部洞口部位墙体仅在小范围内出现一定程度的损伤，从损伤发展情况来看，属于轻度损伤。而且底部洞口部位钢筋未进入塑性，处在弹性工作阶段，因此，该结构在底部洞口部位的设计满足性能水准要求。

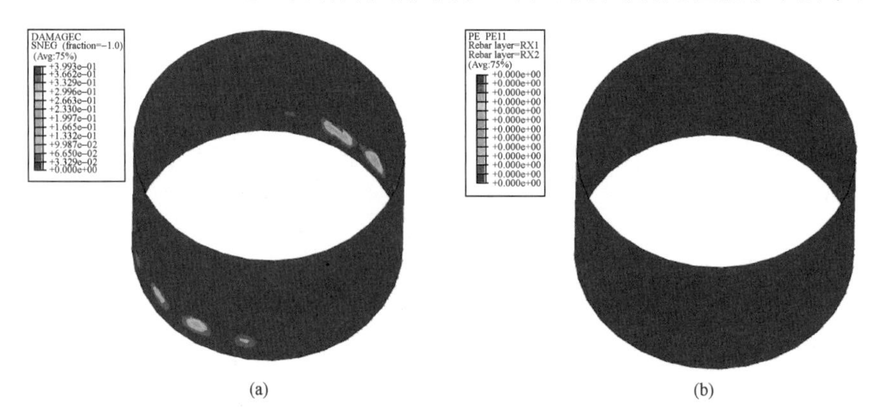

图 3-39　转换部位墙体损伤及钢筋塑性应变发展情况

（a）墙体损伤情况；（b）钢筋塑性应变（环向）情况

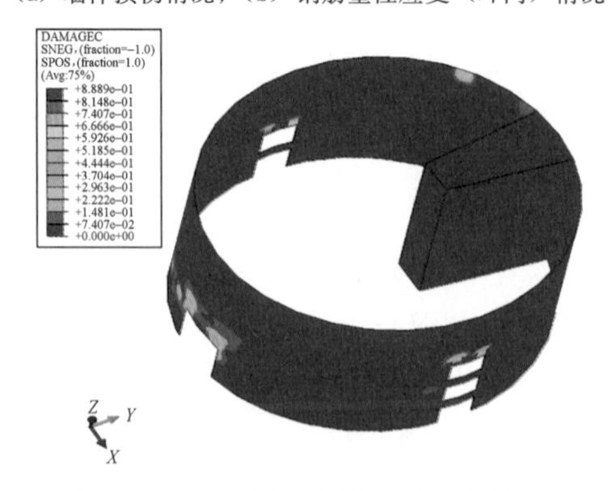

图 3-40　底部洞口部位墙体损伤情况

第四节　吸热塔结构抗震设计方法

一、设计计算方法

因为吸热塔采用混凝土与钢两种材料相结合的混合结构体系，结构高度较高，属于高耸结构的范畴，结构沿高度方向的刚度、质量分布不均匀在外形上存在突变，且吸热塔顶部设备质量达 2000t，所以对吸热塔结构进行地震设计时建议同时采用反应谱分析法和弹性时程分析法，并取其包络值进行结构设计。

二、鞭梢效应

吸热塔结构沿高度方向的刚度、质量分布不均匀，且在外形上存在突变，根据吸热塔结构模拟地震振动台试验结果，以及结构有限元分析计算结果可知，吸热塔结构在地震作用下存在着明显的鞭梢效应。

通过吸热塔结构模拟地震振动台试验结果可知，钢结构塔顶在水平地震作用下水平加速度最大值比混凝土结构放大 1.88 倍，水平位移最大值比混凝土结构放大 2.99 倍，总位移角最大值比混凝土结构放大 14 倍。

通过对比结构弹性时程和反应谱分析计算结果可知，吸热塔结构顶部钢结构部分的地震力弹性时程计算值大于反应谱计算值，其比值约为 2.5 倍。

因此，在对吸热塔结构顶部钢结构与混凝土部分的转换构件以及连接节点进行设计时，地震内力可按反应谱计算结果乘以不小于 2.0 的放大系数选用，此增大部分不应往下传递，仅用于转换平台构件及上部吸热器支撑钢结构与转换平台连接节点的设计。

三、竖向地震的影响

通过吸热塔结构模拟地震振动台试验结果可知，8 度水准地震以下水平向地震对结构起控制作用，8 度水准地震以上（包含 8 度）竖向地震对结构起控制作用；竖向地震加速度最大值出现时间总是先于水平向地震。

因此竖向地震作用对结构的影响不容忽视，当吸热塔结构处于 8 度地震区及以上时，应考虑竖向地震作用。

第五节　小　　结

(1) 通过吸热塔结构模拟地震振动台试验可知：塔身根部在水平向地震作用下，承受巨大的底部剪力，最早出现了严重的水平向贯通性破坏裂缝。塔式太阳能光热电站吸热塔结构在竖向地震影响下，质心（约 99m 处）位置附近加速度反应较大。塔身结构的加速度反应明显小于塔顶的加速度反应。随着台面激励加速度输入值的逐渐升高，加速度放大系数逐渐降低。混凝土结构和钢结构连接处发生刚度突变，上下较大的刚度差异导致钢结构塔顶出现明显的鞭梢效应。竖向地震作用对结构的影响不容忽视，尤其是在 8 度罕遇地震以上时，竖向地震对塔式太阳能光热电站吸热塔结构起绝对的控制作用。

（2）通过对吸热塔结构开展地震作用下动力有限元结构分析可知：反应谱法计算得到的结构剪重比满足规范限值要求。结构在7度和8度罕遇地震下最大层间位移角满足罕遇地震作用下，钢结构层间位移角不大于1/50的限值要求。在罕遇地震作用下，结构构件大部分均处于轻度损伤或无损伤，关键部位如转换部位墙体轻度损伤，转换部位钢构件处于弹性工作阶段，结构抗震性能满足设计要求。

（3）针对吸热塔结构的抗震设计，提出如下建议：吸热塔结构在进行多遇地震设计分析时，应同时计算反应谱和弹性时程，并取其包络值进行设计。吸热塔结构在地震作用下存在着明显的鞭梢效应，在对吸热塔结构顶部钢结构与混凝土部分的转换构件以及连接节点进行设计时，地震内力可按反应谱计算结果乘以不小于2.0的放大系数选用，此增大部分不应往下传递。吸热塔结构处于8度地震区及以上时，应考虑竖向地震作用。

集热场桩柱一体式基础工作性状和设计方法

第一节 光热电站集热场基础的基本特点

光热发电工程中集热场定日镜需要通过立柱或钢架结构来支撑，典型的支撑结构形式包括独臂支架式、圆形底座式和连续网架式等，其中独臂支架式支撑是最常用的结构形式，钢柱多采用混凝土柱、钢管柱或钢格构柱。表 4-1 为部分国外塔式太阳能光热发电场中的定日镜尺寸及其支撑结构形式。由此可知，定日镜多采用钢管柱，基础采用钢筋混凝土基础、钢桩、预制混凝土地锚等。

表 4-1 部分国外定日镜尺寸及其支撑结构形式

项目/制造商	所属国家地区	建设年份	镜面面积	支撑结构形式
Colon 70	西班牙-塞维利亚	1997	70.7	钢管柱＋钢筋混凝土基础
SAIC	美国-加利福尼亚-圣地亚哥	1998	170.7	钢管柱＋钢筋混凝土基础
PSI 120	西班牙-塞维利亚	1996	121.5	钢管柱＋钢筋混凝土基础
Sanlucar 90	西班牙-塞维利亚	1999	92.54	钢管柱＋钢筋混凝土基础
HELLAS 01	西班牙-加的斯	1999	19.2	混凝土柱＋钢筋混凝土基础
ATS H100	美国-加利福尼亚-Larkspur	1983	95	钢管柱埋入混凝土基础
ATS H150	美国-加利福尼亚-Larkspur	1984	148	钢管柱埋入混凝土基础
Sener	西班牙-比斯开	2011	115.7	钢管柱＋钢筋混凝土基础
Brightsource	美国	2011	—	钢桩
DLR	—	2009	8	预制混凝土地锚

独臂支架式支撑结构具有体积小、结构简单、较易密封等优点，但其稳定性、抗风性也较差，为防止结构破坏或变形过大，立柱和基础应具有足够的刚度。为此，提出将传统的钢管立柱替换为预应力高强度混凝土（PHC）管桩，并伸入地下作为基础的支撑形式。PHC 管桩伸出地面一定高度，既作为基础，又作为支撑立柱，称为“桩柱一体式基础”。PHC 短桩基础的成桩过程为：①通过机械钻孔方法进行成孔；②钻孔底部清理沉渣或浇筑垫层；③利用起吊设备将预制管桩吊入钻孔，调整位置使管桩对中；④在孔壁与管桩的间隙中填充混凝土。如图 4-1 所示。

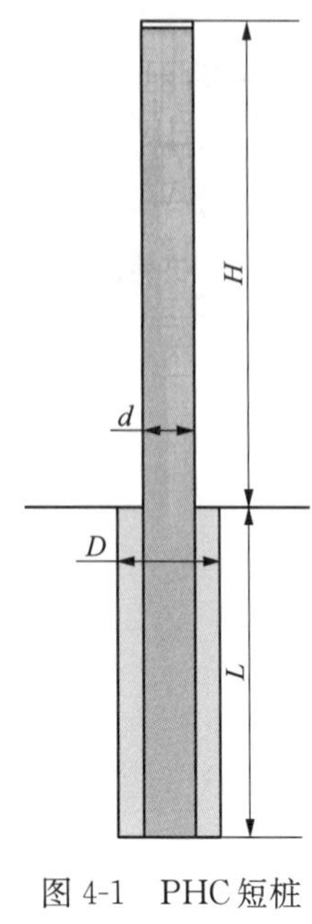

图 4-1 PHC 短桩基础示意图

太阳能电站中定日镜基础数量庞大，常规 50MW 工程约 1 万多个，PHC 桩柱一体式基础相较于传统结构形式，成本优势产生的经济效益十分明显。但该桩基础的设计存在以下难点：①由于工艺聚光的要求，变形要求远比常规桩基严格，要求柱顶转角约 1～1.5mrad，残余转角变形小于 0.5°；②桩入土深度约 2～5m，桩径比较小，属于短桩范畴，目前没有针对短桩的成熟计算理论；③桩在风荷载作用下，主要承受剪扭作用，且为长期往复荷载，国内外针对抗扭和剪扭耦合荷载下桩基础变形的研究鲜有报道。因此，严格的精度控制、耦合荷载下长期的功能可靠性和结构安全性，对立柱和基础设计提出了严格的要求，现有计算理论不能满足工程需求。

本章主要介绍了桩柱一体式基础设计理论和方法的研究成果，包括管桩-混凝土界面特性试验成果、复杂耦合作用下各类典型场地基础受力特性试验成果、基础理论分析成果、考虑功能和安全两阶段要求的整套桩柱一体式基础的设计方法等内容。

第二节 预制桩与后浇混凝土界面黏结性状现场试验研究

一、试验介绍

为保证桩柱一体式基础在荷载作用下预制桩和后浇混凝土之间不产生滑移，研究了两者间的黏结性能。对圆形预制桩表面做锯齿状处理，处理后的预制桩形状如图 4-2 所示，与采用普通光圆截面进行对比分析。设计了扭转静载、水平静载、扭转往复荷载和水平恒载下的扭转往复荷载试验工况，如表 4-2 所示。其中，扭转静载和水平静载试验采用慢速维持荷载法，即逐级加载，每一级荷载达到相对稳定后再加载下一级荷载，直到试桩要求的最大荷载，然后分级卸荷到零。试件加载示意图如图 4-3 所示。

表 4-2　　短桩基础室内试验工况

桩型	1	2	3	4	5	6
A 光圆	扭转静载	水平静载	扭转往复荷载 6kN·m	扭转往复荷载 12kN·m	扭转往复荷载 18kN·m	水平恒载下的扭转往复荷载 12kN·m
B 锯齿						

二、扭转静载下界面性状足尺试验

如图 4-4 所示，经过扭转静载试验，结果表明工况 A1 与 B1 的变形值均略大于理论值。A1 与 B1 的预制桩在浇筑时的漏浆情况较为相近，两者在扭矩达到 12kN·m 之前的变形也较为相近，当荷载超过 12kN·m 之后，B1 的变形仍在线性阶段，而 A1 的变形已经进入了非线性阶段，A1 存在一大小约为 12kN·m 的“临界荷载”，当荷载超过这一“临界荷载”，变形进入非线性阶段。B1 由于预制桩截面外缘为锯齿状，“临界荷载”要明显高于 A1。

图 4-2　锯齿状截面预制桩和普通光圆截面预制桩

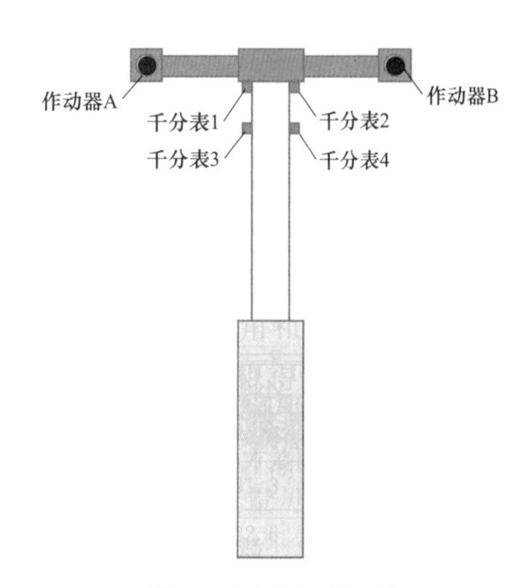

图 4-3　试件加载示意

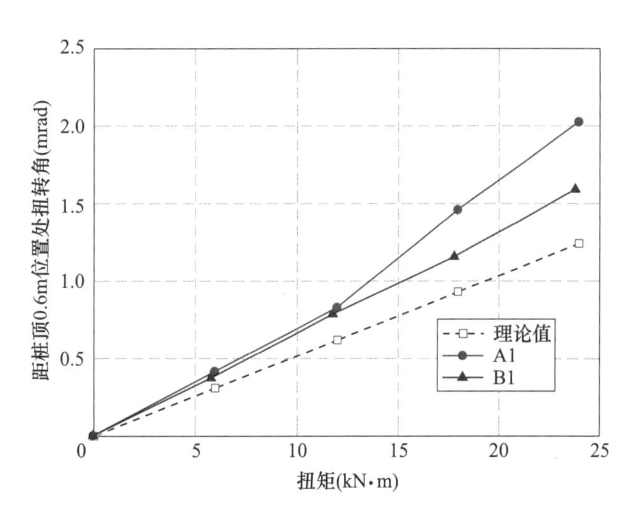

图 4-4　短桩基础试件 A1 与 B1 扭转静载试验结果

三、水平静载下界面性状足尺试验

水平静载试验对应的短桩基础试件为 A2 和 B2，也包括 4 级荷载，水平荷载值分别为 5kN、10kN、15kN 和 20kN。A2 是普通光圆截面预制桩浇筑的短桩基础，B2 是锯齿状截面预制桩浇筑的短桩基础。将试件 A2 和 B2 距桩顶 0.6m 位置处的变形值与理论值一同绘制到图 4-5 中。

根据图 4-5 显示的结果可以看出，A2 与 B2 的变形值均略大于理论值，曲线基本上均呈线性，无明显转折。A2 与 B2 的预制桩在浇筑时的漏浆情况较为相近。因此，在试验荷载范围内，预制桩锯齿状截面外缘不能对水平力作用下的短桩变形产生明显影响。

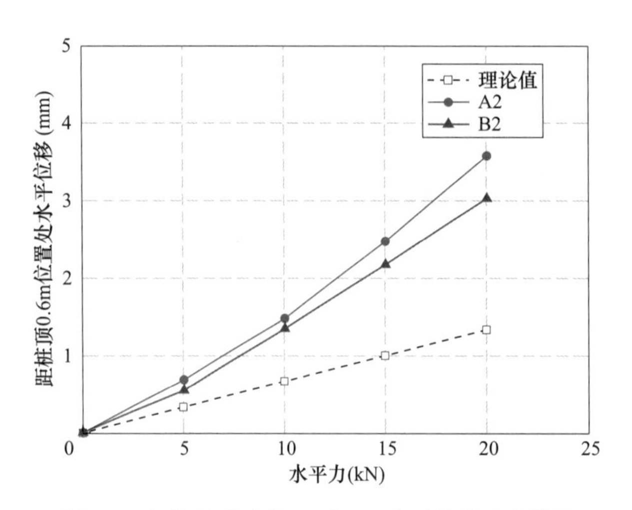

图 4-5　短桩基础试件 A2 与 B2 水平静载试验结果

四、界面弱化对基础变形的影响

由于桩与基础之间界面发生错动使得短桩基础自身变形进入非线性阶段。在数值模拟中可以通过对桩和基础之间设置界面来模拟这种现象，界面处允许单元间位移不连续。该界面由基础顶开始向下发展，如图 4-6 所示，为了模拟桩与基础接触面之间从上往下发展的滑移面，在模型中建立不同长度的界面。界面长度分别为 0m、0.1m、0.2m、0.3m、0.4m、0.6m、0.8m、1.0m。

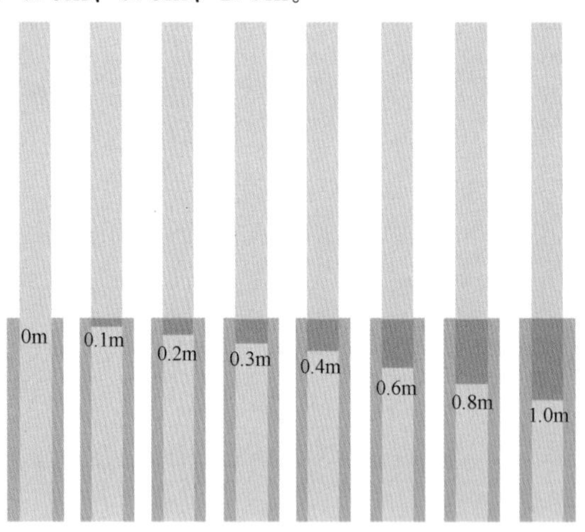

图 4-6　建立不同界面长度模型示意图

不同界面长度时对应的扭转角值如图 4-7 所示，可以看出：界面从无到有的过程中短桩基础的扭转变形值增加明显，但在一定长度后趋于稳定；当界面出现（滑移现象出现）后，扭转变形立刻增加，符合常规规律；当界面长度增加，变形趋势变化不大，说明桩-基础接触面中起到控制桩体扭转变形作用的部分主要集中在接近地表的浅层基础混凝土。因此，在短桩基础设计时，仅需要对埋入基础部分接近地表处的预制桩截面外缘进行锯齿状处理，即可达到抵抗短桩基础塑性变形的作用。

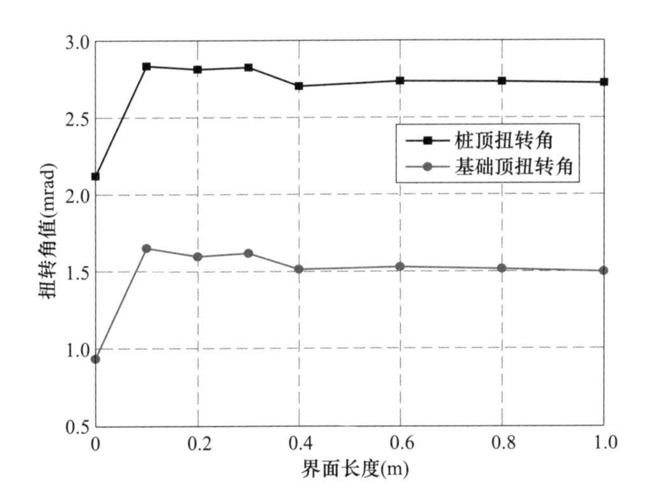

图 4-7　不同界面长度时对应的扭转角值

第三节　桩柱一体式基础工作性状现场试验

根据光热电站场地地质特征及文献调研，现场试验场地共分三类，分别为黄土地基、砂土加黄土（分层土）地基和砂土地基。其中砂土加黄土地基是指上部土层为 1m 厚的砂土层，下部土层为黄土层。此外，还考虑了桩帽对减小 PHC 短桩基础变形的作用，共设置 11 组试验，如表 4-3 所示。

表 4-3　　　　**试验测试分组内容一览表**

土体	荷载工况		桩帽		编号
	水平荷载	耦合荷载（水平＋扭转）	有	无	
砂土	√		√		S1
	√			√	S2
		√	√		S3
		√		√	S4
		√（往复）		√	S5
	√（往复）			√	S6
黄土	√			√	C1
	√		√		C2
		√		√	C3
砂土＋黄土	√			√	SC1
		√		√	SC2

一、黄土场地一体式基础工作性状

1. 无桩帽侧向荷载试验（C1）结果

图 4-8 为 C1 试验桩的柱顶倾角和泥面位移随荷载级别的变形曲线，柱顶倾角与泥面位移随荷载级别的变化呈非线性，总体上荷载变形曲线展现出了明显的分阶段性。

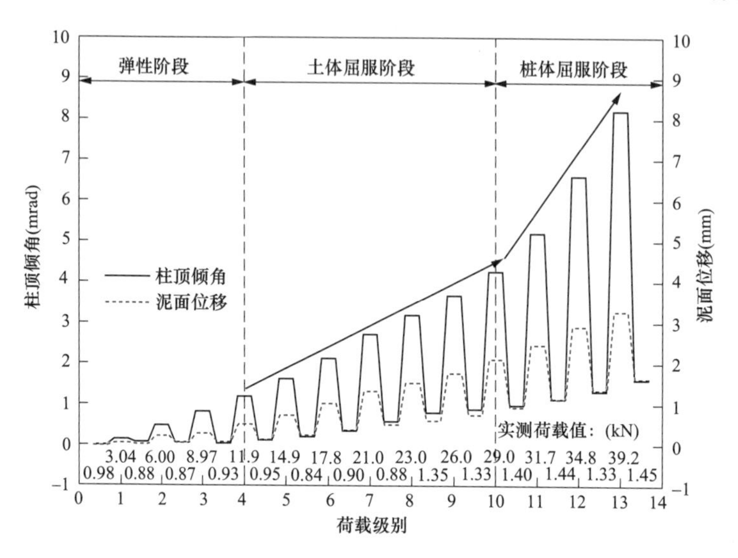

图 4-8　C1 试验桩柱顶倾角与泥面位移随荷载级别的变化

2. 有桩帽侧向荷载试验（C2）结果

图 4-9 为 C2 试验桩的桩顶倾角和泥面位移随荷载级别的变形曲线。与 C1 试验相似，柱顶倾角与泥面位移随荷载级别的变化呈非线性，也展现出明显的分阶段性。总体上桩帽对于黄土地基中 PHC 短桩基础的侧向变形控制作用并不明显，但是残余变形减小了。

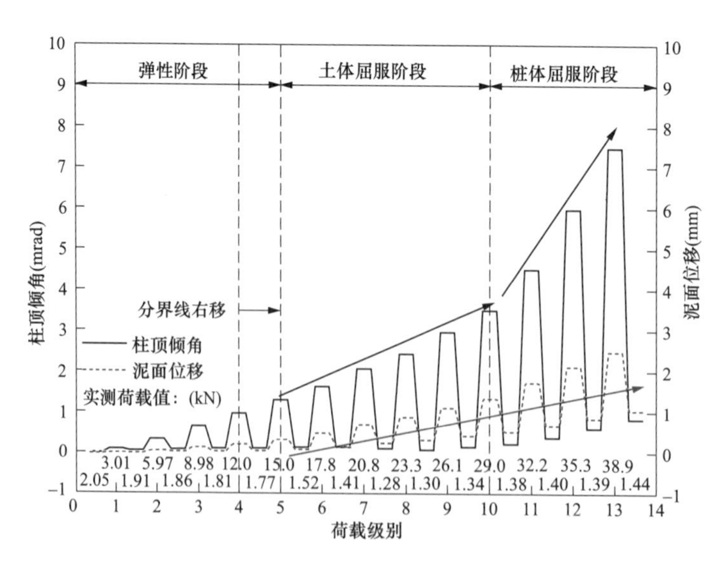

图 4-9　C2 试验桩柱顶倾角与泥面位移随荷载级别的变化

3. 无桩帽耦合荷载试验（C3）结果

图 4-10 为 C3 试验桩的柱顶倾角和泥面位移随荷载级别的变形曲线。与 C1 试验相似，柱顶倾角与泥面位移随荷载级别的变化呈非线性，也展现出明显的分阶段性。与侧向荷载试验相比，扭转荷载作用下侧向变形变化不大。但是扭转荷载使桩体的开裂弯矩降低，并提早进入桩体屈服阶段，且出现斜向开展的裂缝。由于开裂荷载从 39kN 降至 27kN，因此抗裂弯矩降低了约 30％。

图 4-11 为 C3 试验桩基础顶与立柱顶扭转角随荷载级别的变化，分阶段特性基本符合泥面位移和柱顶倾角变化规律。

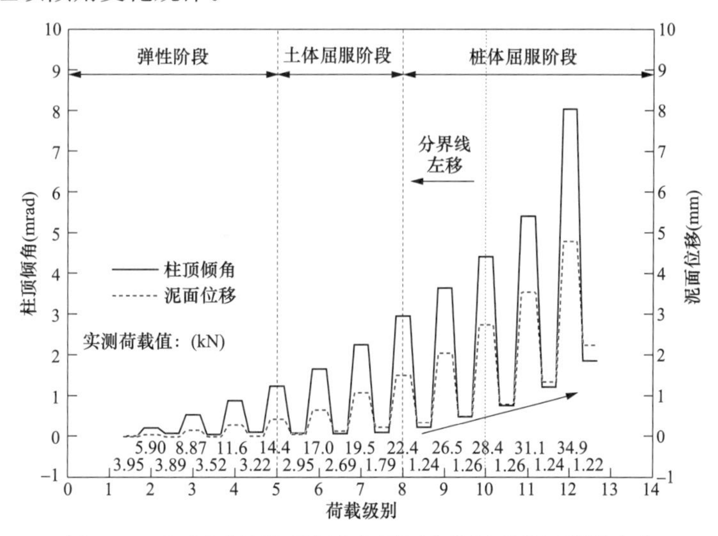

图 4-10 C3 试验桩柱顶倾角与泥面位移随荷载级别的变化

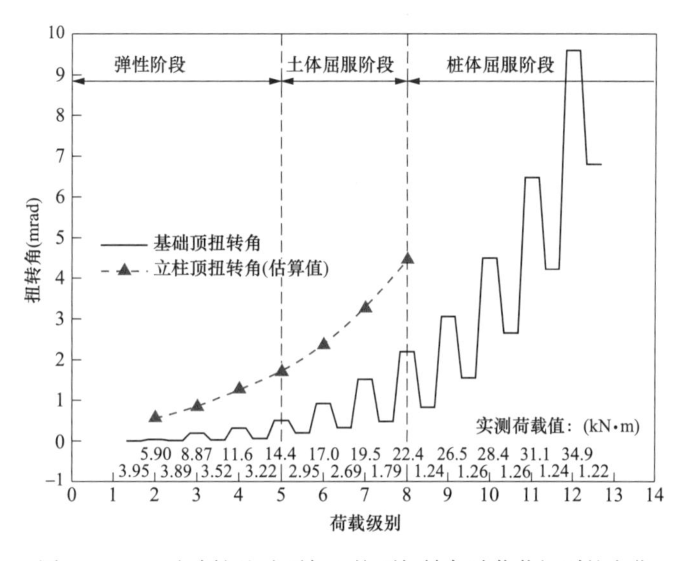

图 4-11 C3 试验桩基础顶与立柱顶扭转角随荷载级别的变化

4. 黄土场地一体式基础承载力性状

在黄土场地试验中测得了立柱和基础部分顶端的变形，即立柱的顶端变形和基础部分的顶端变形。图 4-12 和图 4-13 分别给出了两个位置处的倾角和扭转角随荷载的变化曲线。以参数 η 表示基础与立柱顶部变形值之比的百分数形式。表 4-4 截取了两个荷载级别时的 η 值，结果表明在加载过程中，η 值越来越大，这是因为土体进入了塑性阶段。该结果指出基础变形在 PHC 短桩基础的总体变形中是不可忽略的，且基础顶的变形占了总变形的 20 %以上。

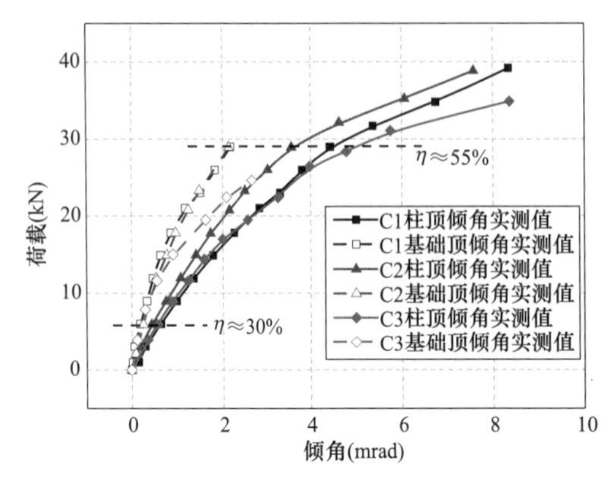

图 4-12　柱顶与基础顶倾角随荷载变化曲线

图 4-13　柱顶与基础顶扭转角随荷载变化曲线

表 4-4　　黄土场地 PHC 短桩基础现场试验的 η 值

水平荷载值	C1-倾角	C2-倾角	C3-倾角	C3-扭转角
H=6kN	29.4%	50.1%	22.7%	20.0%
H=24kN	44.8%	56.6%	63.6%	51.0%

二、砂土场地一体式基础工作性状

1. 有桩帽侧向荷载试验（S1）结果

图 4-14 为 S1 试验桩的柱顶倾角和泥面位移随荷载级别的变形曲线，展现出了明显的分阶段性。桩体的开裂发生在第 12 级荷载（36kN），裂缝为水平向开裂。

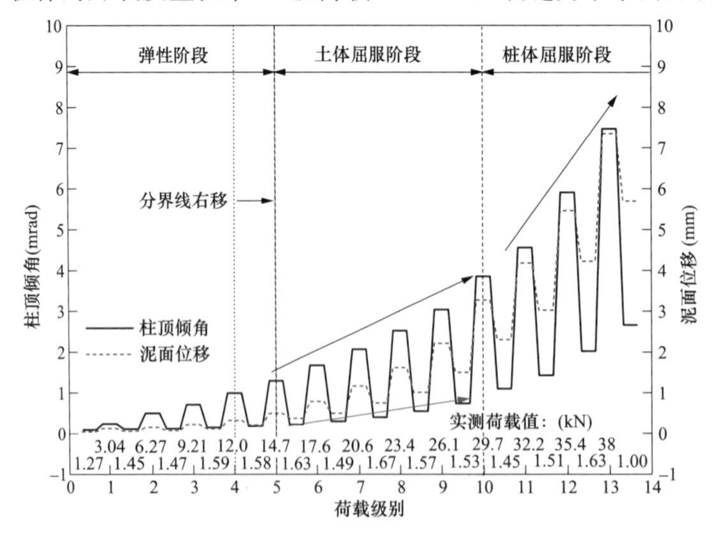

图 4-14　S1 试验桩柱顶倾角与泥面位移随荷载级别的变化

2. 无桩帽侧向荷载试验（S2）结果

图 4-15 为 S2 试验桩的柱顶倾角和泥面位移随荷载级别的变形曲线，仍展现出了明显的分阶段性。桩体的开裂仍发生在桩体屈服阶段的第 12 级荷载（36kN），裂缝为水平向开裂。

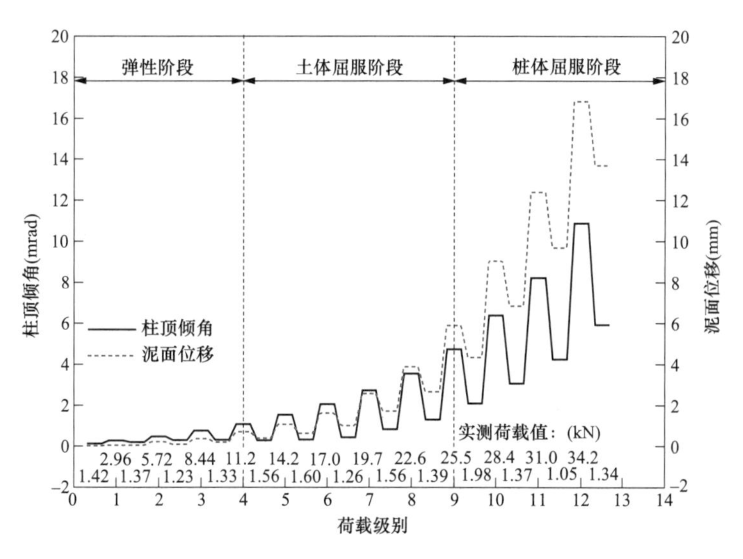

图 4-15　S2 试验桩柱顶倾角与泥面位移随荷载级别的变化

3. 有桩帽耦合荷载试验（S3）结果

图 4-16 为 S3 试验桩的柱顶倾角和泥面位移随荷载级别的变形曲线。在第 8 级荷载（24kN）后进入桩体屈服阶段，并发生斜向开裂。由于开裂荷载从 36kN 降至 24kN，因此其管桩的抗裂弯矩减小了约 33.3%。

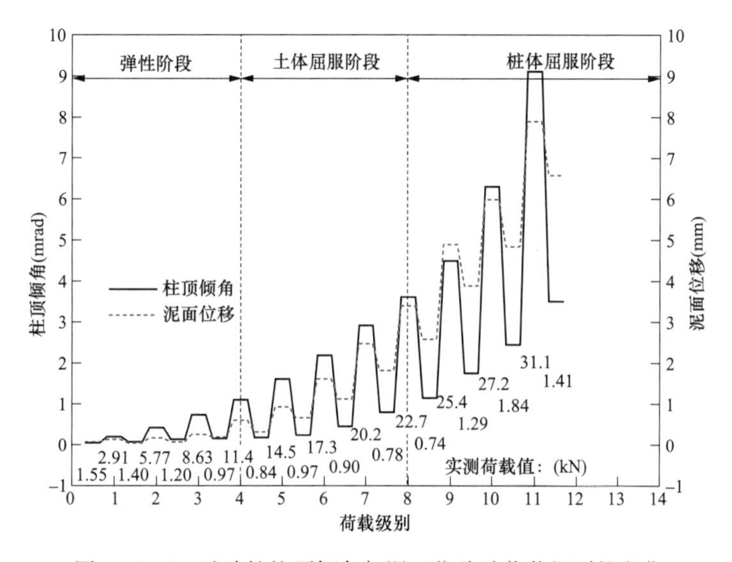

图 4-16　S3 试验桩柱顶倾角与泥面位移随荷载级别的变化

S3 和 S1 的结果相近，即有桩帽条件下扭转荷载对侧向变形的影响不大。主要差别在于扭转荷载导致管桩抗裂弯矩降低。该试验中桩土脱离发生于第 7 级，位移约为 2.5mm。

4. 无桩帽耦合荷载试验（S4）结果

图 4-17 为 S4 试验桩的柱顶倾角和泥面位移随荷载级别的变形曲线。由于开裂荷载从 36kN 降至 24kN，因此其开裂荷载减小了约 33.3%。桩土脱离发生在第 5 级荷载，位移约为 3.6mm。在该试验中，管桩破坏前出现地基破坏，即在桩体屈服阶段前发生桩土严重脱离，导致承载失效。经轻型动力触探调查发现 S4 周边地基土相对软弱，平均击数仅 9.9，普遍区域约为 15。

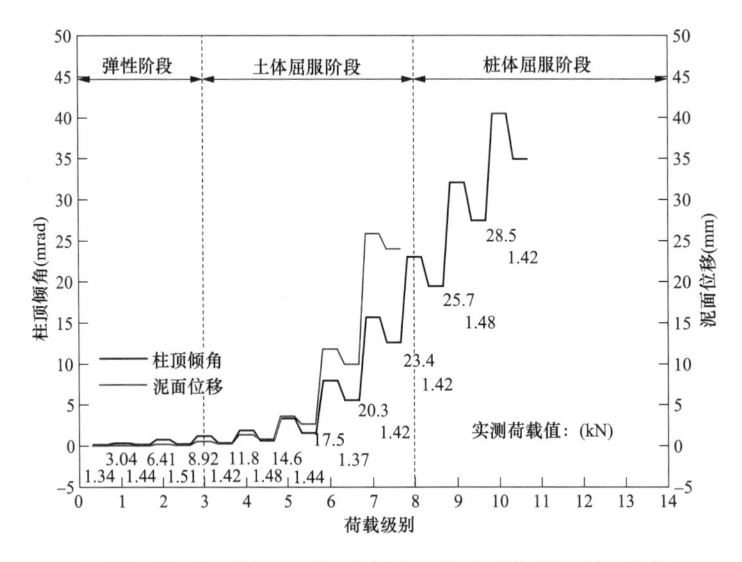

图 4-17　S4 试验桩柱顶倾角与泥面位移随荷载级别的变化

5. 循环荷载试验（S5）结果

图 4-18（a）为循环荷载试验中泥面位移随荷载的变形曲线，可以看出在两种加载状态下 PHC 短桩基础的泥面位移滞回曲线都向右移动，说明都发生了一定的塑性变形。图 4-18（b）为循环荷载试验中基础扭转随荷载的变化，可见在循环荷载作用下地基刚度增大，增大幅度约为 1.13 倍。图 4-18（c）展示的是循环荷载试验中柱顶倾角随荷载的变化，可见柱顶变形在循环荷载前后的增大幅度小于地面处变形。泥面位移和基础扭转角在循环荷载后产生了明显的塑性变形（残余变形），其在荷载作用下的最大变形在循环前后增大了约 2 倍，这在设计中不可忽视。

第一阶段（6kN 循环荷载）的变形情况如图 4-19 所示。柱顶倾角和扭转角（测量截面为 1.2m 高）在荷载前后变化不大，泥面位移则发生了较为明显的残余变形。残余变形在初始几个循环内有较明显的增大，之后便基本保持不变。

第二阶段（12kN 循环荷载）的变形情况如图 4-20 所示。变形峰值和残余变形均在初始十个循环内有比较明显的增大。图中给出了 S5 试验无桩帽联合循环荷载模拟极限荷载工况下柱顶倾角、泥面位移和扭转角分别随加载步的变化。定义参数 ζ，表示后五次与初始五次循环变形值平均值之比，反映循环荷载对变形的影响大小。可得到柱顶倾角、泥面位移和扭转的 ζ 值分别为 1.04、1.39、1.34。

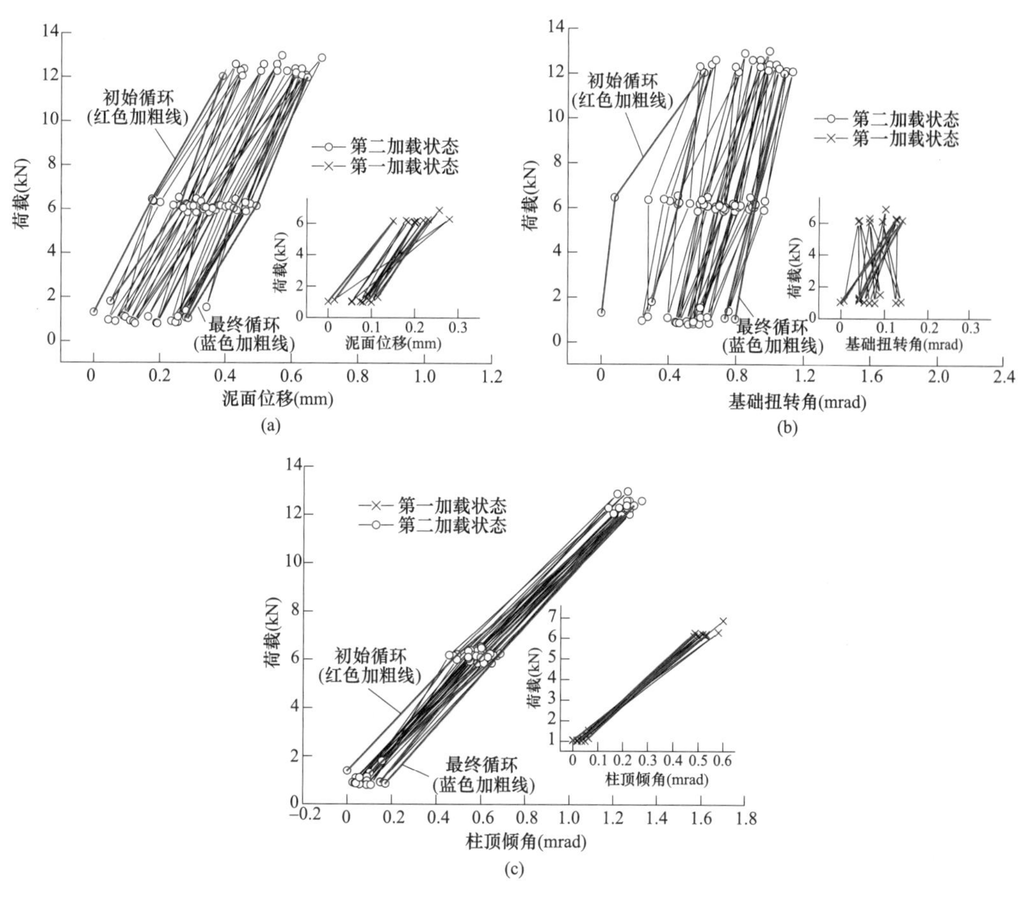

图 4-18 S5 试验循环荷载条件下各变形值随加载步变化

（a）泥面位移；（b）基础扭转角；（c）柱顶倾角

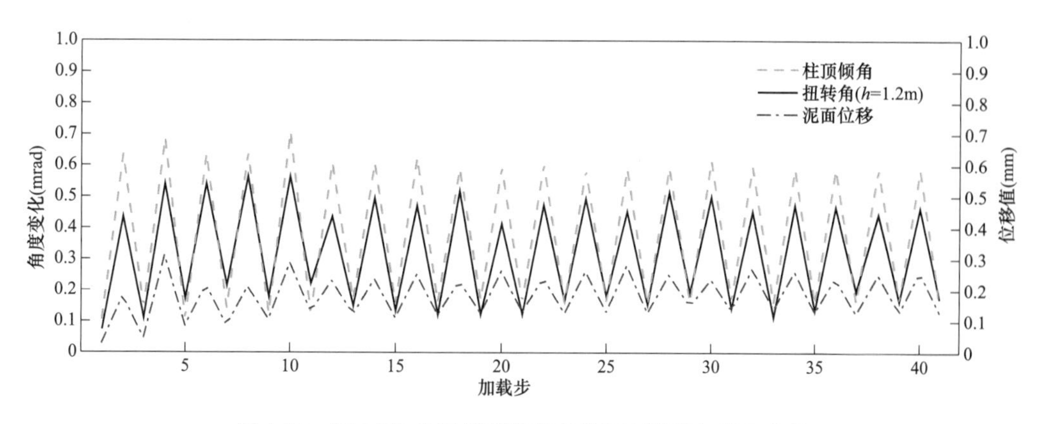

图 4-19 S5 试验 6kN 循环荷载条件下变形随加载步变化

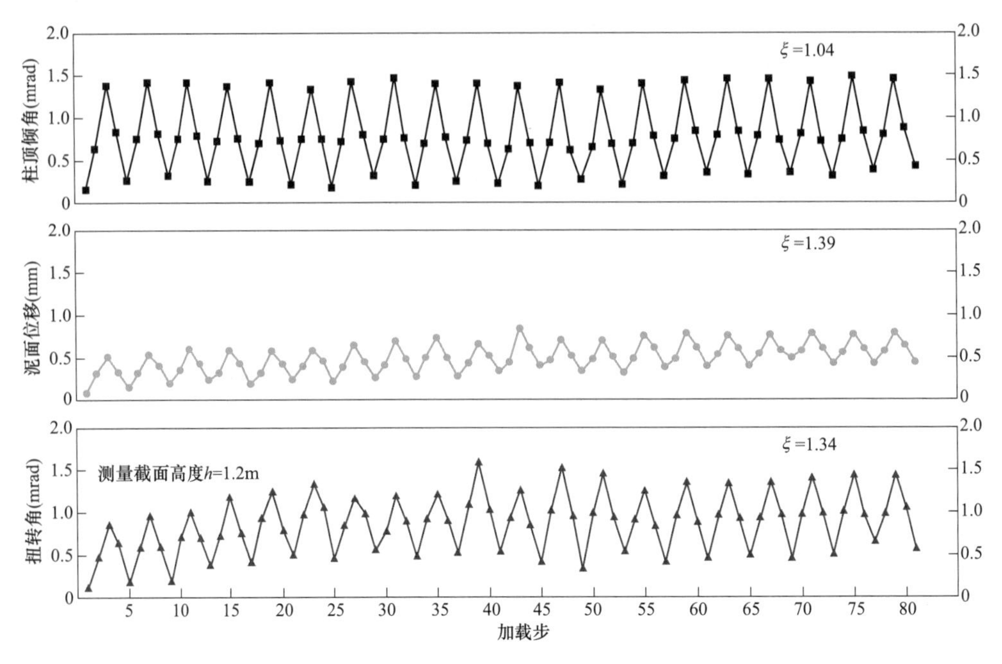

图 4-20　S5 试验 12kN 循环荷载条件下变形随加载步变化

6. 循环侧向荷载（S6）结果

第一阶段（6kN 循环荷载）的变形情况如图 4-21 所示。柱顶倾角在荷载前后变化不大，泥面位移则发生了较为明显的残余变形。残余变形在初始几个循环内有较明显的增大，之后便基本保持不变。

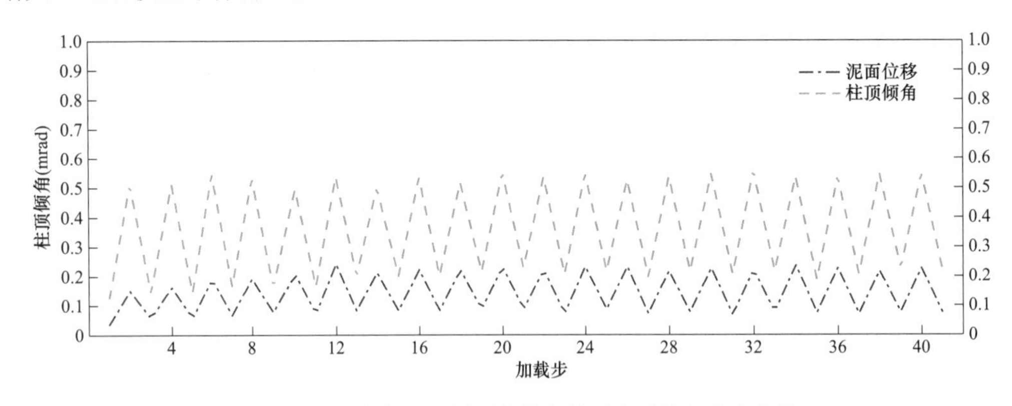

图 4-21　S6 试验 6kN 循环荷载条件下变形随加载步变化

第二阶段（12kN 循环荷载）的变形情况如图 4-22 所示。变形峰值和残余变形均在初始十个循环内有比较明显的增大。图中给出了 S6 试验无桩帽侧向循环荷载模拟极限荷载工况下柱顶倾角、泥面位移分别随加载步的变化，响应的 ζ 值分别为 1.09 和 1.29。

7. 砂土场地一体式基础承载力性状分析

图 4-23 和图 4-24 分别给出了立柱和基础部分顶端的倾角和扭转角随荷载的变化曲线。仍以参数 η 表示基础与立柱顶部变形值之比的百分数形式。表 4-5 截取了两个荷载

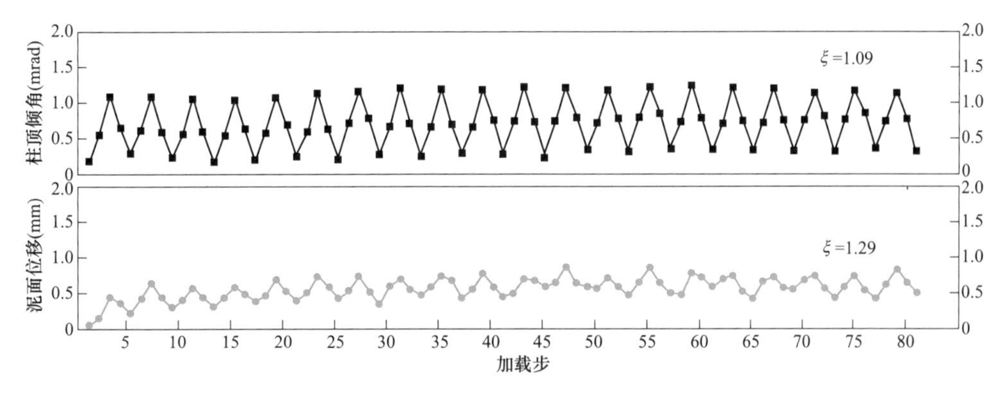

图 4-22　S6 试验 12kN 循环荷载条件下变形随加载步变化

级别时的值，结果表明砂土场地的 PHC 短桩基础在加载过程中，η 值越来越大，基础顶的变形占了总变形的 38.5%以上。

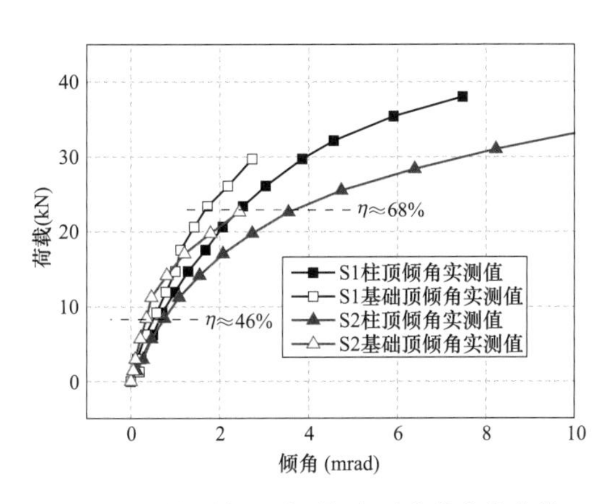

图 4-23　柱顶与基础顶倾角随荷载变化曲线

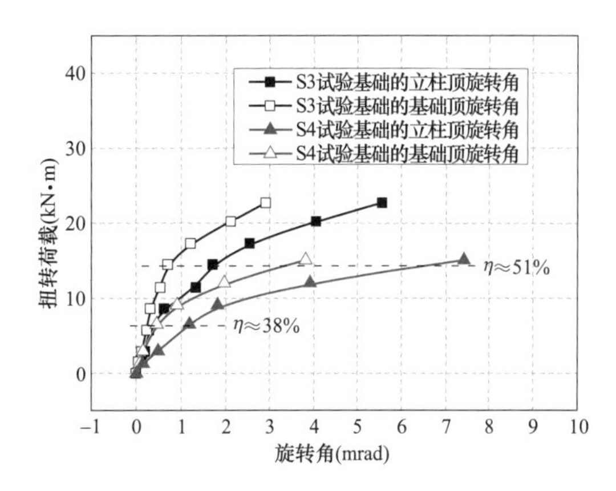

图 4-24　柱顶与基础顶扭转角随荷载变化曲线

表 4-5　　砂土场地 PHC 短桩基础现场试验的 η 值

水平荷载值	S1-倾角	S2-倾角	水平荷载值	S3-扭转角	S4-扭转角
H=9kN	66.1%	46.3%	H=6kN	83.5%	38.5%
H=24kN	68.3%	68.8%	H=15kN	41.3%	51.4%

三、分层土场地一体式基础工作性状

1. 侧向荷载试验（SC1）结果分析

图 4-25 为 SC1 试验桩的柱顶倾角和泥面位移随荷载级别的变形曲线。柱顶倾角与泥面位移随荷载级别的变化呈非线性，展现出明显的分阶段性。

2. 耦合荷载试验（SC2）结果分析

图 4-26 为 SC2 试验桩的柱顶倾角和泥面位移随荷载级别的变形曲线，亦展现出了明显的分阶段性。

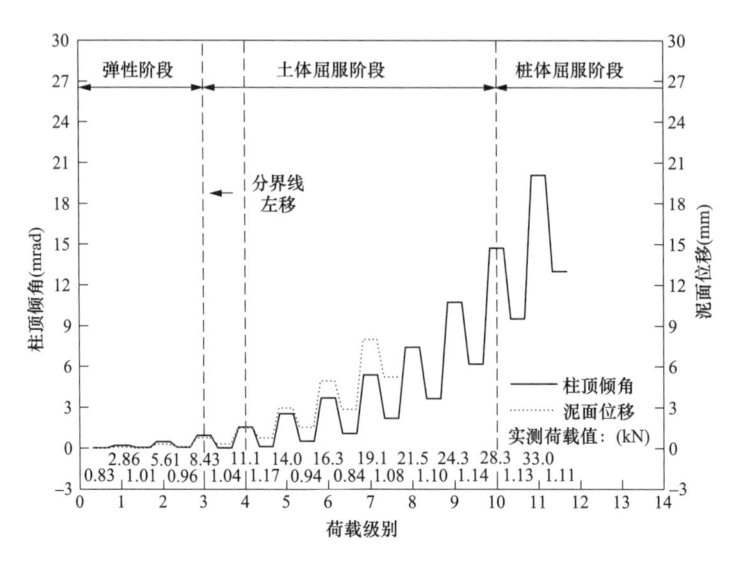

图 4-25　SC1 试验桩柱顶倾角与泥面位移随荷载级别的变化

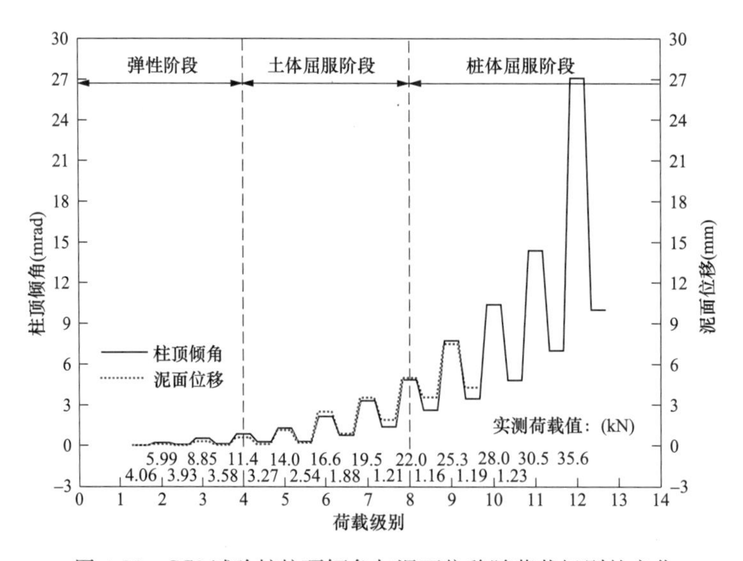

图 4-26　SC2 试验桩柱顶倾角与泥面位移随荷载级别的变化

同黄土场地耦合荷载试验相同，扭转荷载会使桩体提早进入塑性，且出现斜向开展的裂缝。由于开裂荷载从 36kN 降至 24kN，因此管桩立柱抗裂弯矩减小了约 33.3%。

3. 分层土场地一体式基础承载力性状

图 4-27 和图 4-28 分别给出了立柱和基础部分顶端的倾角和扭转角随荷载的变化曲线。仍以参数 η 表示基础顶部变形值与立柱顶部变形值之比的百分数形式，根据表 4-6 截取的两个荷载级时的 η 值，分层土场地 PHC 短桩基础的 η 值也随着加载过程越来越大。该结果也表明基础变形在 PHC 短桩基础的总体变形中是不可忽略的，且基础顶的变形占了总变形的 30%以上。

表 4-6　　分层土场地 PHC 短桩基础现场试验的 η 值

水平荷载值	SC1-倾角	SC2-倾角	SC2-扭转角
$H=6$kN	56.8%	41.4%	29.5%
$H=18$kN	64.9%	43.5%	44.3%

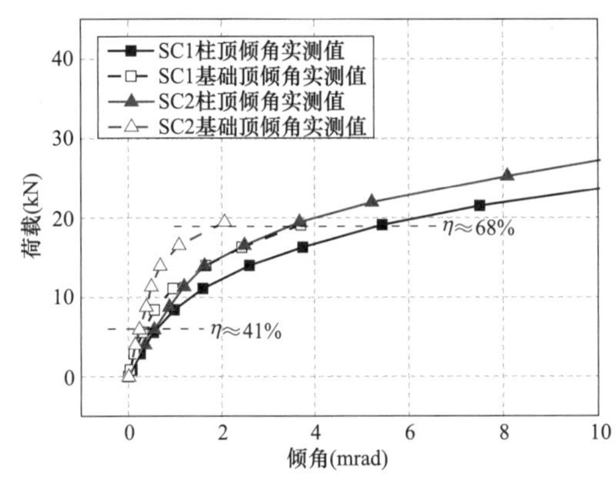

图 4-27　柱顶与基础顶倾角随荷载变化曲线

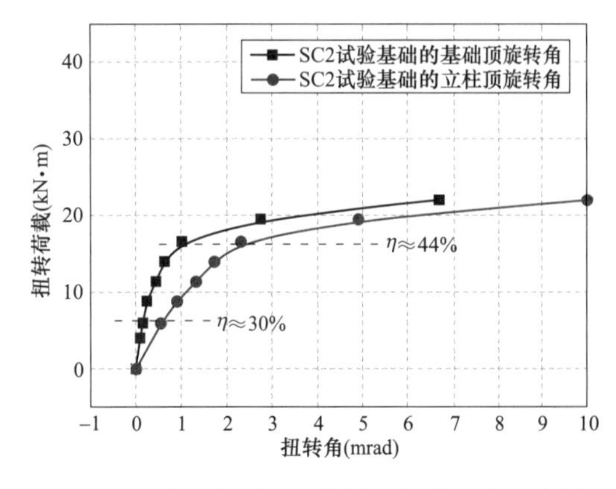

图 4-28　柱顶与基础顶扭转角随荷载变化曲线

第四节　集热场桩柱一体式基础分析理论及计算方法

一、设计思路及控制指标

在太阳能光热电站中，镜面支架对立柱刚度有较高的要求。根据现场试验分析结果，预应力管桩短桩基础的立柱可以单独视为弹性悬臂结构，基础则为刚性短桩。在设计时可以将预应力管桩短桩基础分解为露出地面的立柱部分和地面以下由预应力管桩与填充混凝土组合而成的基础部分，两个部分分别按变形和承载能力进行设计。

立柱顶部的总变形由立柱和基础两个部分的变形叠加得到。图 4-29 为立柱顶部倾角的计算示意图。

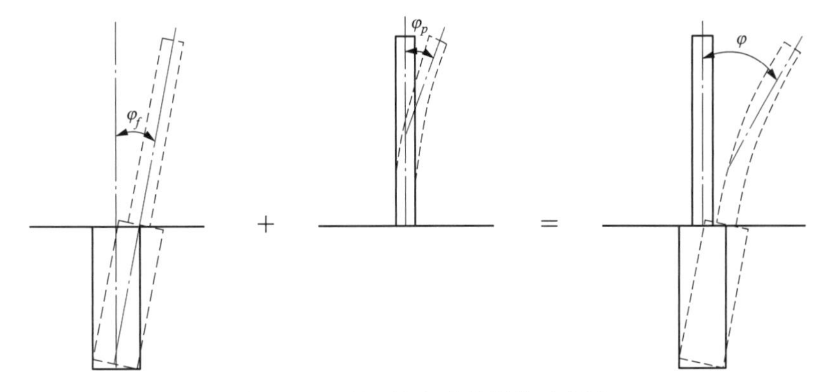

图 4-29　立柱顶部倾角的计算示意图

验算预应力管桩短桩基础变形或开裂荷载时，取荷载标准组合，用正常使用工况来验算构件的弹性变形和开裂荷载，用极限工况来验算构件的塑性变形；验算桩身承载力以及地基承载力时取正常工作状态及极限工况下荷载基本组合的最大值。管桩立柱与基础部分的桩身承载力分为抗弯承载力和抗剪承载力。地基承载力包括地基的水平承载力和抗扭承载力。太阳能电站 PHC 短桩基础设计控制指标如图 4-30 所示。图中 SLS 为正常使用极限状态，ULS 为承载能力极限状态。

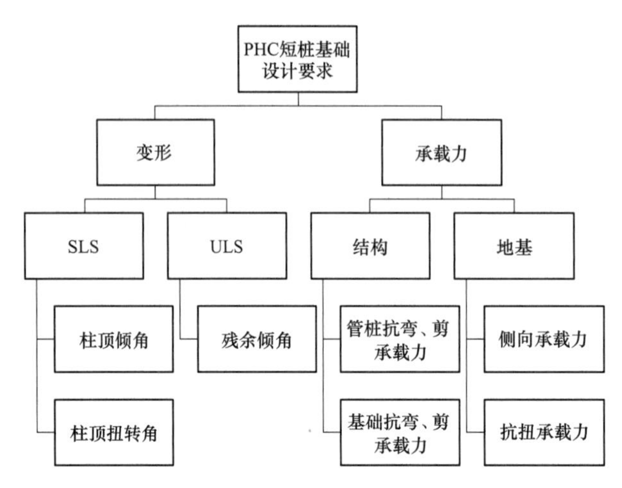

图 4-30　太阳能电站 PHC 短桩基础设计控制指标示意图

二、短桩基础内力及变形计算方法

1. 立柱的变形计算与截面承载力

（1）立柱的变形要求与计算方法。

立柱变形以材料力学方法进行计算，本节不再累述。

（2）立柱的承载要求。

由于预应力管桩短桩基础对功能性要求较高，因此采用立柱的抗裂荷载而非抗弯剪承载力作为承载指标。管桩的弯矩应满足式（4-1）的要求：

$$M_{p,\max} < \beta_{\mathrm{ht}} M_{\mathrm{cr}} \tag{4-1}$$

式中　$M_{p,\max}$——管桩最大弯矩，位置取地面处，应有 $M_{p,\max}=M+Hh$，kN·m；

M_{cr}——管桩标准图集上查得相应截面在标准荷载组合下的抗裂弯矩，kN·m；

β_{ht}——考虑侧向扭转荷载耦合效应的系数，用来折减管桩立柱的承载能力。

H、M 均为正常使用工况下荷载组合标准值。

根据现场试验结果，抗裂弯矩随着扭转荷载的增大而减小。采用最大拉应力理论（第一强度理论）来考虑扭转荷载对抗裂弯矩的影响。由于立柱底部的应力复杂，利用修正系数 η 来描述该因素对破坏位置处正应力 σ_0 的影响。根据第一强度理论，当立柱为受弯状态且正好开裂（记开裂弯矩为 M_{cr}）时有：

$$\frac{1}{2}\left[\sigma_0+\sqrt{(\sigma_0)^2+4\tau_0{}^2}\right]=\sigma_0=\eta\frac{M_{\mathrm{cr}}}{W_z}=[\sigma_{\mathrm{cr}}] \tag{4-2}$$

式中　σ_0——当发生开裂时管桩截面上由外力引起的拉应力，MPa；

τ_0——当发生开裂时管桩截面上由外力引起的剪应力，纯侧向荷载条件下该项为 0；

η——正应力计算修正系数；

W_z——抗弯截面系数，m^3。

假定考虑扭转荷载作用后，抗裂弯矩折减至 $\beta_{ht}M_{cr}$。则正应力、剪应力也可以表示为：

$$正应力：\sigma_0'=\eta\frac{\beta_{ht}M_{cr}}{W_z}；剪应力：\tau_0'=\frac{T}{W_t}$$

代入式（4-2）中，弯矩 T 与折减系数 β_{ht} 的关系式可以表示为：

$$\frac{1}{2}\left[\eta\frac{\beta_{ht}M_{cr}}{W_z}+\sqrt{\left(\eta\frac{\beta_{ht}M_{cr}}{W_z}\right)^2+4\left(\frac{T}{W_t}\right)^2}\right]\leqslant\eta\frac{M_{cr}}{W_z} \tag{4-3}$$

由于为同一环形截面，

抗弯截面系数为：$$W_z=\frac{\pi D^3(1-\alpha^4)}{32},$$

抗扭截面系数为：$$W_t=\frac{\pi D^3(1-\alpha^4)}{16},W_t=2W_z。$$

代入并化简可得：

$$\frac{1}{2}\left[\eta\beta_{ht}M_{cr}+\sqrt{(\eta\beta_{ht}M_{cr})^2+T^2}\right]\leqslant\eta M_{cr}$$

$$\sqrt{(\eta\beta_{ht}M_{cr})^2+T^2}\leqslant(2\eta-\eta\beta_{ht})M_{cr}$$

$$T^2\leqslant(4\eta^2-4\eta^2\beta_{ht})M_{cr}^2$$

$$\beta_{ht}\leqslant1-\frac{T^2}{4\eta^2M_{cr}^2} \tag{4-4}$$

代入耦合荷载试验中实测开裂时的扭矩 $T=27kN\cdot m$，以及《国家建筑标准设计图集：预应力混凝土管桩：10G409》中给出的抗裂弯矩 $M_{cr}=70kN\cdot m$。根据试验结果，抗裂弯矩折减系数 β_{ht} 在扭矩为 27kN·m 时约为 0.7，则可算得开裂时的正应力修正系数 η 为 0.352。则将 η 代入上式后可化简为：

$$\beta_{ht}=1-2\frac{T^2}{M_{cr}^2} \tag{4-5}$$

式中　T——极限负载条件下的扭转荷载，kN·m；

M_{cr}——管桩标准图集中规定型号的抗裂弯矩，kN·m。

2. 基础的侧向变形及内力计算方法

通过数值模拟分析表明 PHC 短桩基础的基础部分符合刚性桩特性。弹性地基反力法可用于计算刚性短桩受力变形，《中国钻孔灌注桩新发展》中介绍了相应方法和推导过程。

（1）弹性地基反力法基本原理。

弹性地基反力法假定土为弹性体，用梁的弯曲理论来求桩的水平抗力。假定竖直桩全部埋入土中，在断面主平面内，地表面桩顶处作用垂直桩轴线的水平力 H_0 和外力矩 M_0。选坐标原点和坐标轴方向，规定图示方向为 H_0 和 M_0 的正方向（见图 4-31（a）），在桩上取微段 dx，规定图示方向为弯矩 M_x 和剪力 Q_x 的正方向（见图 4-31（b））。通过分析，导得弯曲微分方程为：

$$\begin{cases} E_p I_p \dfrac{d^4 y}{dx^4} + b_1 p(x,y) = 0 \\ p(x,y) = m(x_0 + x)^i y^n = k(x) y^n \end{cases}$$

式中　$p(x,\ y)$——单位面积上的桩侧土抗力，kN；

y——水平方向位移，mm；

x——地面以下深度，m；

b_1——桩的宽度或桩径，mm；

x_0、m、i、n——待定常数或指数。

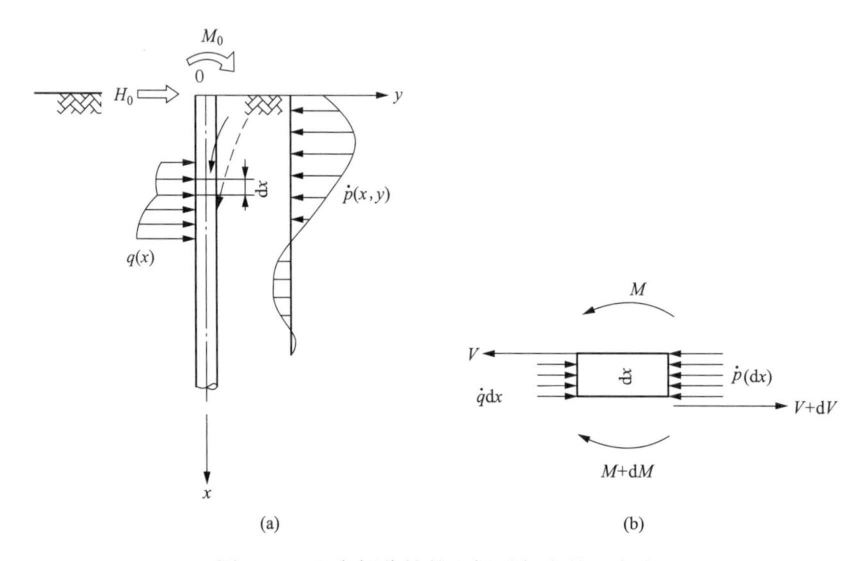

图 4-31　土中部分桩的坐标系与力的正方向

对于刚性桩，只需要将水平受荷桩计算通解中的基础抗弯刚度假设为无限大，从而简化通解即可得到刚性桩变形内力计算通式为：

$$\begin{cases} y = A_y H_0 + B_y M_0 \\ \varphi = A_\varphi H_0 + B_\varphi M_0 \\ M = A_m H_0 + B_m M_0 \\ Q = A_q H_0 + B_q M_0 \end{cases}$$

其中 y、φ、M、Q 分别代表桩身任意截面的位移、倾角、弯矩和剪力。

（2）m 值的取值。

m 法用于水平桩或挡土构件变形内力计算时，通常取临界荷载时的 m 值进行计算。《建筑桩基技术规范》和《建筑基坑支护技术规程》都给出了临界荷载时 m 值的计算公式。《桩基工程手册》和《桩基手册》中均指出 m 值会随基础位移的变化而变化。因此在计算临界荷载前基础变形时应注意 m 值的取值。由于 m 值随桩体位移的变化关系主要由土体决定，可以根据场地岩土工程勘察时的原位单桩水平荷载试验来确定这种关系。根据文献，考虑水平荷载和弯矩荷载共同作用时的刚性桩泥面位移计算式为：

$$y_0=\left[\left(\frac{L^2}{2}+\frac{2C_h I}{b_1 m L^2}\right)H_0+\frac{2L}{3}M_0\right]\frac{1}{G_1} \tag{4-6}$$

式中　H_0——泥面处计算水平荷载，kN；

M_0——泥面处计算弯矩荷载，kN；

G_1——桩尖条件系数，一般短桩桩尖为自由。

利用上式的算法，利用试算法反算得到了本报告各侧向荷载试验相应的 m 值，如表 4-7 所示。

表 4-7　各侧向荷载试验 *m* 值一览表

荷载值	m 值（MN/m^4）				
	3kN	6kN	9kN	12kN	15kN
C1	112	76.5	92.2	70.8	63.5
C3	—	101	99.1	91.3	90.5
SC1	110	76.7	46.9	32.6	20.7
SC2	—	106	80.3	59.8	41.5
S2	140	67	60.3	42.4	34.8
S4	158	77.2	46	24.6	11.35

由表 4-7 可见，m 值基本上随荷载增大而减小。《建筑桩基技术规范》也指出：“m 值对于同一根桩并非定值，与荷载呈非线性关系，低荷载水平下，m 值较高；随荷载增加，桩侧土的塑性区逐渐扩展而降低。”下图 4-32 展示出了试验中 m 值与地面位移之间的关系。

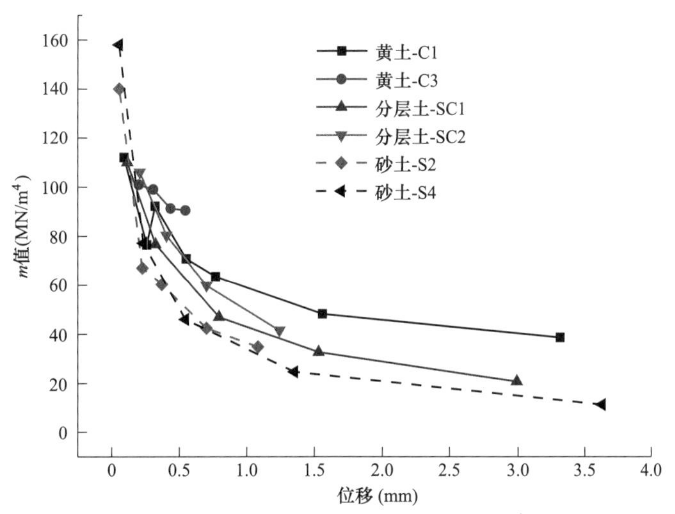

图 4-32　现场试验测得泥面位移与 m 值的关系曲线

《建筑基坑支护技术规程》(JGJ 120—2012) 4.1.6 条给出了计算 m 值的经验公式为：

$$m=\frac{0.2\varphi^2-\varphi+c}{v_b} \tag{4-7}$$

式中 φ——土内摩擦角，°；

c——土黏聚力，kPa；

v_b——挡土构件在坑底处的水平位移量，mm。

该经验公式基于 JGJ 94—2008《建筑桩基技术规范》中的式（5.7-1），根据大量试验计算临界荷载时的 m 值统计得到。该式适用于计算临界荷载时的 m 值，对于分析极限工况下的 PHC 短桩基础变形是合适的；对于未达到临界荷载（比例极限）时的 m 值偏小；由于临界荷载后 m 值的变化相对平缓，《建筑基坑支护技术规程》的经验公式对于达到临界荷载（比例极限）后的 m 值是否适用可以进行验证：表 4-8 为上式计算结果与各试验实测 m 值的对比，可以发现经验公式应用于小变形计算时会存在较大误差，但当位移大于 4.5～10mm 左右时与实测值结果较为吻合，证明其可应用于达到临界荷载后的 m 值计算。

由于定日镜主要承受风荷载，属于长期或经常出现的往复循环荷载，根据 JGJ 94—2008《建筑桩基基础规范》表 5.7.2 附注 2，建议对计算值乘以 0.4 降低后使用。

表 4-8　　经验公式与实测 m 值的对比　　单位：MN/m^4

地基土及泥面位移		基坑规程经验公式计算值		$m \sim y_0$ 曲线
		当 $v_b<10$mm 时，$v_b=10$mm	$v_b=y_0$	
黄土场地试验 C1	$y_0=0.5$mm	17	340	80
	$y_0=2.5$mm	17	68	45
	$y_0=4.5$mm	17	37.8	35
	$y_0=6.5$mm	17	26.2	≈27
	$y_0=8.5$mm	17	20	≈22
	$y_0=10.5$mm	16.2	16.2	≈19
砂土场地试验 S2	$y_0=0.5$mm	20.9	401.8	50
	$y_0=2.5$mm	20.9	80.4	25
	$y_0=4.5$mm	20.9	44.6	18
	$y_0=6.5$mm	20.9	30.9	≈15
	$y_0=8.5$mm	20.9	23.6	≈13
	$y_0=10.5$mm	19.1	19.1	≈12
Bhushan K 粉砂夹砾石 PILE 7	$y_0=1.6$mm	31.08	194.25	67.7
	$y_0=4.16$mm	31.08	74.71	37.1
	$y_0=7.23$mm	31.08	42.99	32
	$y_0=9.88$mm	31.08	31.46	27.5
	$y_0=13.63$mm	22.8	22.8	22.96
哈密光热短桩基础项目现场试验	$y_0=5$mm	28	56	52
	$y_0=10$mm	28	28	≈35
	$y_0=15$mm	18.67	18.67	≈25
	$y_0=20$mm	14	14	≈20
	$y_0=22.5$mm	12.44	12.44	≈17.5
	$y_0=25$mm	11.2	11.2	≈15
	$y_0=30$mm	9.33	9.33	≈10

（3）基础截面承载力验算。

弯矩与剪力均可采用 m 法进行计算。

（4）侧向变形修正。

数值模拟结果表明，设计荷载范围内，侧向荷载对扭转变形有利，因此不用考虑其有利影响；扭转荷载作用下，黄土场地上侧向变形增大不超过 5.2%，砂土场地上侧向变形增大不超过 4.5%，因此取 $\gamma_{ht}=1.05$。

故基础顶倾角表达式变为：

$$\gamma_{ht}\varphi_f<[\varphi'] \tag{4-8}$$

式中　φ_f——正常使用工况下基础顶倾角计算值，mrad；

γ_{ht}——考虑侧向扭转荷载耦合效应的系数，取 1.05。

3. 基础的扭转变形计算

（1）计算原理。

扭转变形计算采用 Randolph（1981）的剪切位移法，该方法假定桩顶所受荷载可由桩侧摩阻力与桩端阻力共同承担，建立平衡公式以计算扭转变形程度。对于桩周土体而言，桩顶荷载使得桩侧表面产生剪应力，导致桩周土体随之发生剪切变形而剪应力沿径向方向向远处土体传递。该方法将桩周土体视为理想的同心的圆柱体而将桩端荷载视为一个桩身截面形的荷载作用在半无限弹性体内，从而对桩身与桩端变形进行分别计算。基于剪切位移法的思想并根据受扭单桩的受力特点，Randolph（1981）分别针对刚性受扭桩和柔性受扭桩进行了研究。本研究短桩基础为受扭刚性桩，其桩周土体的力学模型如图 4-33 所示，由弹性力学平衡条件可导得桩周土体的平衡方程：

$$\frac{1}{r}\frac{\partial\sigma_\theta}{\partial\theta}+\frac{1}{r^2}\frac{\partial}{\partial r}(r^2\tau_{r\theta})+\frac{\partial\tau_{z\theta}}{\partial z}=0$$

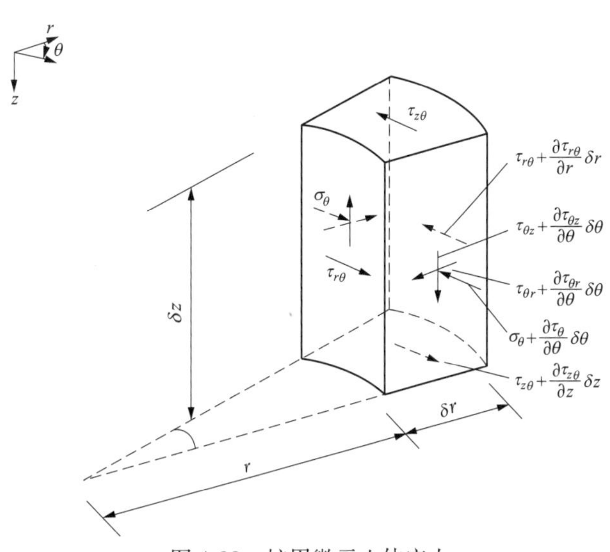

图 4-33　桩周微元土体应力

对于均质土中刚性桩桩顶扭矩与扭转角的关系表达式为：

$$T=\left(4\pi R^{2}L+\frac{16}{3}R^{3}\right)G_{s}\theta \tag{4-9}$$

若为多层土，则将每层土提供的抗力进行积分即可。以双层土为例，若上下两层土的层厚分别为 L_1 和 L_2，剪切模量分别为 G_{s1} 和 G_{s2}。则有：

$$\frac{T}{\theta}=\left(4\pi R^{2}L_{1}G_{s1}+4\pi R^{2}L_{2}G_{s2}+\frac{16}{3}R^{3}G_{s2}\right) \tag{4-10}$$

（2）G_s 的取值。

G_s 是地基土的剪切模量，在弹性变形时一般可视为定值。但是由于土体的塑性区不断扩大，G_s 不断减小。为了考虑这一参数的变化，可将上式中的 G_s 定义为广义剪切模量，用以描述界面滑移、土体屈服等多因素下产生变化的剪切模量。采用与反算 m 值相似的做法，建立了现场耦合荷载试验中泥面扭转角与广义剪切模量之间的关系，如图 4-34 所示。

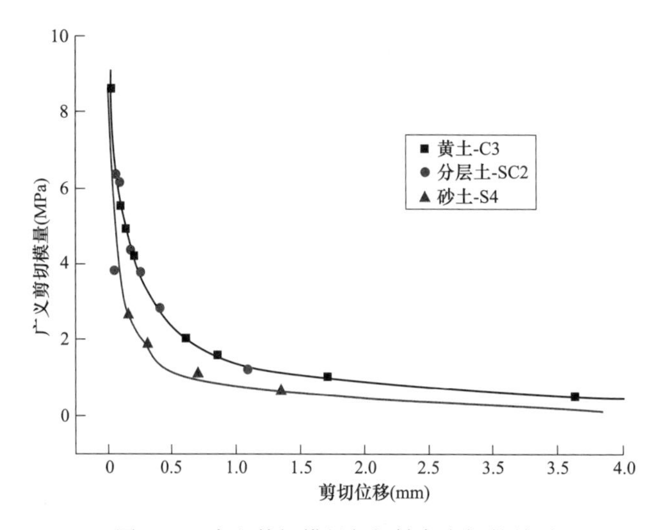

图 4-34　广义剪切模量与扭转角之间的关系

由于实际岩土工程勘察阶段的原位测试中一般不包含单桩扭转试验，计算工作极限荷载状态下的基础扭转可按各层土的 G_s 为定值进行计算。

G_s 建议参考 m 值取值，对计算值乘以 0.4 降低后使用。

4. 基础残余变形计算方法

残余变形的计算目前未见有相关研究。基础的残余变形发展与土的塑性变形有关，在不同塑性变形程度下，发生的残余变形程度也不同。因此本文的计算方法是定义了残余变形比（残余变形比是指某级荷载卸载后基础的残余泥面位移与该级荷载作用时的泥面位移之比），然后利用残余变形比和计算出来的变形值相乘得到残余变形。试验发现残余变形比与残余变形符合对数关系，并提出了相应的拟合公式。由于砂土抗力较小，产生相同的残余变形时，其卸荷前的变形值要小于黄土。当残余变形非常小，残余变形比无限接近于零；当残余变形非常大，若大至残余变形比达到 100%时则表示地基发生破坏。对于某种地基土，这种关系可以通过勘察阶段的单桩水平静载试验确定，如图

4-35 所示。从图中还可以看出相同残余位移条件下残余变形比的大小关系符合：砂土＞分层土＞黄土。

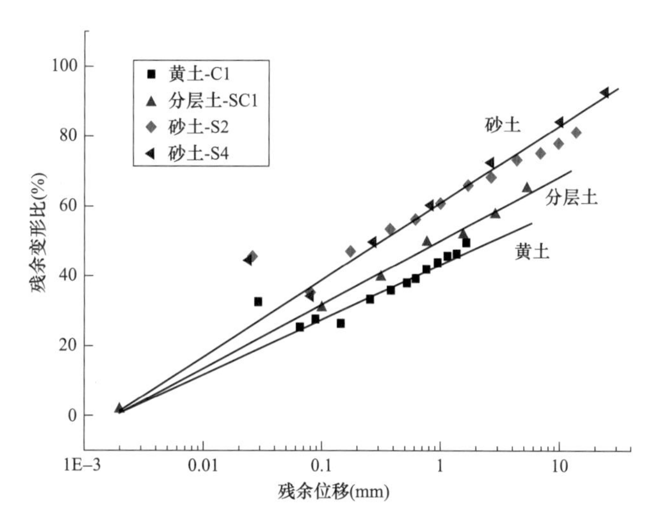

图 4-35　残余位移与残余变形比的关系曲线

用公式可表达为：

$$\lambda_r = a(\lg y_{0,r} + 2.7) + 0.0174 \tag{4-11}$$

式中　a——与土性质相关的系数，图中砂土为 0.22，分层土为 0.19，黄土为 0.16；

$y_{0,r}$——残余变形，单位为 mm。

三、短桩基础承载力计算方法

1. 水平承载力计算

《桩基手册》第四章第三节介绍了 Broms（1964）的极限地基反力法，适用于计算刚性短桩的侧向承载力。极限地基反力法，就是假定桩为刚性，不考虑桩身变形，根据土体的性质预先设定一种地基反力形式，其为仅与深度有关的函数。该分布形式的函数与桩的位移无关，根据力、力矩平衡，可直接求得基础极限承载力。极限地基反力法对于黏性土和砂性土都给出了相应的极限土压力分布假定。本文基于极限地基反力法的思想对黄土地基和砂土地基中的极限侧向承载力计算进行推导。

（1）黄土地基侧向极限承载力。

利用数值模拟计算侧向荷载不断增大时的桩周土反力分布，如图 4-36 所示。根据极限状态下的桩周土反力分布，在图 4-36 用阴影区域简化表示了桩周土反力的分布型式，并依据反力大小给出了各特征点处的反力表达式。

以图 4-36 阴影区域的桩周土反力分布型式为侧向极限承载力计算模型进行推导。x 表示左侧最大土反力的深度，f 表示土反力零点的深度，土反力大小根据数值模拟结果以土剪切强度相关的表达式给出。根据土反力分布的计算模型，根据系统力的平衡可得：

$$6c_uDx + 10c_uD(f - x) = H_u + 15c_uD(L - f) \tag{4-12}$$

式中：H_u代表极限平衡状态时的水平荷载值。假定右边反力分布的梯形区域斜边向上延伸至反力零点以上 $(f - x)/2$ 位置处。则根据几何关系有：

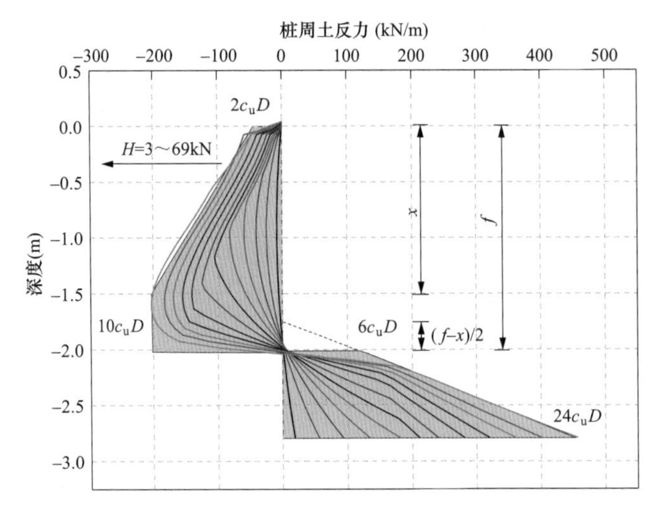

图 4-36　数值模拟计算黄土地基中桩周土反力的分布

$$\frac{\frac{f-x}{2}}{6c_uD}=\frac{L-\frac{f}{2}-\frac{x}{2}}{24c_uD}$$

$$x=\frac{5f-2L}{3}$$

代入可得式（4-13）

$$f=\frac{3H_u+37c_uDL}{55c_uD} \tag{4-13}$$

最后根据系统力矩平衡可得：

$$H_u(f+h)+M_u=c_uDx\left(6f-\frac{11}{3}x\right)+5c_uD\,(f-x)^2+15c_uD\,(L-f)^2 \tag{4-14}$$

式中 H_u和 M_u分别代表极限平衡状态时的水平荷载值与弯矩荷载值，分别计算上式左右两项并进行对比，可以通过试算法确定侧向极限承载力。利用该方法计算黄土地基 C1 现场试验的侧向极限地基承载力，$L=2.787$m，$h=2.755$m，$c_u\approx c=23$kPa，$D=0.8$m，算得侧向极限地基承载力为 75.5kN，如图 4-37 所示，该方法的计算结果与实测结果较为吻合。

（2）砂土地基侧向极限承载力。

Broms 的试验表明，对砂土地基中的桩顶施加水平力时，从地表面开始向下，水平地基反力由零开始呈线性增大，其值相当于朗肯土压力 K_p的 3 倍，故地表面以下深度为 x 处的水平地基反力 P 是：

$$P=3K_p\gamma x$$

$$K_p=\frac{1+\sin\varphi}{1-\sin\varphi}=\tan^2\left(45°+\frac{\varphi}{2}\right) \tag{4-15}$$

式中　φ——土的内摩擦角，°；

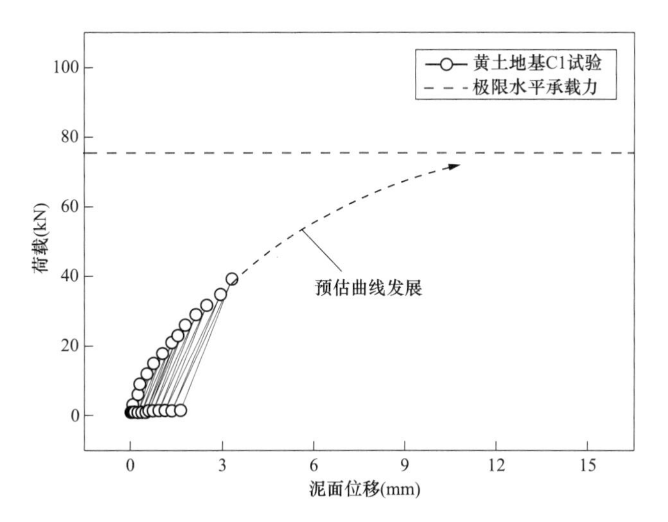

图 4-37　黄土地基极限承载力计算方法验证

γ——土的重度，kN/m^3。

Broms 简化认为极限状态下地基反力沿深度线性增大至基础底部，如图 4-38 所示。则对桩底求矩可得平衡方程：

$$H_u(h+L)=\frac{1}{2}\cdot\frac{1}{3}\cdot 3K_p\gamma DL^3 \tag{4-16}$$

式中　H_u——极限水平荷载，kN；

L——基础长度，m；

h——立柱高度，m；

D——基础直径，m。

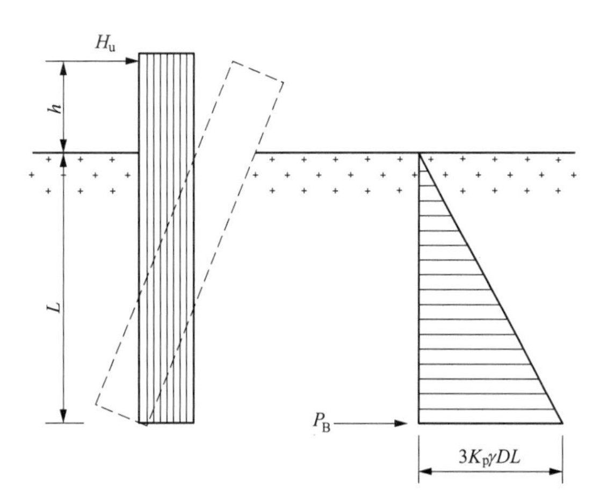

图 4-38　Broms 方法中砂性土地基中桩头自由的情况

图 4-39 为数值模拟计算得到的砂土地基 S2 试验中的土反力分布，可见随着荷载不断增大，反力零点不断下降，被动侧土体的最大反力位置也逐渐下降。Broms（1964）假定砂土地基中刚性桩的旋转点位置在基础底部，因此高估了基础的侧向极限承载力。

为了更准确地预测砂土地基中PHC短桩基础的侧向抗力，将土反力分布简化为右侧的计算模型，x 表示被动侧土体最大土反力的深度，f 表示土反力零点深度，土反力大小仍为 $3K_p\gamma x$。

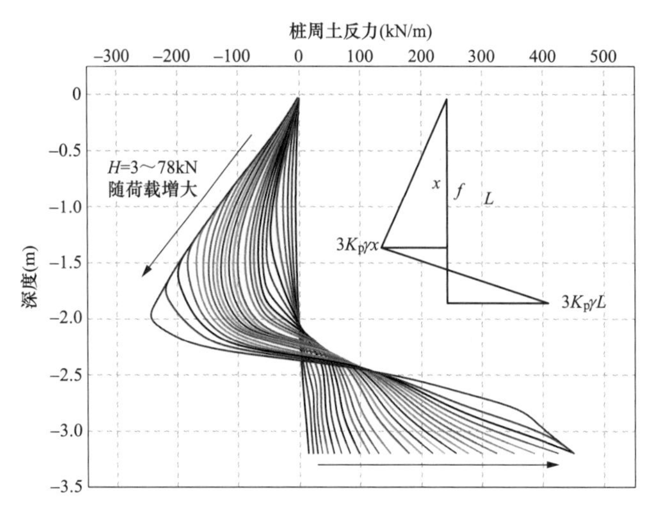

图4-39　砂土地基S2地基土反力数值模拟结果

根据土反力分布的计算模型，根据系统力的平衡可得：

$$H_u+\frac{3K_p\gamma DL(L-f)}{2}=\frac{3K_p\gamma Dx\cdot f}{2}$$

根据 f，x 和 L 间的几何关系可得：

$$\frac{L}{x}=\frac{L-f}{f-x}$$

$$x=\frac{Lf}{2L-f}$$

进一步可得：

$$2H_u+3K_p\gamma DL(L-f)=3K_p\gamma Df\cdot\frac{Lf}{2L-f}$$

$$f=\frac{4H_uL+6K_p\gamma DL^3}{2H_u+9K_p\gamma DL^2} \tag{4-17}$$

最后对旋转点求矩，根据系统力矩平衡可得：

$$H_uf+M_u=\frac{3K_p\gamma Dx^2\left(f-\frac{2}{3}x\right)}{2}+K_p\gamma Dx(f-x)^2+K_p\gamma DL(L-f)^2 \tag{4-18}$$

分别利用上式计算砂土地基S2现场试验的侧向承载力。由于计算极限承载力，取土样中最低的摩擦角为31.2°，可算得被动土压力系数为 $K_p=\frac{1+\sin(34°)}{1-\sin(34°)}=3.15$，容

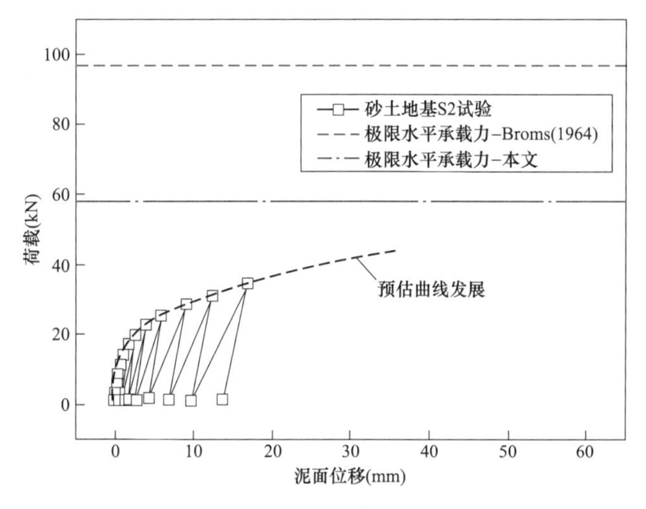

图 4-40　砂土地基 S2 试验极限承载力

重 γ 取 16.0kN/m³，桩宽 D 为 0.715m，基础长度 L 为 3.19m，计算立柱高度 h 为 2.85m。代入计算式 4-18，求得 $H_u=96.8$kN。计算上式的左右两项，并进行对比，可以通过迭代计算确定极限承载力为 58.1kN。砂土地基 S2 试验极限承载力如图 4-40 所示，根据预估的曲线发展，本文方法算得的极限承载力与实测值较为吻合。

（3）承载力特征值确定。

当有扭转荷载时，需要考虑扭转荷载引起的侧向承载力折减以及安全性。ZhihongHu（2006）的交通杆模型试验表明扭转荷载令侧向受荷桩的承载力最多降低了 50%，但是其扭转-水平力比达到了 6.4m。当扭转水平力比为 4.3m 时，承载力降低了约 30%。而一般发电元件的宽度不会超过 16m，则其最大扭转-水平力比约为 2m。因此考虑扭转对侧向承载力的折减系数可以适当按保守取 0.7，对于侧向承载应满足：

$$H_i < 0.7R_{ai} \tag{4-19}$$

水平承载力特征值 R_{ai} 取极限水平承载力的一半。《建筑桩基技术规范》（JGJ 94—2008）5.7.2-3 指出对于桩身配筋率小于 0.65% 的灌注桩，可取单桩水平静载试验的临界荷载的 75% 为单桩水平承载力特征值。水平临界荷载即当桩身产生开裂时所对应的水平荷载。PHC 短桩基础的基础部分截面较大、内力较小，所以基础的失效由地基的承载力破坏决定。因此桩基规范的这一条内容不适用于 PHC 短桩基础。竖向承载破坏与水平承载破坏的形式虽然不同，但是其荷载-变形曲线是类似的。特征值指由试验测定的地基土荷载-变形曲线线性变形内规定的变形所对应的荷载值，其最大值为比例界限值。所以参考了《桩基工程手册》中竖向承载力特征值的取法，将水平承载力特征值 R_{ai} 取极限水平承载力的一半，即 $R_{ai}=R_u/2$。则对于侧向承载力有：

$$H_i < 0.7R_u/2 \tag{4-20}$$

通过极限状态下外荷载项与抗力项的力矩平衡不等式，并在式中考虑立柱高度与弯矩荷载确定基础在满足承载力下的桩长。综上，平衡不等式可表示为：

$$\begin{cases} \text{黄土地基:}\dfrac{H(f+h)+M}{0.35} \leqslant c_u Dx\left(6f-\dfrac{11}{3}x\right)+5c_u D(f-x)^2+15c_u D(L-f)^2 \\ \text{砂土地基:}\dfrac{H(f+h)+M}{0.35} \leqslant \dfrac{3K_p\gamma Dx^2\left(f-\dfrac{2}{3}x\right)}{2}+K_p\gamma Dx(f-x)^2+K_p\gamma DL(L-f)^2 \\ \text{扭转:}\dfrac{T}{0.5} \leqslant \dfrac{\pi D^2}{2}\int_0^L f_{sx}\mathrm{d}x+\pi\left(\dfrac{D}{2}\right)^2 L\gamma_{conc}\left(\dfrac{D}{3}\right)\tan\phi \end{cases}$$

2. 受扭承载力计算

受扭承载力主要由基础侧抗力和基础底抗力两部分组成，极限状态下基础所受的扭转外荷载由界面间的摩擦来抵抗，并将地基提供的抗力分为基础侧引起的抗力和基础底引起的抗力。假设基础的直径沿长度不变，则由于基础侧引起的扭转阻力可以表示为：

$$T_s=\frac{\pi D^2}{2}\int_0^L f_{sx}\mathrm{d}x \tag{4-21}$$

式中，f_{sx}是深度x处的单元扭转侧阻力。基础底的扭转抗力可表示为：

$$T_t=\pi\left(\frac{D}{2}\right)^2 L\gamma_{conc}\left(\frac{D}{3}\right)\tan\phi \tag{4-22}$$

式中　γ_{conc}——混凝土容重，kN/m^3；

$\tan\phi$——基础底界面摩擦系数。

总受扭承载力可表示为：

$$T_n=T_s+T_t \tag{4-23}$$

Thiyyakkandi 等根据土体的各向同性假定，以桩侧极限摩阻力代表扭转侧摩阻力。

利用式上式计算砂土地基现场试验 S4 的受扭承载力，对计算方法进行验证。根据《建筑桩基技术规范》(JGJ 94—2008) 表 5.3.5-1，由于 S4 试验的桩周土轻型动力触探击数较低，取稍密粉细砂的极限侧阻力标准下限值 22kPa，则有：

$$T_s=\frac{\pi D^2}{2}\int_0^L f_{sx}\mathrm{d}z=\frac{\pi D^2}{2}f_s L$$

计算可得 T_s约为 28kN·m 桩底提供的抗力为：

$$\begin{aligned} T_t&=\pi\left(\frac{D}{2}\right)^2 L\gamma_{conc}\left(\frac{D}{3}\right)\tan\phi \\ &=\pi\left(\frac{0.715}{2}\right)^2\times 3.166\times 16.0\times\left(\frac{0.715}{3}\right)\tan 31.2^\circ=2.9(\mathrm{kN\cdot m}) \end{aligned}$$

则有极限抗扭承载力为：

$$T_n=T_s+T_t=28.0+2.9\approx 30.9(\mathrm{kN\cdot m})$$

图 4-41 为砂土地基现场试验 S4 的基础扭转角随扭转荷载的变化曲线，根据预估的曲线发展，可见计算值与实测极限抗扭承载力较为吻合。

四、桩帽及其设计计算方法

经过现场试验的检验，桩帽可以有效减小 PHC 短桩基础变形。在数值模拟中还发现桩帽改变了基础内力分布和大小，因此有必要研究 PHC 短桩基础有桩帽时的变形内力计算，尤其在砂土中应用 PHC 短桩基础时，应考虑采用桩帽来减小变形，避免因基

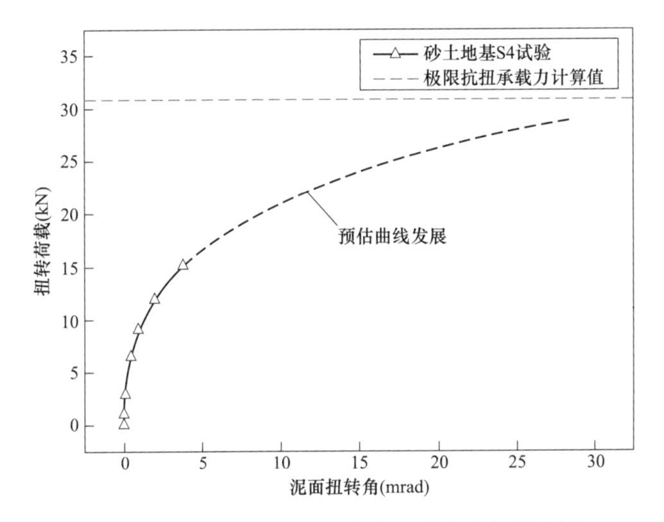

图 4-41 无黏性土地基极限抗扭承载力计算验证

础变形过大产生桩土间隙。

1. 考虑桩帽时的侧向变形计算

桩帽的加固机理主要有两方面，一是增大了桩帽位置处桩土的侧向接触面积，二是增加了基础顶部竖向的荷载传递范围。桩帽承担了部分来自上部结构的外荷载，使桩帽以下基础部分的弯矩、剪力和扭矩显著减小。数值模拟研究中关于桩帽尺寸的分析结果表明，桩帽边长对内力分布影响较大：桩帽边长越长，桩帽以下的内力就越小。经分析，采用桩帽后，其桩帽以下的基础部分弯矩小于无桩帽的 PHC 短桩基础，表 4-9 为不同桩帽边长条件下基础弯矩的降低比率。

表 4-9　　不同桩帽边长条件下基础弯矩的降低比率

桩帽边长与基础直径之比		$B/D=2$	$B/D=2.5$	$B/D=3$
黄土地基	基础长度 3.5m	−27.3%	−38.2%	−49.1%
	基础长度 2.5m	−32.5%	−43.7%	−52.4%
砂土地基	基础长度 3.5m	−27.8%	−38.2%	−46.7%
	基础长度 2.5m	−30.9%	−41.1%	−50.8%

注：B 为桩帽边长，D 为基础直径。

图 4-42 为 B/D 与弯矩降低比率的拟合曲线，拟合公式为：

$$\beta_{\mathrm{m}}=1.3\left[\left(\frac{B}{D}\right)^{0.3}-1\right] \tag{4-24}$$

式中 B——桩帽边长；

D——基础直径；

β_{m}——桩帽弯矩负载系数（弯矩降低比率，小数形式），考虑桩帽时计算内力变形扣除外力荷载的桩帽负载部分。

表 4-10 为第 4 级荷载时考虑桩帽和不考虑桩帽时两组试验中基础的泥面位移计算

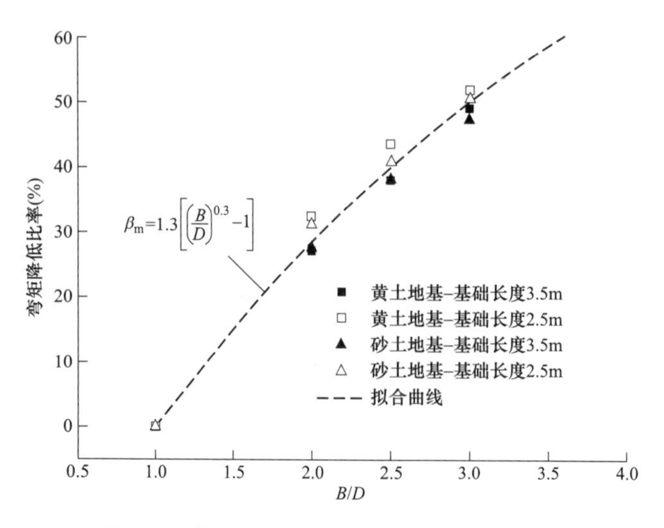

图 4-42　桩帽边长与弯矩降低比率之间的关系

值与实测值。计算中采用的 m 值根据图 4-32 查得，取泥面位移为 0.246mm 时的 m 值约 100MN/m^4。不考虑桩帽作用时，在计算中忽略桩帽的尺寸，其他尺寸不变。考虑桩帽作用时，水平荷载为 $(1-\beta_m)H$，弯矩荷载为 $(1-\beta_m)M$。结果表明，利用该方法折减外荷载的计算结果与实测值结果较为吻合。

表 4-10　　考虑桩帽时 PHC 短桩基础侧向变形验算表

组　别	C2	S1
实测值（mm）	0.246	0.327
理论方法计算值（不考虑桩帽作用时）（mm）	0.412	0.423
理论方法计算值（考虑桩帽作用的修正方法）（mm）	0.314	0.306

2. 考虑桩帽时的扭转变形计算

经分析不同桩帽边长下的 PHC 短桩基础的计算结果，可以看出，桩帽以下的基础部分扭矩小于无桩帽基础，表 4-11 为不同桩帽边长条件下基础扭矩的降低比率。

表 4-11　　不同边长桩帽条件下基础扭矩的降低比率

桩帽边长与基础直径之比		$B/D=2$	$B/D=2.5$	$B/D=3$
黄土地基	基础长度 3.5m	−57.3%	−72.7%	−81.2%
	基础长度 2.5m	−63.1%	−76.9%	−84.9%
砂土地基	基础长度 3.5m	−63.4%	−77.8%	−85.2%
	基础长度 2.5m	−69.1%	−82.9%	−90.1%

注：B 为桩帽边长，D 为基础直径。

图 4-43 为 B/D 与扭矩降低比率的拟合曲线，拟合公式为：

$$\beta_t=0.63\left(\frac{B}{D}-1\right)^{0.43} \tag{4-25}$$

式中　B——桩帽边长，m；

D——基础直径，m；

β_t——桩帽扭矩负载系数（扭转降低比率），考虑桩帽时计算内力变形扣除外力荷载的桩帽负载部分。

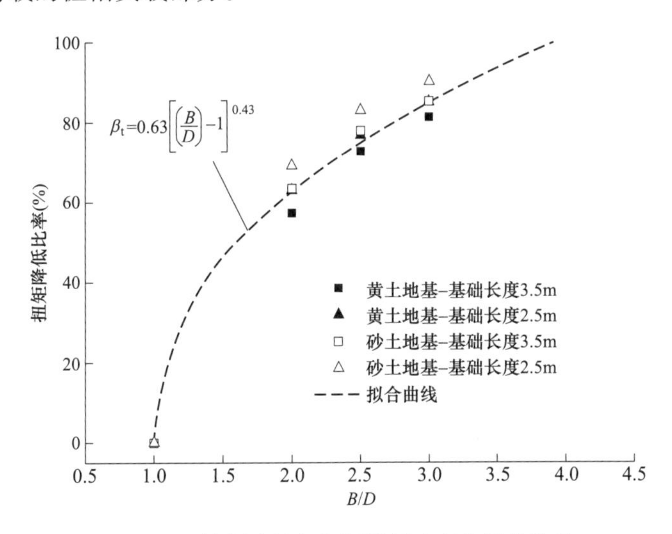

图 4-43　桩帽边长与扭矩降低比率之间的关系

表 4-12 为第 4 级荷载时考虑桩帽和不考虑桩帽时砂土场地 S3 试验中基础的基础扭转角计算值与实测值。其中广义剪切模量 G_s 值根据图 4-34 查得，剪切位移为 0.373mm 时的 G_s 值约 1.4MPa。不考虑桩帽作用时，在计算中忽略桩帽的尺寸，其他尺寸不变。考虑桩帽作用时，扭转荷载为 $(1-\beta_t)T$。结果表明，利用该方法折减外荷载的计算结果与实测值结果较为吻合。

表 4-12　　考虑桩帽时 PHC 短桩基础扭转变形验算表

组　别	S3 组
实测值（mrad）	0.537
理论方法计算值（不考虑桩帽作用时，mrad）	1.510
理论方法计算值（考虑桩帽作用的修正方法，mrad）	0.584

第五节　小　结

（1）本章针对预制桩与后浇混凝土界面黏结性状开展现场试验研究，主要结论如下：锯齿桩外表面可有效提高桩与混凝土间黏结性能，实际上混凝土与土间的抗扭承载力小于光滑桩与混凝土间的抗扭承载力，故一般情况下可不对预制桩外表面做处理。锯齿状截面对水平承载力及变形无影响。桩一基础接触面中起到控制桩体扭转变形作用的部分主要集中在接近地表的浅层基础。

（2）本章针对桩柱一体式基础工作性状展开现场试验研究，主要结论如下：基础的变形随荷载的变化关系曲线展呈非线性及分阶段性；桩帽可以有效减小基础的变形；扭转荷载对基础侧向变形影响不可忽略，可使立柱开裂弯矩减小约 30%；对桩顶自由的刚性短桩，在水平荷载作用下桩的旋转中心位于地面以下 2/3 桩长处。

（3）本章通过现场试验和理论分析，提出了考虑功能和安全两阶段要求的整套桩柱一体式基础的设计方法，主要结论包括：桩柱一体式基础在设计时可以将预应力管桩短桩基础分解为露出地面的立柱部分和地面以下由预应力管桩与填充混凝土组合而成的基础部分，两个部分分别考虑变形和承载能力进行设计；在砂土和黄土中刚性短桩的内力和变形可采用线弹性地基反力法中的 m 法计算，基础残余变形可利用现场试桩结果中绘制残余变形与残余变形曲线来计算；可采用极限地基反力法对黄土和砂土场地中 PHC 短桩基础侧向承载力进行计算，桩帽对基础变形和桩身内力的影响可通过折减系数来考虑。

（4）总结桩柱一体式基础的设计方法流程如图 4-44 所示。

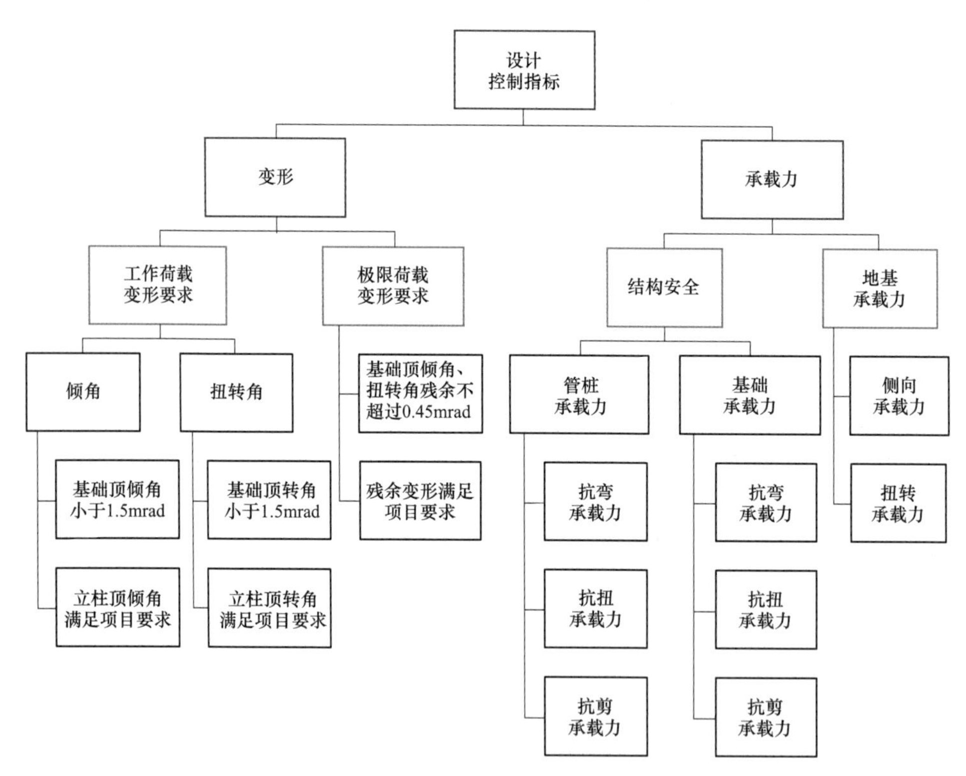

图 4-44　桩柱一体式基础设计方法流程

第五章

塔式电站集热场定日镜风洞试验及设计方法研究

第一节　定日镜类型和基本特点

塔式太阳能光热电站中，定日镜是将太阳光反射到位于镜场中心吸热塔的核心设备，定日镜面固定在镜面支架上，镜面支架不但需要在空间上承载每一面定日镜使其在吸热塔上打出聚集的闪亮光斑，而且还要保证在跟踪运行过程中定日镜的聚焦精度，因此定日镜需具有较高的抗风能力。驱动装置保证定日镜能在空间上对太阳进行旋转与俯仰方向上的双轴跟踪，以使定日镜反射的太阳光线准确地照射到吸热塔上。定日镜与吸热塔如图 5-1 所示。

图 5-1　定日镜与吸热塔

塔式太阳能光热电站集热场面积大，定日镜数量多，常规的 50MW 光热电站总镜面面积可达 60 多万 m^2，部分工程单镜可达 $180m^2$，定日镜数量约 1 万个。集热场的投资往往占工程总投资的一半左右，且光热电站场地多处于偏远地区，因此适宜的定日镜支架结构体系构建和精细化设计显得十分重要。

定日镜支架结构的主要控制荷载为风荷载，对单个定日镜而言，不仅要考虑风荷载的顺风向风压，还要考虑风振系数大小的影响，并且顺风向风压不是均匀的，要考虑风紊流对结构引起的扭转荷载。对于整个集热场而言，在风荷载作用下定日镜之间存在着相互干扰效应。但对于单个定日镜，这类结构的风振系数和不均匀荷载引起的扭转力矩计算以及群镜的干扰效应在我国规范中均没有相关规定。因此，有必要开展塔式太阳能电站集热场定日镜的风荷载取值和支架结构体系的研究。

第二节　定日镜单镜风洞试验

一、刚性模型测压试验

针对 $40m^2$ 和 $140m^2$ 定日镜，分别制作几何缩尺比为 1/10.5 和 1/20 的刚性测压模型，如图 5-2 所示，分别对其进行了压力分布测试和气动力测试。

图 5-2　定日镜试验模型风场布置图

塔式定日镜风洞试验中风攻角 α、风向角 β 分别如图 5-3 所示，其中风攻角指模型绕抗扭钢梁中心轴沿竖直平面的转动，以风向和镜面的垂直状态为 0°风攻角；风向角指模型沿水平面的转动，$\beta=0°$时镜面方向迎风，顺时针旋转。

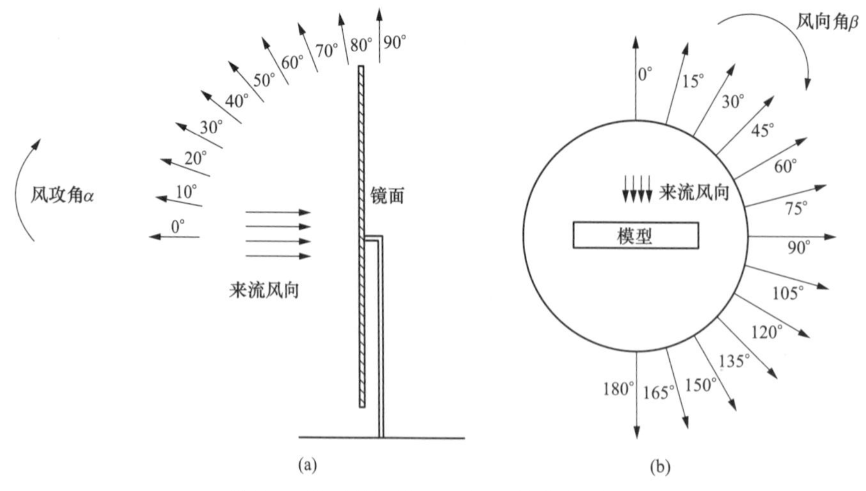

图 5-3　定日镜试验风攻角和风向角示意图

（a）风攻角 α 示意图；（b）风向角 β 示意图

试验测试的风攻角 α 为 0°～90°，间隔为 10°，共 10 个；风向角 β 为 0°～180°，间隔为 15°，共 13 个。

定日镜采用双面测压，将正反面对应测点的同步测压时域信号相减后得到该测点位置处的净风压时域信号，由于紊流场中的风压是随机变量，对其进行统计分析得到各测点在不同风向角下对应的平均风压系数。将所有测点的净压力乘以其对应的面积并进行积分，即可得到镜面上的气动力荷载。

建立塔式定日镜的气动力坐标系，以定日镜立柱与抗扭钢梁轴线的交点为坐标原点，以垂直于镜面方向为 x 轴，以平行于镜面的方向为 y 轴，以定日镜抗扭钢梁轴线方向为 z 轴，该坐标系属于体轴坐标系，坐标系随着定日镜风向角和风攻角的变化同步变化。正常情况下，镜面压力积分按照坐标轴系方向进行分解可以得到三个力和三个力矩共六个方向的气动力，而对于镜面支撑桁架体系而言最重要的系数是 F_x 和 M_z，如图 5-4 所示。

典型的气动三分力系数如式（5-1）所示，即：

$$\left.\begin{aligned} C_x &= \frac{F_x}{\frac{1}{2}\rho U^2 BL} \\ C_y &= \frac{F_y}{\frac{1}{2}\rho U^2 BL} \\ C_{M_z} &= \frac{M_z}{\frac{1}{2}\rho U^2 B^2 L} \end{aligned}\right\} \tag{5-1}$$

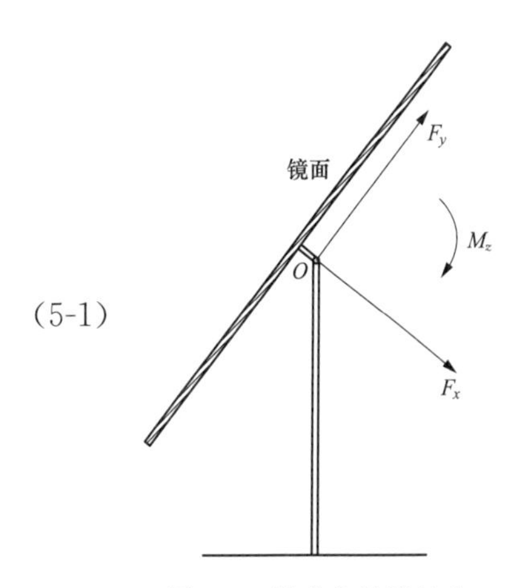

图 5-4　塔式定日镜气动三分力方向示意

式中　ρ——空气密度；

U——试验中对应原型 10m 高度处的风速；

B——模型镜面在 y 方向上的尺寸；

L——模型镜面沿 z 方向上的尺寸。

由于风压垂直于镜面，则在上述的坐标系定义下 $C_y \equiv 0$。

（一）40m^2 定日镜气动力系数

压力积分得到的典型气动力系数 C_x、C_{M_z} 在不同风向角和风攻角下的变化曲线如图 5-5 所示。由图可知：

（1）0°风攻角时，C_x 力系数整体上最大，当风向角从 0°变化到 90°时，C_x 逐渐减小，当风向角从 90°变化到 180°时，C_x 逐渐增大，在 0°和 180°风向角时的力系数略有差异；

（2）60°风攻角时，C_{M_z} 力矩系数整体上最大，当风向角从 0°变化到 90°时，C_{M_z} 逐渐减小，当风向角从 90°变化到 180°时，C_{M_z} 逐渐增大。

（二）140m^2 定日镜压力积分气动力系数

压力积分得到的典型气动力系数 C_x 和 C_{M_z} 在各风攻角不同风向角下的变化曲线如

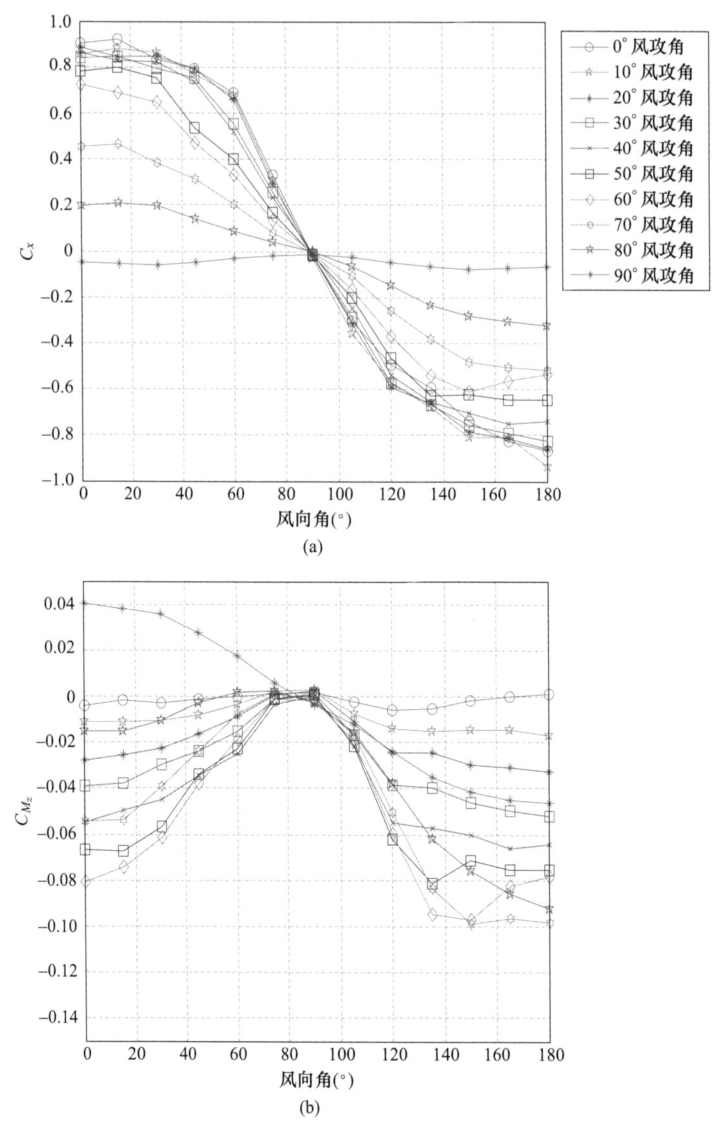

图 5-5　40m² 定日镜不同风攻角下气动力系数变化曲线

(a) C_x 随风向角变化曲线；(b) C_{M_z} 随风向角的变化曲线

图 5-6 所示。由图可知：

（1）10°风攻角时，C_x 力系数整体上最大，当风向角从 0°变化到 90°时，C_x 逐渐减小，当风向角从 90°变化到 180°时，C_x 逐渐增大，在 0°和 180°风向角时的力系数略有差异；

（2）60°风攻角时，C_{M_z} 力矩系数整体上较大，当风向角从 0°变化到 90°时，C_{M_z} 逐渐减小，当风向角从 90°变化到 180°时，C_{M_z} 逐渐增大。

（三）不同面积定日镜力系数比较

比较分析 40m² 和 140m² 塔式定日镜气动力系数特性可知：

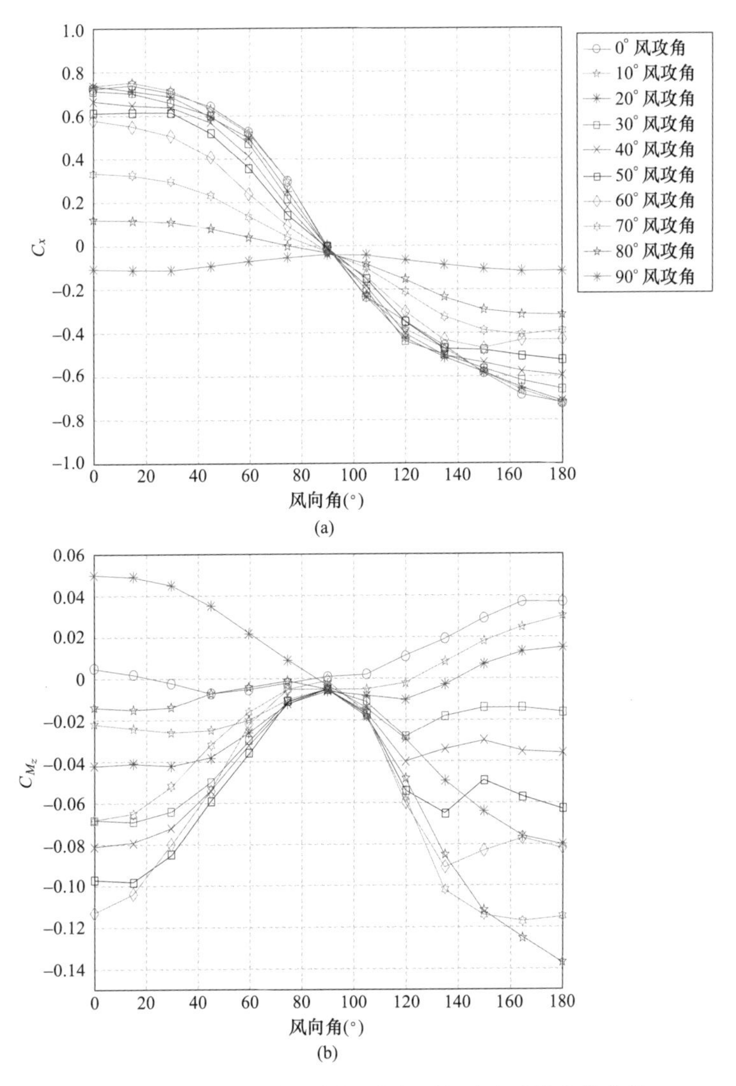

图 5-6　140m²定日镜不同风攻角下气动力系数变化曲线

(a) C_x随风向角变化曲线；(b) C_{M_z}随风向角的变化曲线

(1) 两种面积定日镜的气动力系数变化规律基本一致，不同风攻角下镜面风压分布随风向角变化趋势也类似。当风向角从 0°变化到 90°时，C_x和C_{M_z}逐渐减小；当风向角从 90°变化到 180°时，C_x和C_{M_z}逐渐增大。

(2) 两种面积定日镜在相同风攻角与风向角工况下的气动力系数取值并不相同，总体而言 40m²定日镜比 140m²定日镜的气动力系数取值更大。

(3) 两种面积定日镜气动力系数取值中，不同风向角下 C_x力矩系数在 0°～30°风攻角下的取值比较大，而 C_{M_z}力矩系数则在 50°～80°风攻角下的取值比较大。

(4) 两种面积定日镜整体体型系数取值中，90°风攻角和 90°风向角下的各体型系数取值都比较小，表明镜面与气流平行时挡风面积很小，镜面承受的风荷载也非常小。

(5) 40m²和 140m²定日镜体型系数的差异不仅与两者对应的风场区域不同有关，

镜面长宽比不完全相同也会产生影响。

二、刚性模型测力试验

采用测压试验可以获得镜面表面风压分布，但通过风压积分得到的结构整体荷载存在着一些不足之处。首先，受构件尺寸及模型制作等方面的限制，横梁、支撑桁架及立柱等构件上的风压往往难以准确获取，这会导致测压试验获取的基底荷载与实际基底荷载有一定的差异。其次，测压试验中需要布置压力测管，所以无法准确模拟镜面厚度尺寸，同时测试过程中由于压力管道、扫描阀、测试线路等的存在，无法消除这些测试系统附着的干扰误差。为此，针对 $40m^2$ 定日镜专门制作了与测压模型相同比例（1/10.5）的测力模型，较为准确地模拟了镜面厚度并消除了压力测试系统存在引起的干扰误差，以进行对比研究，并与测压结果比较进一步考察镜面支撑桁架系统的气动力作用。

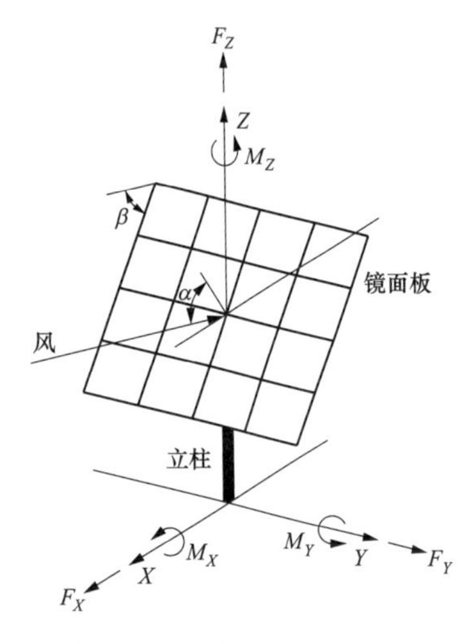

图 5-7 测力天平及定日镜体轴坐标系示意图

试验过程中，采用六分量天平测试定日镜柱底的力和力矩。定日镜模型柱底与测力天平连接，通过转动转盘对不同风向角进行测试，镜面风攻角可以通过沿镜面扭矩大梁处转轴实现。测试过程中始终保持定日镜坐标轴系与测力天平的坐标轴系一致，即保持为体轴坐标系，如图 5-7 所示。

（一）测力试验气动力系数

根据气动力系数公式和试验测试的气动力得到 $40m^2$ 定日镜典型工况力系数和力矩系数如图 5-8 所示。根据测试结果可以看出：

（1）不同气动力和力矩系数随风向角的变化趋势并不相同，数值大小也存在明显差异；

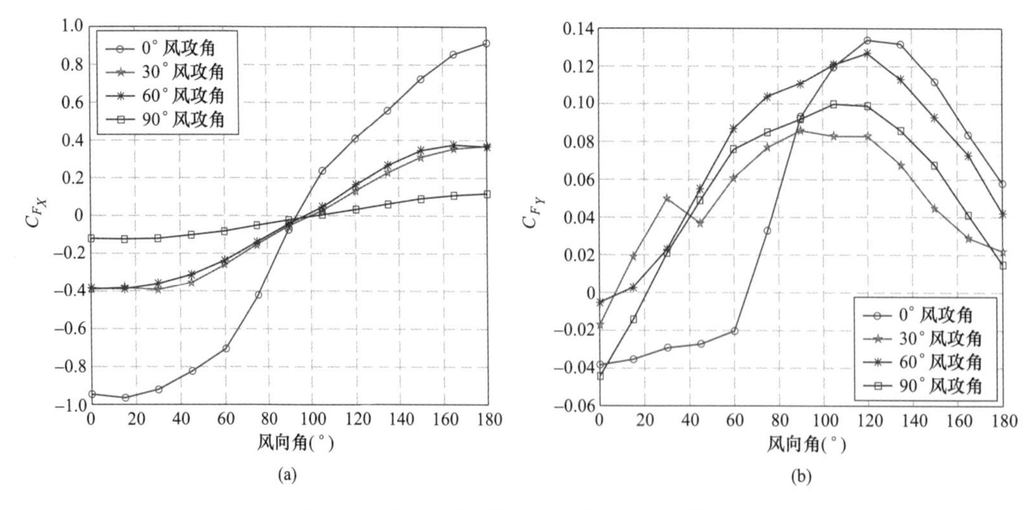

图 5-8 不同风攻角下气动力系数变化曲线（一）

(a) C_{F_X} 随风向角变化曲线；(b) C_{F_Y} 随风向角变化曲线

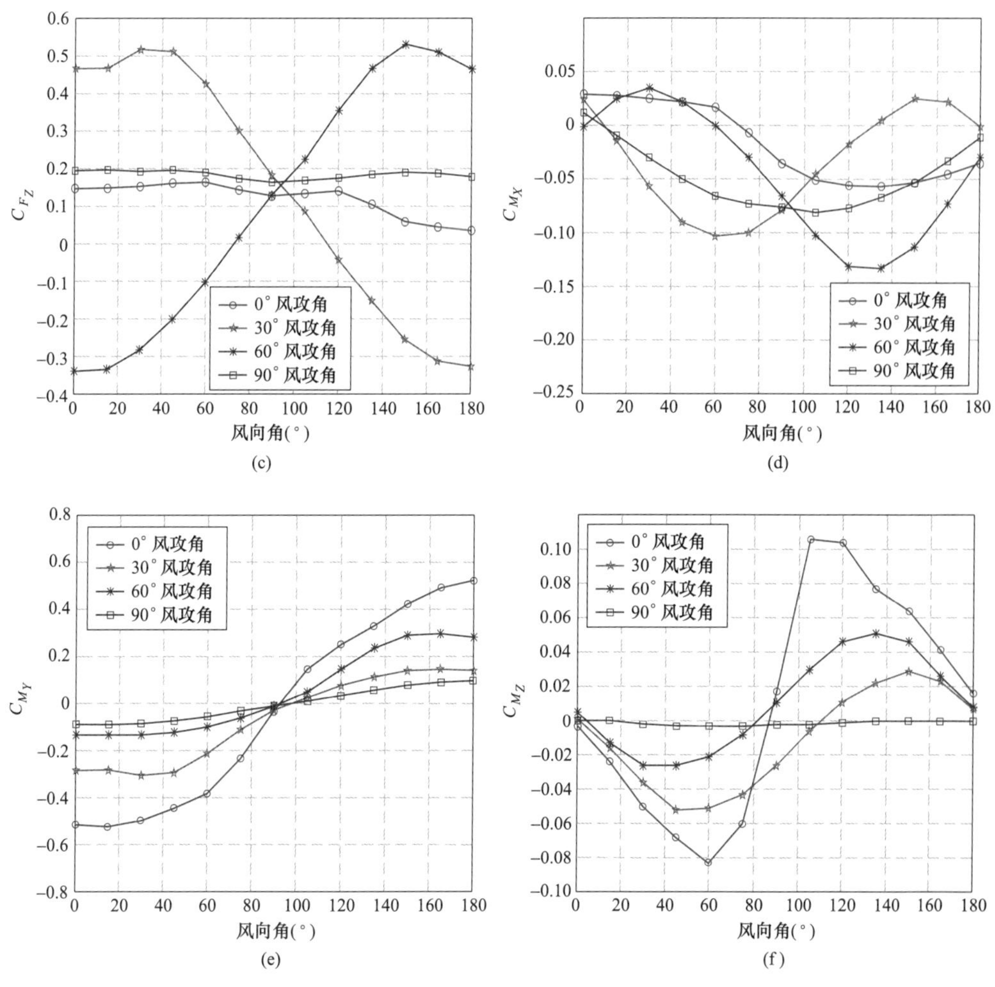

图 5-8　不同风攻角下气动力系数变化曲线（二）

(c) C_{F_Z} 随风向角变化曲线；(d) C_{M_X} 随风向角变化曲线；

(e) C_{M_Y} 随风向角变化曲线；(f) C_{M_Z} 随风向角变化曲线

（2）相比较而言，力系数 C_{F_X} 数值最大，C_{F_Z} 次之，C_{F_Y} 数值最小；力矩系数中 C_{M_Y} 数值最大，C_{M_X} 和 C_{M_Z} 较小且数值接近；

（3）根据测试的 4 种风攻角不同风向角下的力系数和力矩系数统计结果，力系数中 C_{F_X} 极大值出现在 0°风攻角且 15°风向角；C_{F_Z} 极大值出现在 60°风攻角且 150°风向角；C_{F_Y} 极大值出现在 0°风攻角且 120°风向角；力矩系数中 C_{M_Y} 极大值出现在 0°风攻角且 180°风向角；C_{M_X} 极大值出现在 60°风攻角且 135°风向角；C_{M_Z} 极大值出现在 0°风攻角且 105°风向角。

（二）测压和测力试验气动力系数对比

将 $40m^2$ 定日镜在测压和测力试验中压力积分得到的不同风攻角下的气动力系数随风向角变化的结果进行对比，如图 5-9 所示。

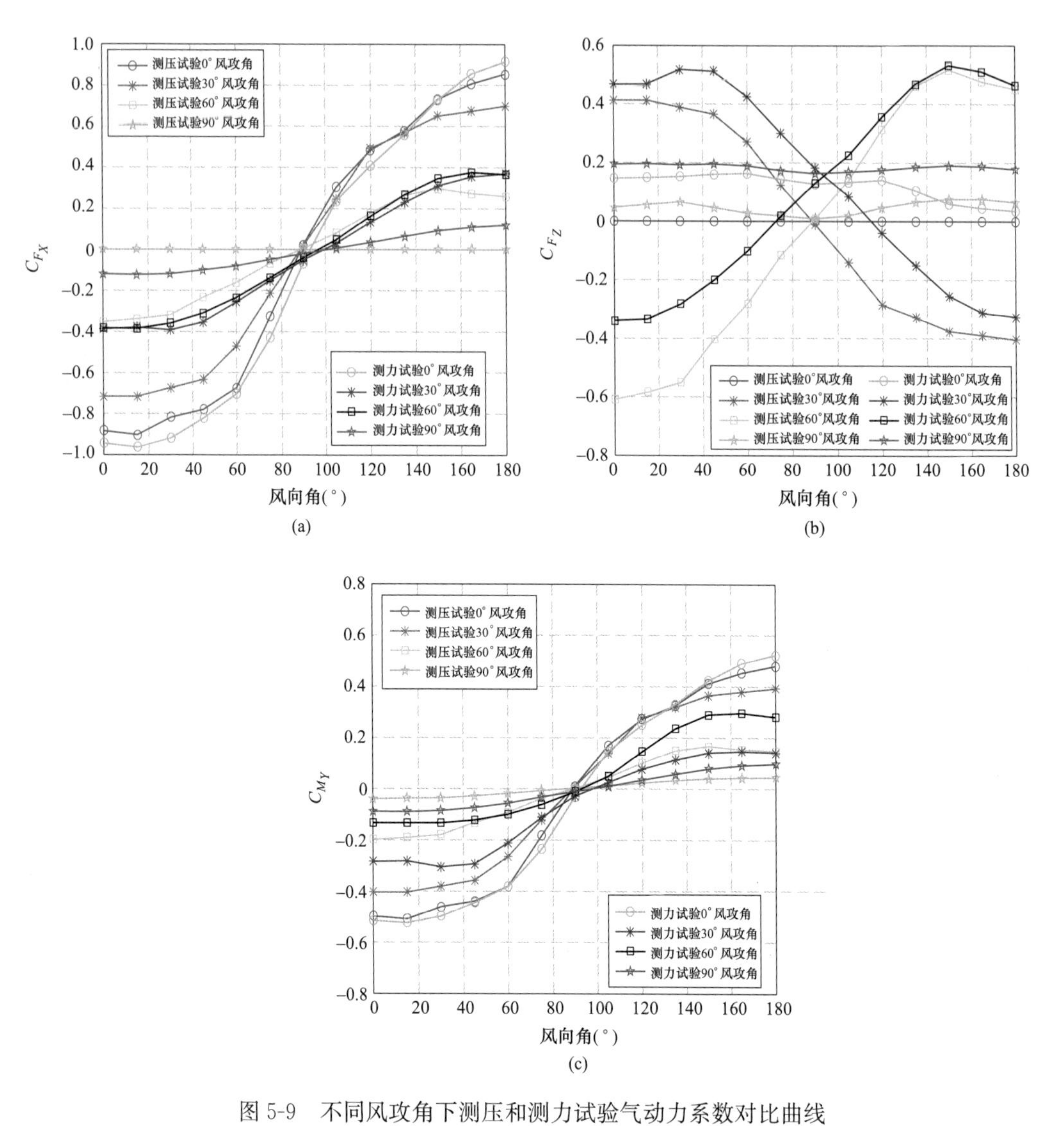

图 5-9　不同风攻角下测压和测力试验气动力系数对比曲线

(a) C_{F_X} 随风向角变化曲线对比；(b) C_{F_Z} 随风向角变化曲线对比；(c) C_{M_Y} 随风向角变化曲线对比

对比图中测力、测压试验得到的气动力系数曲线可知：

（1）测力试验和测压试验得到的力系数随风向角变化趋势基本一致；

（2）测力和测压得到的 C_{F_X}、C_{F_Z} 和 C_{M_Y} 的最大值不一致，可见桁架、横梁和立柱等钢结构支架增大了 C_{F_X} 和 C_{M_Y} 的值，减小了 C_{F_Z} 的值，即钢结构支架增大了风对结构的阻力和扭矩，减小了升力；

（3）由于测力试验得到的力系数与结构实际情况更接近，所以结构整体设计时建议采用测力试验得到的力系数。

三、风振系数研究

（一）风振响应有限元分析

基于定日镜刚性模型风洞测压试验的结果，选出典型工况进行风振响应分析。将由试验测得的净风压时程数据通过相似比变换后施加到有限元模型上，对有限元模型进行瞬态分析。瞬态分析中设置 20 000 个荷载步及时间步；荷载类型采用斜坡荷载；设置 Rayleigh 阻尼，阻尼比设为 2％，通过前两阶圆频率可计算出刚度阻尼及质量阻尼并施加在模型上。采用完全瞬态分析法进行计算。计算得到各节点、单元的位移、应力等响应。通过改变阻尼比为 1％、3％，讨论阻尼比的改变对风振响应的影响。

1. $40m^2$ 定日镜

采用 ANSYS 软件对定日镜结构进行建模，如图 5-10 所示。

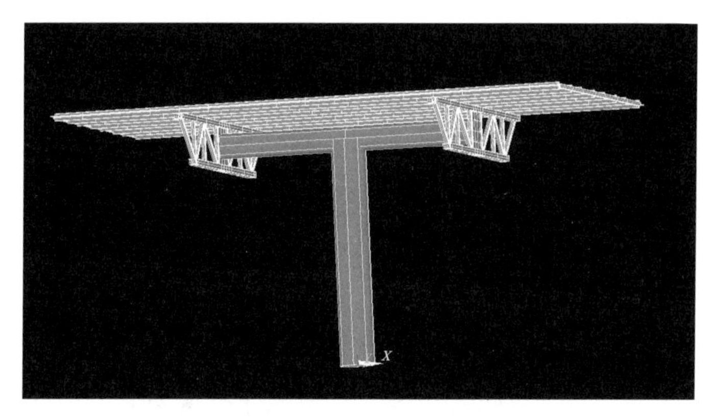

图 5-10　$40m^2$ 定日镜 ANSYS 有限元模型

（1）1％阻尼，风攻角 $\alpha=0°$、风向角 $\beta=0°$。根据分析结果，顺风向位移最大的节点出现在主檩条的端部，均值为 11.806mm，主要发生的振型为前 3 阶，位移时程及功率谱曲线如图 5-11 所示。应力（正应力为拉力，负应力为压力）最大的单元出现在主檩条中间部位，最大应力均值为－14.357MPa。

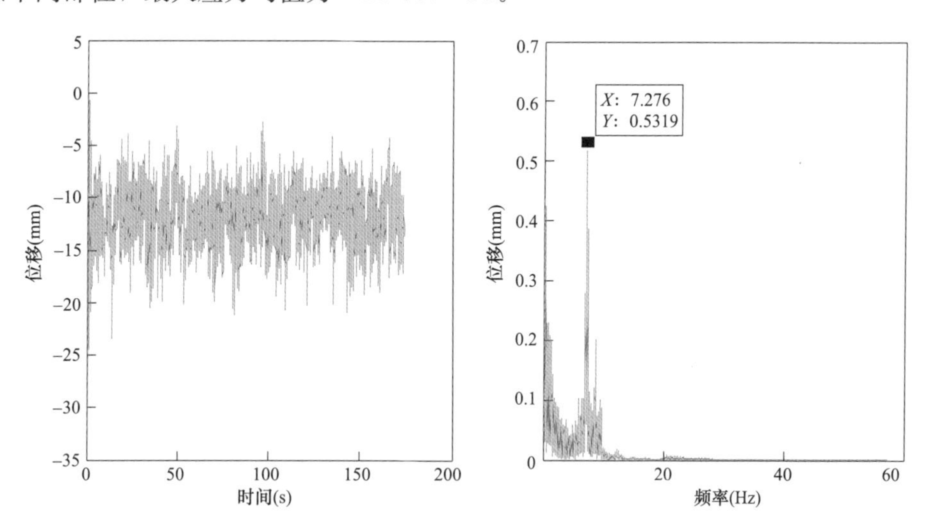

图 5-11　位移均值最大节点位移时程和幅值谱曲线（1％阻尼，0°风攻角）

（2）1％阻尼，风攻角 $\alpha=90°$、风向角 $\beta=0°$。根据分析结果，顺风向最大位移的节点出现在抗扭钢梁端部，均值为 1.538mm，主要发生的振型为前 3 阶，位移时程及功率谱曲线如图 5-12 所示。应力最大的单元出现在主檩条中间部位，最大应力均值为 −8.034MPa。

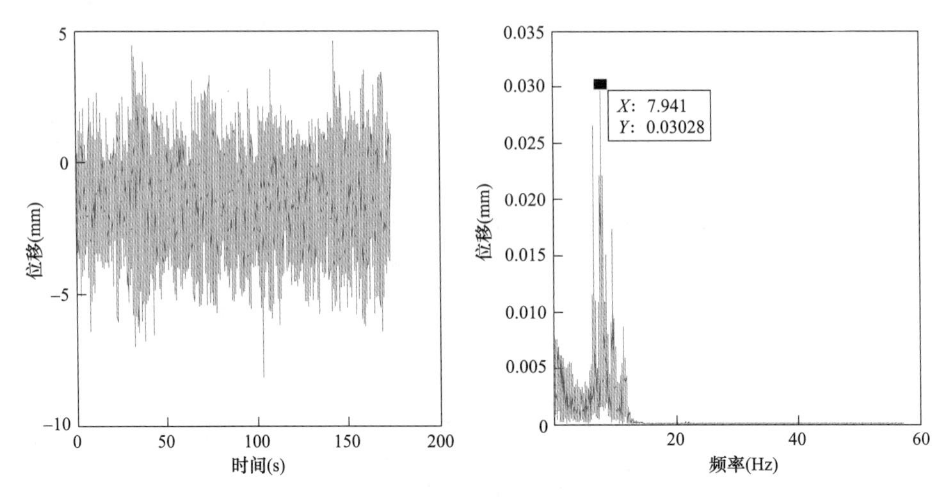

图 5-12 位移均值最大节点位移时程和幅值谱曲线（1%阻尼，90°风攻角）

（3）2%阻尼，风攻角 $\alpha=0°$、风向角 $\beta=0°$。根据分析结果，顺风向位移最大的节点出现在主檩条的端部，均值为 11.806mm，主要发生的振型为前 3 阶，位移时程及功率谱曲线如图 5-13 所示。应力最大的节点出现在桁架中间杆件部位，最大应力均值为 −14.357MPa。

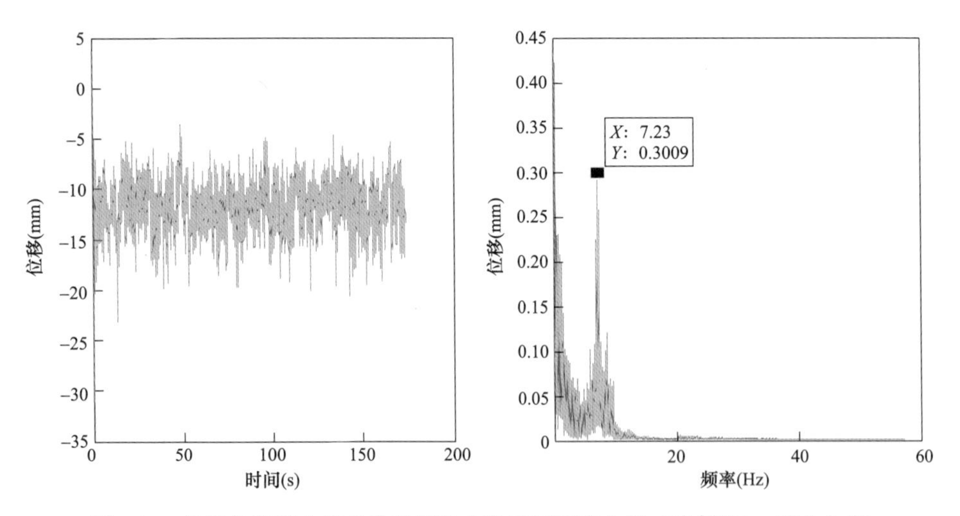

图 5-13 位移均值最大节点位移时程曲线及幅值谱曲线（2%阻尼，0°风攻角）

（4）2%阻尼，风攻角 $\alpha=60°$、风向角 $\beta=0°$。根据分析结果，顺风向位移最大的节点出现在主檩条的端部，均值为 6.0603mm，主要发生的振型为前 3 阶，位移时程及功率谱曲线如图 5-14 所示。应力最大的节点出现在桁架中间杆件部位，最大应力均值为 −19.920MPa。

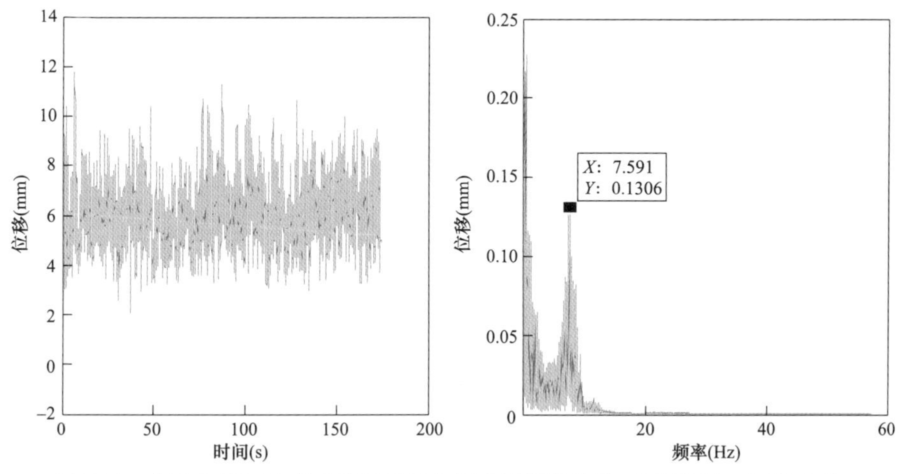

图 5-14　位移均值最大节点位移时程曲线及幅值谱曲线（2%阻尼，60°风攻角）

（5）2%阻尼，风攻角 $\alpha=90°$、风向角 $\beta=0°$。根据分析结果，顺风向最大位移的节点出现在抗扭钢梁上的端部，均值为 1.538mm，主要发生的振型为前 3 阶，位移时程及功率谱曲线如图 5-15 所示。应力最大的节点出现在桁架中间杆件部位，最大应力均值为−8.034MPa。

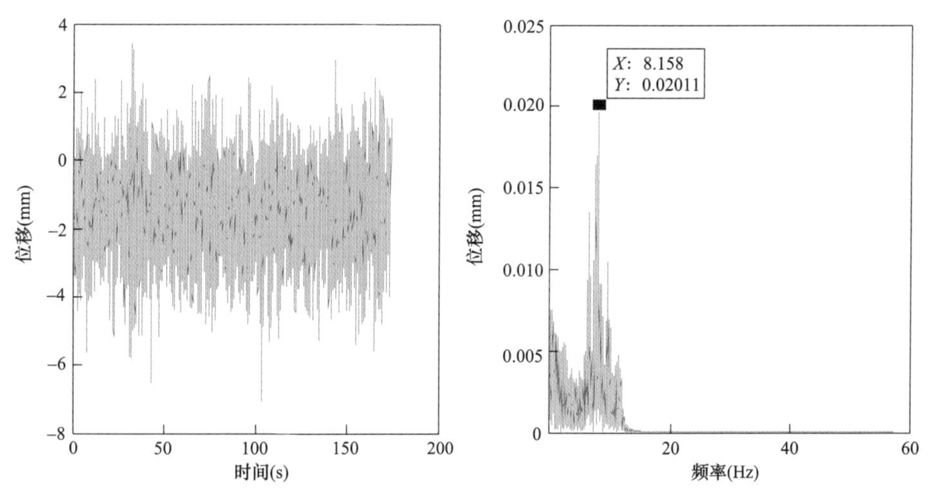

图 5-15　位移均值最大节点位移时程曲线及幅值谱曲线（2%阻尼，90°风攻角）

（6）3%阻尼，风攻角 $\alpha=0°$、风向角 $\beta=0°$。根据分析结果，顺风向位移最大的节点出现在主檩条的端部，均值为 11.806mm，主要发生的振型为前 3 阶，位移时程及功率谱曲线如图 5-16 所示。应力最大的单元出现在主檩条中间部位，最大应力均值为−14.357MPa。

（7）3%阻尼，风攻角 $\alpha=90°$、风向角 $\beta=0°$。根据分析结果，顺风向最大位移的节点出现在抗扭钢梁上端部，均值为 1.538mm，主要发生的振型为前 3 阶，位移时程及功率谱曲线如图 5-17 所示。应力最大的单元出现在主檩条中间部位，最大应力均值为−8.034MPa。

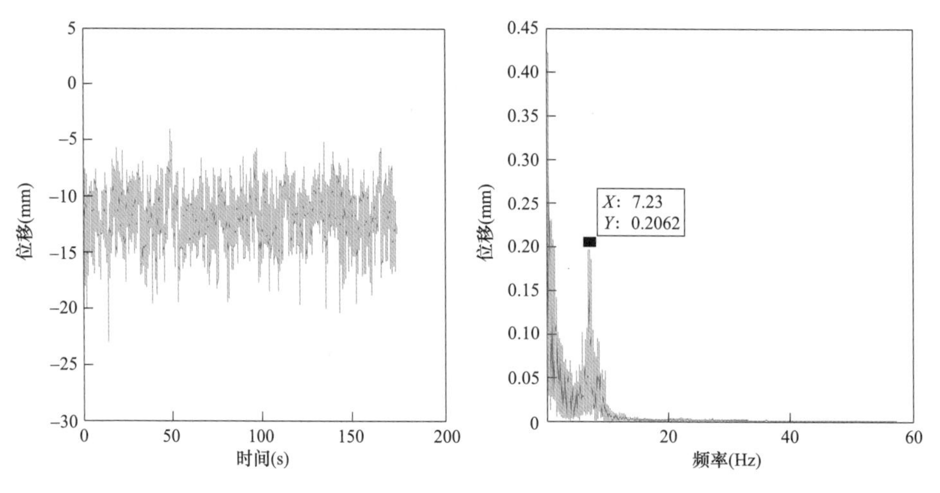

图 5-16 位移均值最大节点位移时程和及幅值谱曲线（3%阻尼，0°风攻角）

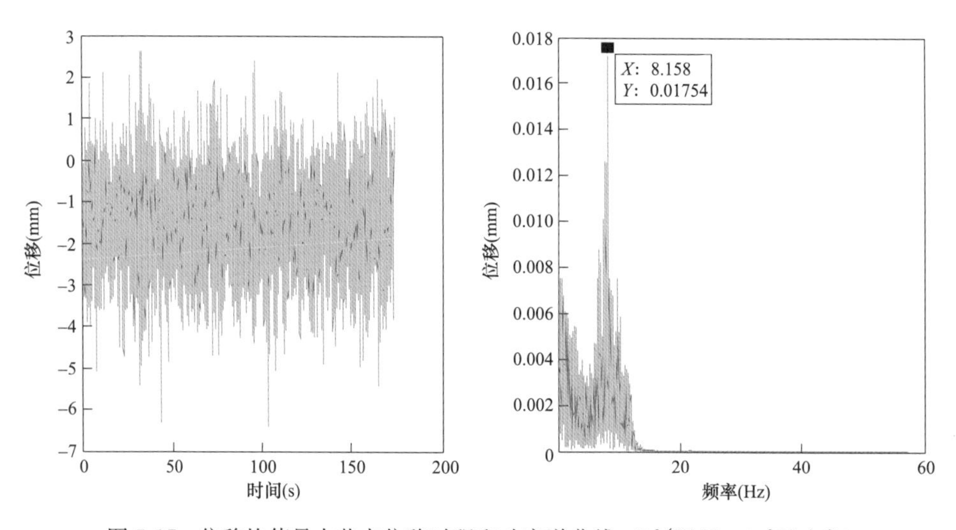

图 5-17 位移均值最大节点位移时程和功率谱曲线（3%阻尼，90°风攻角）

2. 140m² 定日镜

采用 ANSYS 软件对定日镜结构进行建模，如图 5-18 所示。

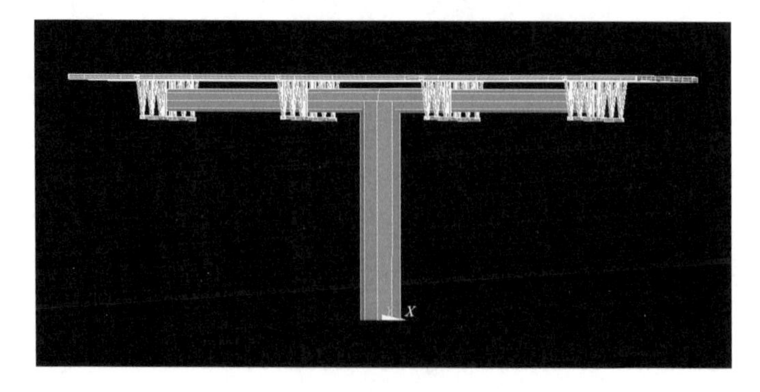

图 5-18 140m² 定日镜 ANSYS 有限元模型

（1）1%阻尼，风攻角 $\alpha=0°$、风向角 $\beta=0°$。根据分析结果，顺风向位移最大的节点出现在主檩条的端部，均值为 11.71mm，主要发生的振型为前 3 阶，位移时程及功率谱曲线如图 5-19 所示。应力（正应力为拉力，负应力为压力）最大的单元出现在主檩条中间部位，最大应力均值为 39.89MPa。

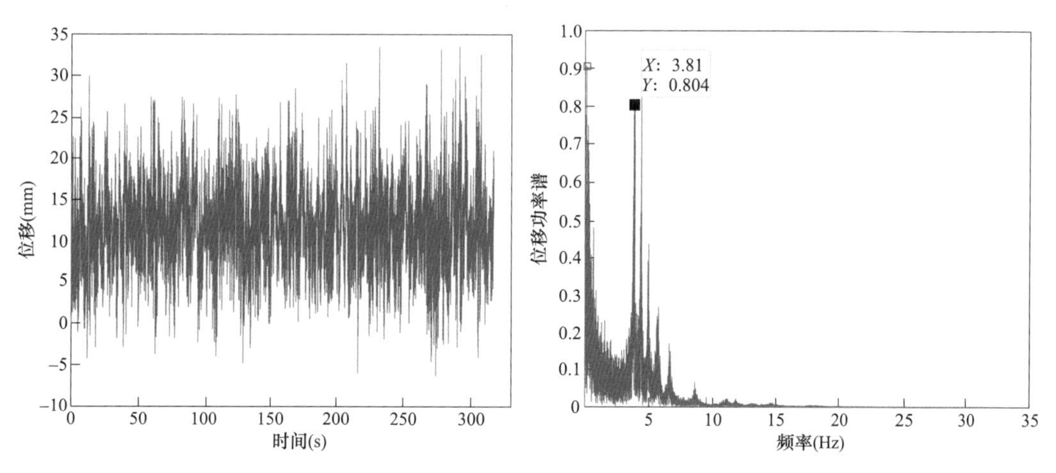

图 5-19 位移均值最大节点位移时程和功率谱曲线（1%阻尼，0°风攻角）

（2）1%阻尼，风攻角 $\alpha=90°$、风向角 $\beta=0°$。根据分析结果，顺风向最大位移的节点出现在主檩条的中部，均值为 1.46mm，主要发生的振型为前 2 阶，位移时程及功率谱曲线如图 5-20 所示。应力最大的单元出现在主檩条中间部位，最大应力均值为 19.42MPa。

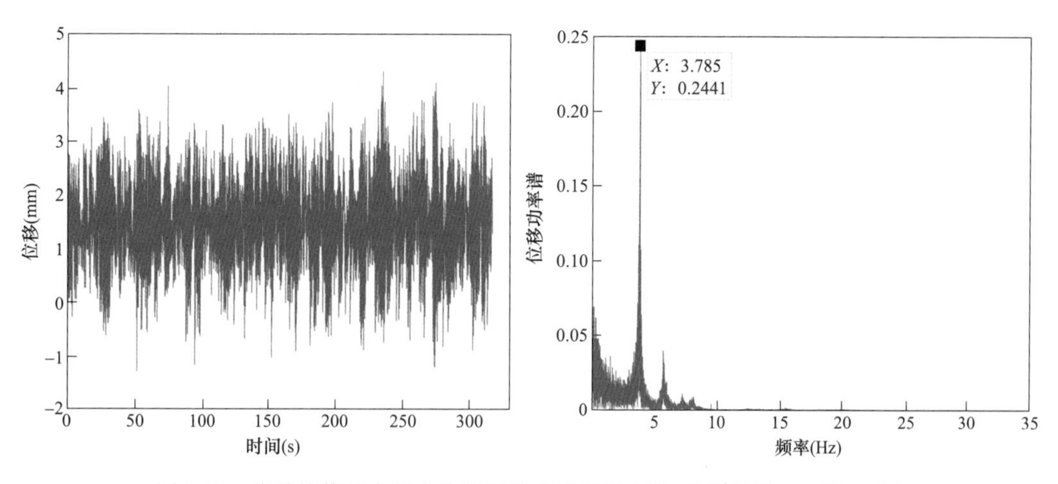

图 5-20 位移均值最大节点位移时程和功率谱曲线（1%阻尼，90°风攻角）

（3）2%阻尼，风攻角 $\alpha=0°$、风向角 $\beta=0°$。根据分析结果，顺风向位移最大的节点出现在主檩条的端部，均值为 11.71mm，主要发生的振型为前 3 阶，位移时程及功率谱曲线如图 5-21 所示。应力最大的单元出现在主檩条中间部位，最大应力均值为 39.89MPa。

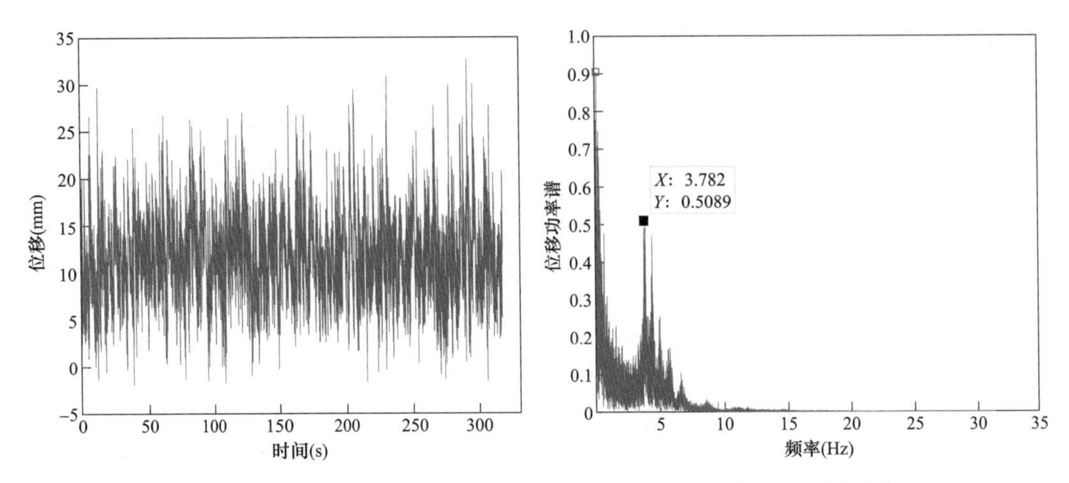

图 5-21　位移均值最大节点位移时程和功率谱曲线（2%阻尼，0°风攻角）

（4）2%阻尼，风攻角 $\alpha=60°$、风向角 $\beta=0°$。根据分析结果，顺风向位移最大的节点出现在主檩条的端部，均值为 23.02mm，主要发生的振型为前 2 阶，位移时程及功率谱曲线如图 5-22 所示。应力最大的单元出现在主檩条中间部位，最大应力均值为 47.70MPa。

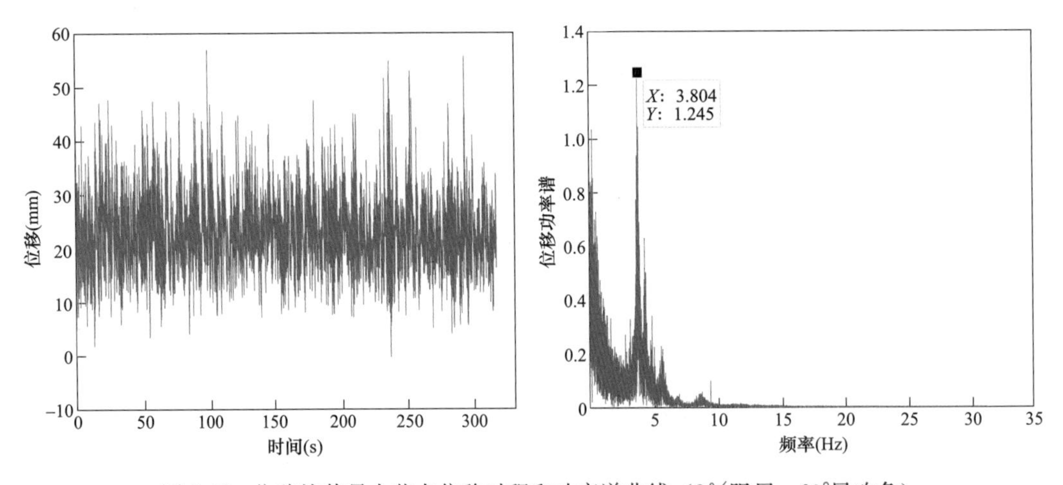

图 5-22　位移均值最大节点位移时程和功率谱曲线（2%阻尼，60°风攻角）

（5）2%阻尼，风攻角 $\alpha=90°$、风向角 $\beta=0°$。根据分析结果，顺风向最大位移的节点出现在主檩条的中部，均值为 1.461mm，主要发生的振型为前 2 阶，位移时程及功率谱曲线如图 5-23 所示。应力最大的单元出现在主檩条中间部位，最大应力均值为 19.42MPa。

（6）3%阻尼，风攻角 $\alpha=0°$、风向角 $\beta=0°$。根据分析结果，顺风向位移最大的节点出现在主檩条的端部，均值为 11.71mm，主要发生的振型为前 3 阶，位移时程及功率谱曲线如图 5-24 所示。应力最大的单元出现在主檩条中间部位，最大应力均值为 39.89MPa。

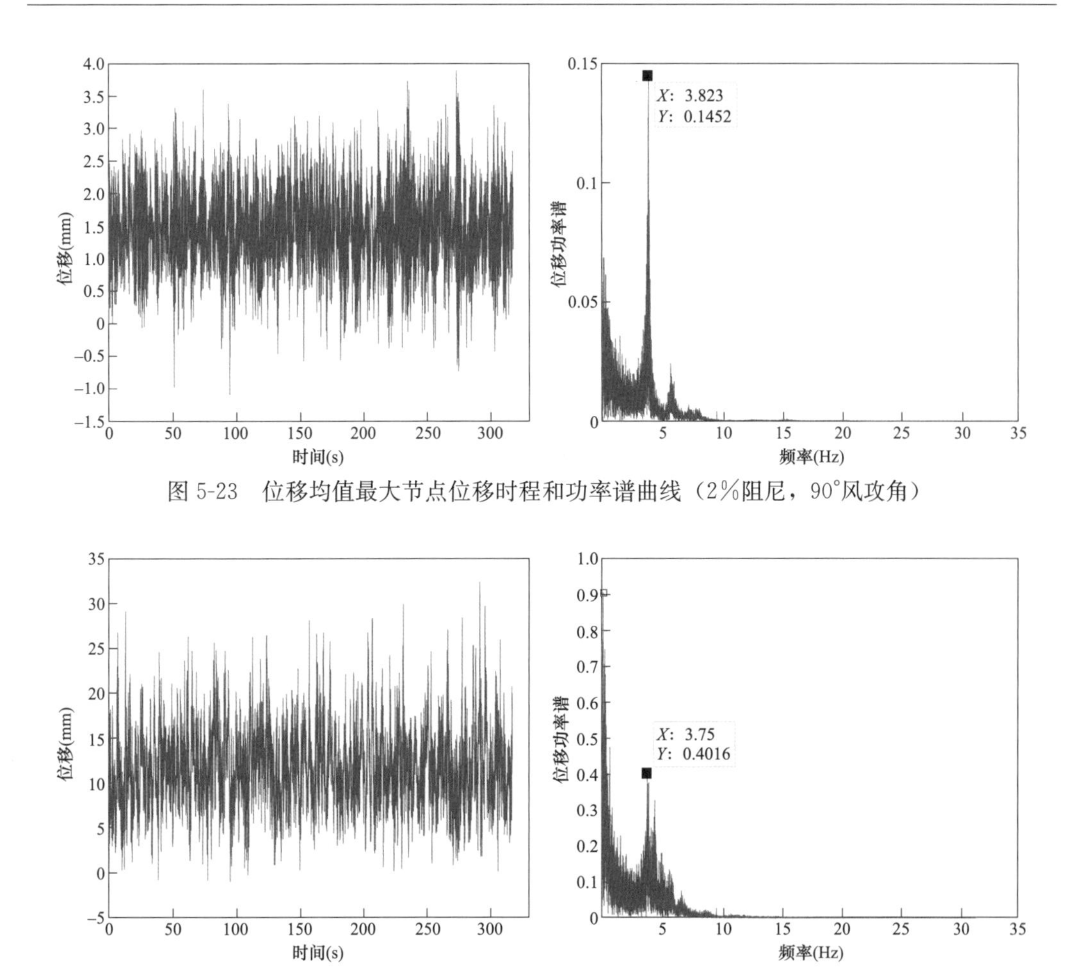

图 5-23　位移均值最大节点位移时程和功率谱曲线（2%阻尼，90°风攻角）

图 5-24　位移均值最大节点位移时程和功率谱曲线（3%阻尼，0°风攻角）

（7）3%阻尼，风攻角$\alpha=90°$、风向角$\beta=0°$。根据分析结果，顺风向最大位移的节点出现在主檩条的中部，均值为 1.46mm，主要发生的振型为前 2 阶，位移时程及功率谱曲线如图 5-25 所示。应力最大的单元出现在主檩条中间部位，最大应力均值为 19.42MPa。

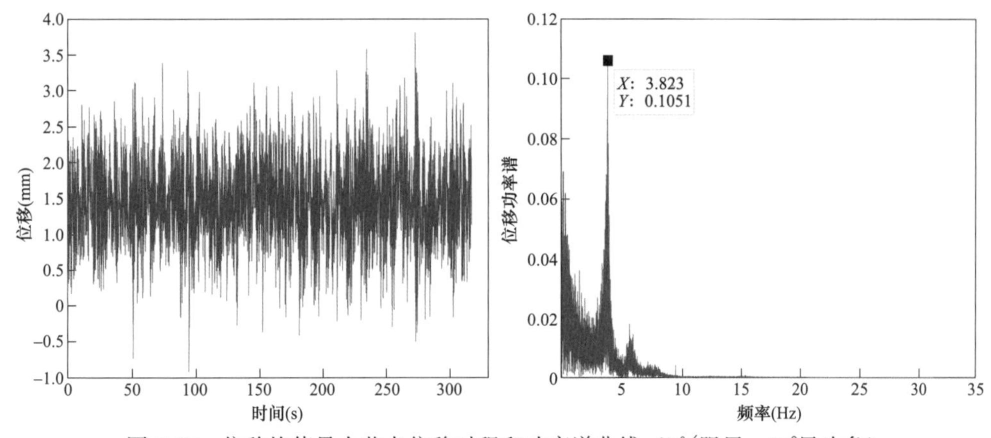

图 5-25　位移均值最大节点位移时程和功率谱曲线（3%阻尼，90°风攻角）

3. 阻尼对定日镜风振响应的影响

不同阻尼比、典型工况下两种面积定日镜结构的风振响应结果如表5-1和表5-2所示。

表5-1　　不同阻尼比、典型工况下$40m^2$定日镜最大顺风向位移响应表

1%阻尼比		均值	均方差
0°风攻角 0°风向角	主檩条位移	11.806mm	2.701mm
	抗扭钢梁位移	3.917mm	0.767mm
	桁架位移	8.112mm	1.432mm
90°风攻角 0°风向角	主檩条位移	0.836mm	0.866mm
	抗扭钢梁位移	1.538mm	1.495mm
	桁架位移	0.832mm	1.090mm
2%阻尼比		均值	均方差
0°风攻角 0°风向角	主檩条位移	11.806mm	2.559mm
	抗扭钢梁位移	3.917mm	0.751mm
	桁架位移	8.112mm	1.377mm
60°风攻角 0°风向角	主檩条位移	6.060mm	1.257mm
	抗扭钢梁位移	1.857mm	0.431mm
	桁架位移	3.262mm	0.703mm
90°风攻角 0°风向角	主檩条位移	0.836mm	0.663mm
	抗扭钢梁位移	1.538mm	0.942mm
	桁架位移	0.832mm	0.802mm
3%阻尼比		均值	均方差
0°风攻角 0°风向角	主檩条位移	11.806mm	2.311mm
	抗扭钢梁位移	3.917mm	0.729mm
	桁架位移	8.112mm	1.341mm
90°风攻角 0°风向角	主檩条位移	0.836mm	0.556mm
	抗扭钢梁位移	1.538mm	1.008mm
	桁架位移	0.832mm	0.669mm

表5-2　　不同阻尼比、典型工况下$140m^2$定日镜最大顺风向位移响应表

1%阻尼比		均值	均方差
0°风攻角 0°风向角	主檩条位移	11.71mm	5.27mm
	桁架梁位移	8.62mm	4.10mm
	抗扭钢梁位移	5.68mm	1.63mm
	立柱位移	2.07mm	0.38mm
90°风攻角 0°风向角	主檩条位移	1.46mm	0.77mm
	桁架梁位移	1.08mm	0.83mm
	抗扭钢梁位移	0.34mm	0.34mm
	立柱位移	0.42mm	0.27mm

续表

2%阻尼比		均值	均方差
0°风攻角 0°风向角	主檩条位移	11.71mm	4.65mm
	桁架梁位移	8.62mm	3.60mm
	抗扭钢梁位移	5.68mm	1.56mm
	立柱位移	2.07mm	0.36mm
60°风攻角 0°风向角	主檩条位移	23.02mm	6.78mm
	桁架梁位移	18.24mm	5.59mm
	抗扭钢梁位移	6.44mm	1.13mm
	立柱位移	0.57mm	0.12mm
90°风攻角 0°风向角	主檩条位移	1.46mm	0.61mm
	桁架梁位移	1.08mm	0.60mm
	抗扭钢梁位移	0.34mm	0.25mm
	立柱位移	0.42mm	0.20mm
3%阻尼比		均值	均方差
0°风攻角 0°风向角	主檩条位移	11.71mm	4.41mm
	桁架梁位移	8.62mm	3.41mm
	抗扭钢梁位移	5.68mm	1.53mm
	立柱位移	2.07mm	0.36mm
90°风攻角 0°风向角	主檩条位移	1.46mm	0.54mm
	桁架梁位移	1.08mm	0.49mm
	抗扭钢梁位移	0.34mm	0.21mm
	立柱位移	0.42mm	0.18mm

随着阻尼比的增大，最大顺风向位移和最大应力的位置不发生变化，最大位移和最大应力的均值不变、均方差变小，可见阻尼比的增大减小了结构对脉动风的响应，进而减小了结构的风振响应。

（二）40m^{2}定日镜风振响应测试

通过制作定日镜气弹模型开展风洞试验，测试40m^{2}单定日镜的加速度和位移响应，得到可用于结构设计的风振系数，并与风振响应分析的结果进行对比。

1. 气弹模型制作与设计

采用模型几何缩尺比为1∶10.5制作气弹模型，气弹模型如图5-26所示，对于气弹模型的设计，除了要求结构物几何断面形状相似之外，还要求在实际

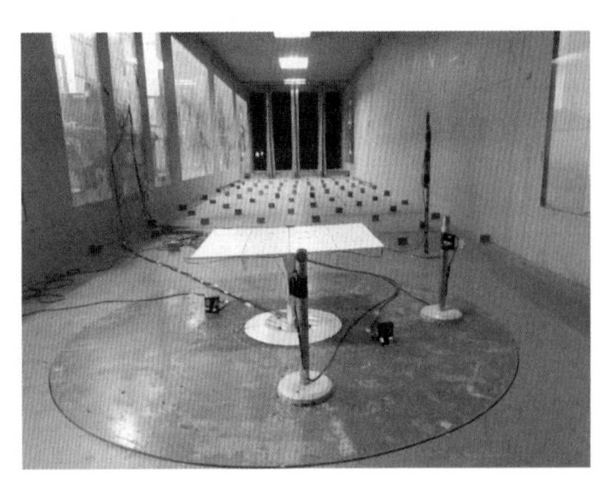

图5-26　气弹模型风洞试验

结构物和风洞模型之间满足无量纲参数的一致性条件，如表 5-3 所示。

表 5-3　　无量纲参数的相似要求

无量纲参数	表达式	物理意义	相似要求
雷诺数	$\rho UB/\mu$	气动惯性力/空气黏性力	钝体可不模拟
弗劳德数	U^2/gL	气动惯性力/结构物重力	严格相似
斯特劳哈尔数	fD/U	时间尺度	严格相似
柯西数	$E/\rho U^2$	结构物弹性力/气动惯性力	严格相似
密度比	ρ^s/ρ	结构物惯性力/气动惯性力	严格相似
阻尼比	δ	每个周期耗能/振动总能量	严格相似

2. 试验工况

风洞试验在紊流风场中进行。紊流测试 0°、10°、20°、30°、40°、50°、60°、70°、80°和 90°共 10 个风攻角。试验风速按照模型实测频率比确定的风速比得到，即试验风速为：

$$U_{试验}=\frac{U_{10}}{m}=\frac{30.98}{3.23}=9.59\text{m/s}$$

为检验结构是否会发生涡振，在 0°风攻角和 90°风攻角增加一个风速，根据斯特劳哈尔数 $St=\frac{fD}{U}=0.12$ 得涡振检验风速：

$$U_{涡振}=\frac{fD}{St}=\frac{23.000\times0.0476}{0.12}=9.12\text{m/s}$$

以上风速均为原型 10m 高度对应的风速。

3. 紊流风场结构响应

定日镜气弹模型测振试验选用 7 个测点，分别为柱顶、檩条的 4 个角点以及檩条的 2 个中点，在相应测点布置对应方向的加速度计或者激光位移计，共使用 12 个传感器，其中 8 个加速度传感器、4 个位移传感器，将风洞试验测试的模型加速度和位移响应换算到原型，统计各测点加速度响应的均值和均方差，如图 5-27～图 5-30 所示。

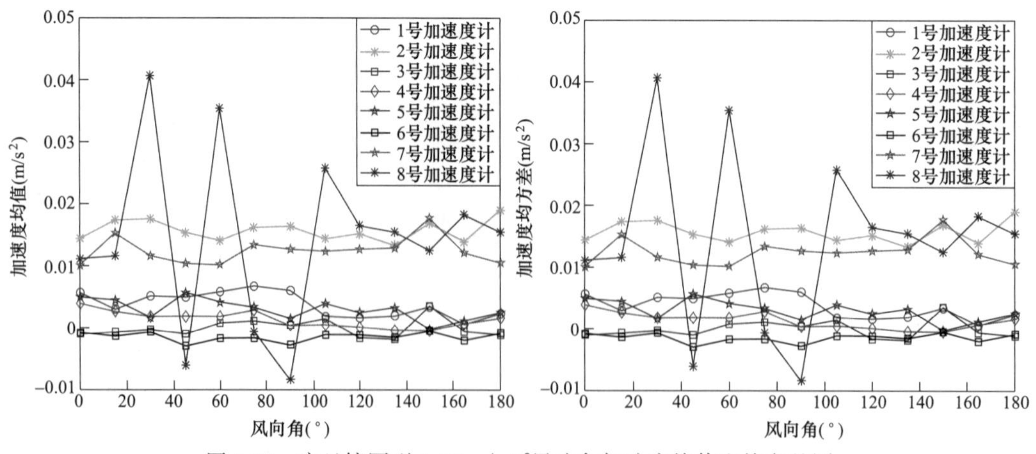

图 5-27　定日镜原型 9.59m/s 0°风攻角加速度均值和均方差图

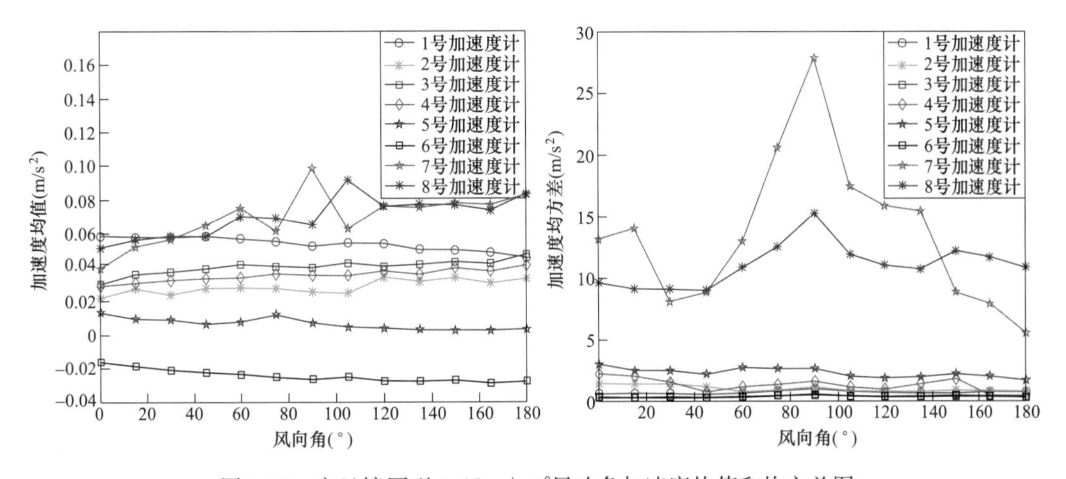

图 5-28　定日镜原型 9.12m/s 0°风攻角加速度均值和均方差图

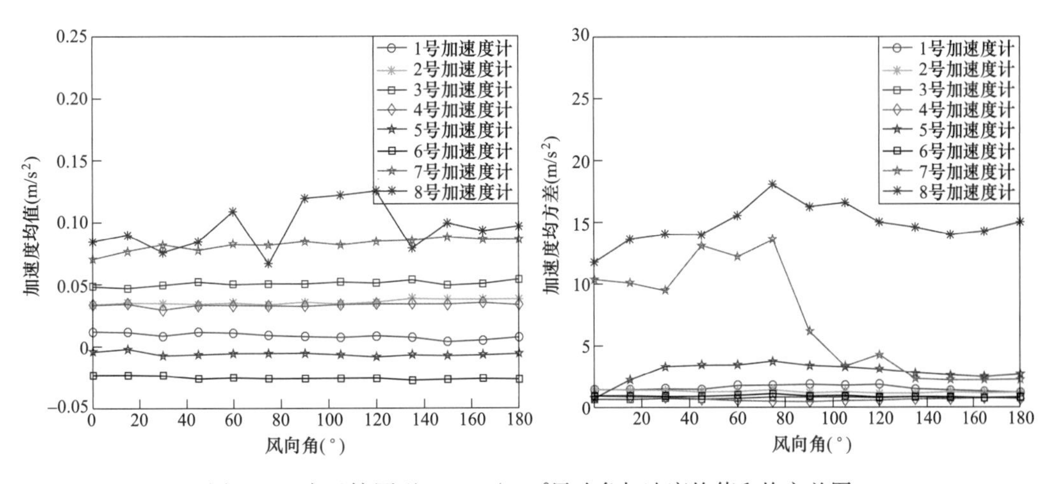

图 5-29　定日镜原型 9.59m/s 90°风攻角加速度均值和均方差图

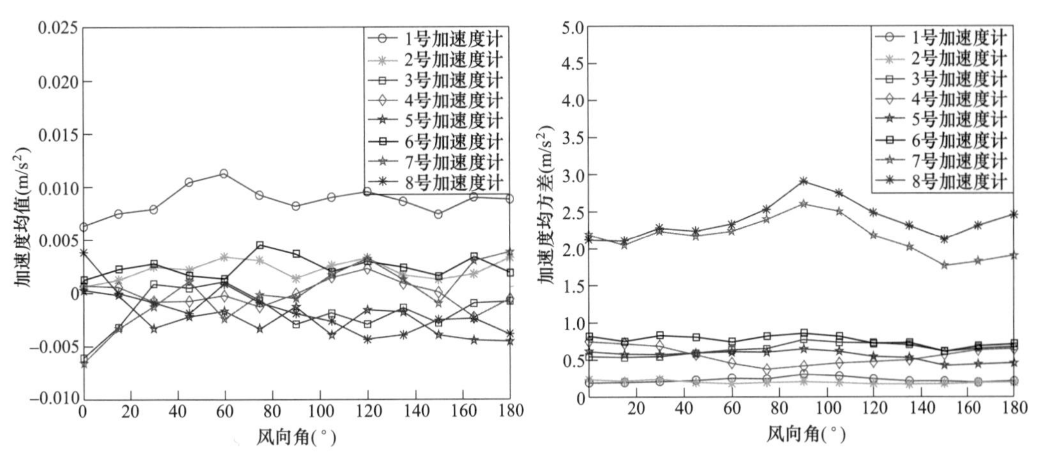

图 5-30　定日镜原型 9.12m/s 90°风攻角加速度均值和均方差图

由图 5-27～图 5-30 可知，7 号和 8 号加速度计响应较大，即主檩条端部位置加速度较大。

统计各测点位移响应的均值和均方差，如图 5-31～图 5-34 所示。

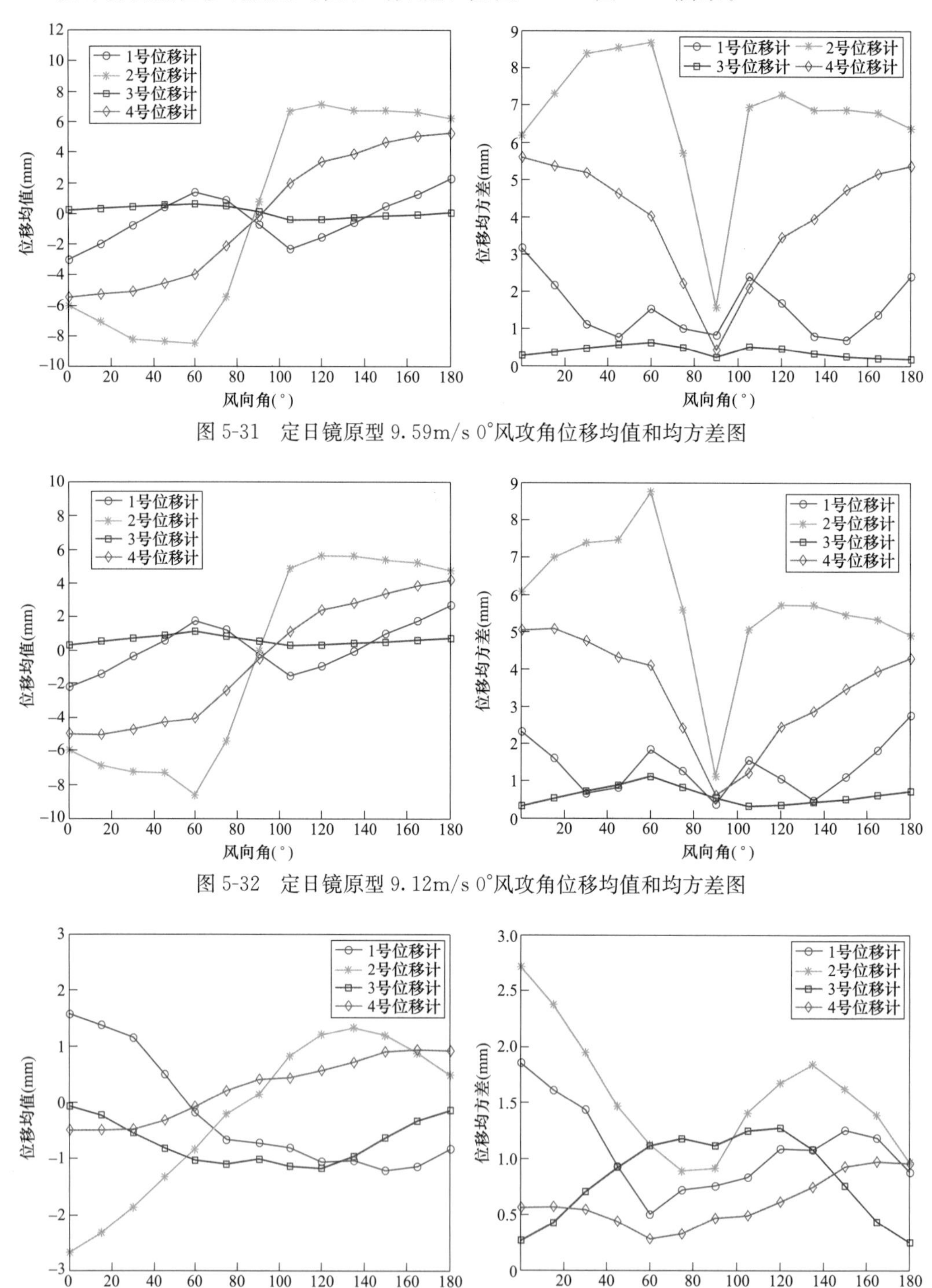

图 5-31　定日镜原型 9.59m/s 0°风攻角位移均值和均方差图

图 5-32　定日镜原型 9.12m/s 0°风攻角位移均值和均方差图

图 5-33　定日镜原型 9.59m/s 90°风攻角位移均值和均方差图

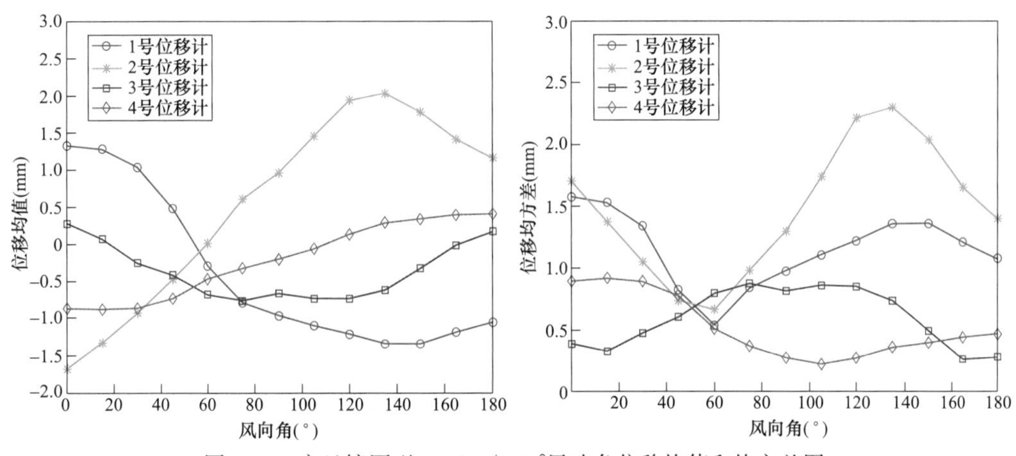

图 5-34　定日镜原型 9.12m/s 90°风攻角位移均值和均方差图

由图 5-31～图 5-34 可知，2 号位移计具有较大的响应，即主檩条端部位置的位移较大。

（三）风振系数建议取值

风振系数包括荷载风振系数和位移风振系数。荷载风振系数随节点位置的不同而变化相差较大，且结构响应与风荷载之间须是线性关系。位移风振系数则相对稳定，对整个区域可采用同一风振系数值。

位移风振系数 β_D 采用如下表达式计算：

$$\beta_D = \frac{Disp_{\text{extre}}}{Disp_{\text{mean}}} = \frac{Disp_{\text{mean}} \pm g \times \sigma_{\text{total}}}{Disp_{\text{mean}}} \tag{5-2}$$

式中　$Disp_{\text{mean}}$——位移均值；

$Disp_{\text{extre}}$——位移极值；

σ_{total}——位移均方差；

g——峰值因子，取 2.5。

应力风振系数 β_σ 采用如下表达式计算：

$$\beta_\sigma = \frac{\sigma_{\text{extre}}}{\sigma_{\text{mean}}} = \frac{\sigma_{\text{mean}} \pm g \times \sigma_{\text{total}}}{\sigma_{\text{mean}}} \tag{5-3}$$

式中　σ_{mean}——应力均值；

σ_{extre}——应力极值；

σ_{total}——应力均方差；

g——峰值因子，取 2.5。

根据 40m^{2}定日镜风振响应有限元分析和风洞试验风振响应测试结果，风振系数取值建议根据结构的阻尼比选取合理的风振系数。当结构阻尼比为 1%～3%时，风振系数建议取 1.5～1.8。

第三节　定日镜群镜气动干扰系数研究

基于 40m^{2}塔式定日镜单个定日镜风洞测压试验，进行缩尺比为 1∶20 的群镜干扰试验，通过测量不同位置处单个定日镜镜面的压力分布，得到集热场单镜相互之间的风荷载干扰效应。

一、模型制作

考虑到实际群镜范围以及风洞截面的实际情况，选择模型几何缩尺比为 1∶20，共制作模型 33 个，其中 1 个为测压模型，群镜风洞试验模型如图 5-35 所示。

图 5-35 群镜风洞试验模型图片

模型分五排放置在转盘上，模拟真实镜场交错布置，如图 5-36 所示。通过旋转转盘带动模型转动，模拟不同来流风向；改变模型风攻角，模拟定日镜不同工作时段状态。

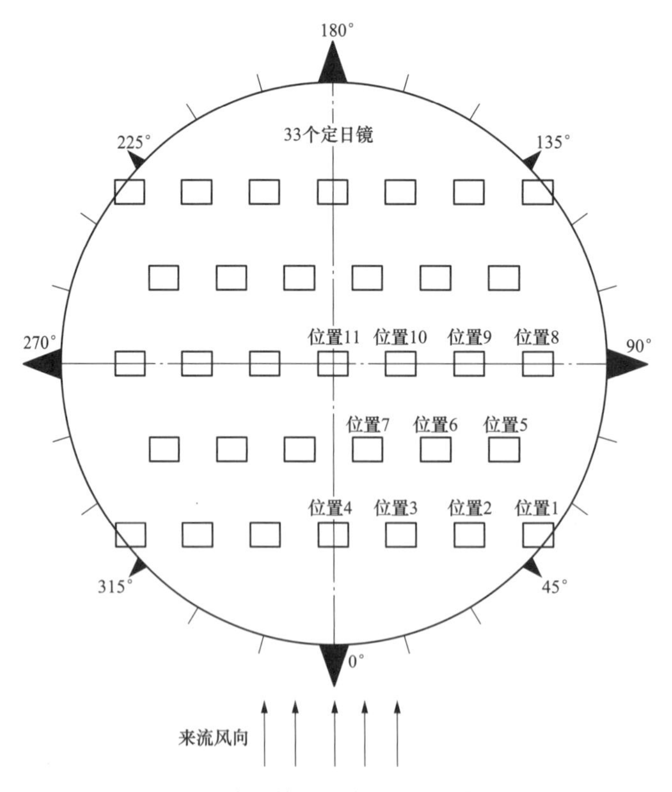

图 5-36 定日镜工况位置及风向角示意图

二、干扰系数定义

（一）三分力干扰系数

因定日镜的排布不同引起不同位置的定日镜实际压力与单个定日镜相应位置压力的区别用三分力干扰系数表示，公式如下：

$$\left.\begin{aligned} R_x &= \frac{C_{xi}}{C_x} \\ R_y &= \frac{C_{yi}}{C_y} \\ R_{M_z} &= \frac{C_{M_z i}}{C_{M_z}} \end{aligned}\right\} \tag{5-4}$$

式中 C_x、C_y、C_{M_z}——试验的三分力系数；

C_{xi}、C_{yi}、$C_{M_z i}$——干扰试验定日镜的三分力系数。

（二）等效体型系数干扰系数

等效体型系数干扰系数 R_μ 采用如下表达式：

$$R_\mu = \frac{\mu_{si}}{\mu_s} \tag{5-5}$$

式中 μ_s——单个定日镜单独试验的等效体型系数；

μ_{si}——干扰试验定日镜的等效体型系数。

三、试验结果分析

（一）边缘处定日镜

边缘处定日镜以位置 1 处定日镜为例进行说明。各工况三分力系数随风向角变化曲线如图 5-37 所示。各工况三分力干扰系数随风向角变化曲线如图 5-38 所示。由三分力系数和三分力干扰系数可知：

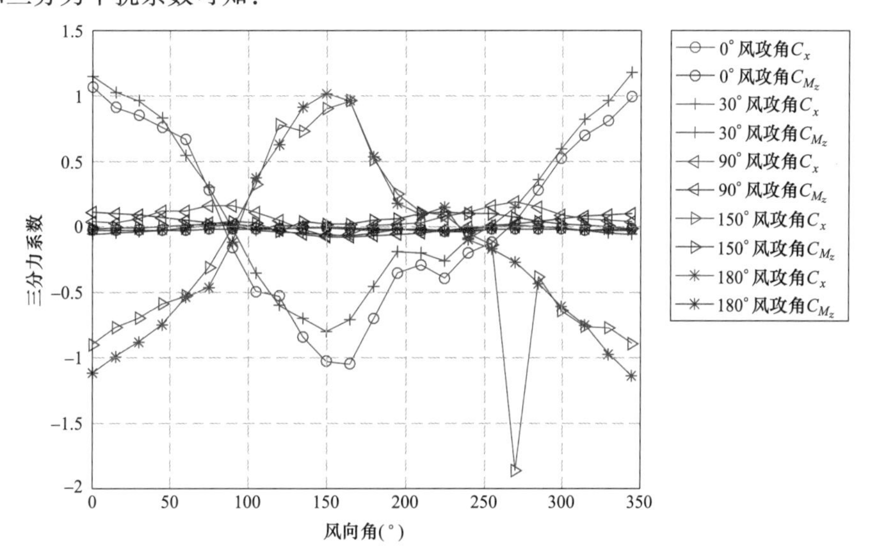

图 5-37 定日镜各工况三分力系数随风向角变化曲线

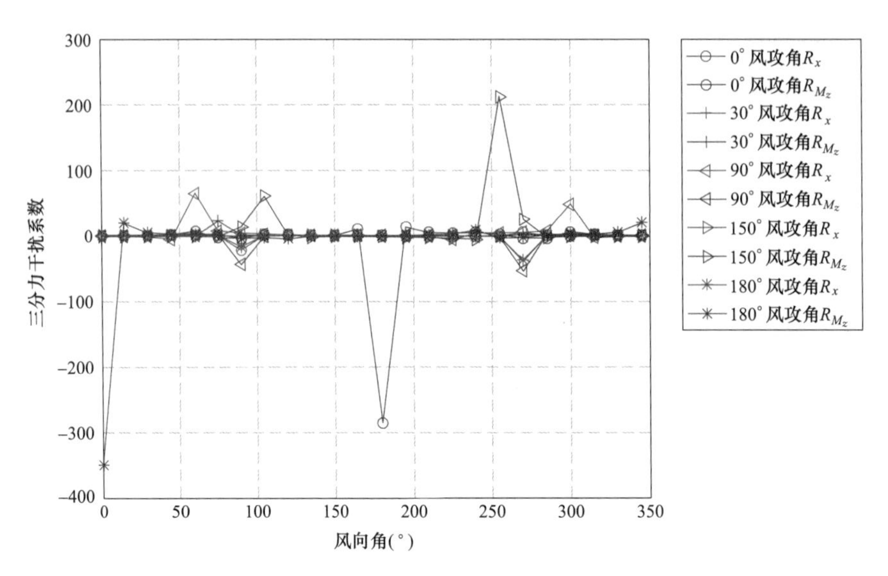

图 5-38　定日镜各工况三分力干扰系数随风向角变化曲线

（1）各工况下力矩系数 C_{M_z} 均较小，90°风攻角时 C_x 也较小，其他风攻角下，风向角从 0°增加到 90°时，C_x 逐渐减小，风向角从 90°增加到 165°时，C_x 逐渐增大，风向角从 165°增加到 270°时，C_x 逐渐减小，风向角从 270°增加到 345°时，C_x 又逐渐增大；

（2）个别工况干扰系数很大，主要是因为此时单个定日镜的力系数很小，考虑干扰效应的定日镜的力系数较大，造成干扰系数很大，但对应的力系数并不是最大的力系数；

（3）大部分工况下 R_x 小于 1，干扰效应减小了 1 位置定日镜的 C_x 值；

（4）大部分工况下 R_{M_z} 大于 1，干扰效应增大了 1 位置定日镜的 C_{M_z} 值。

（二）中部定日镜

中部定日镜以位置 11 处定日镜为例进行说明。各工况三分力系数随风向角变化曲线如图 5-39 所示。各工况三分力干扰系数随风向角变化曲线如图 5-40 所示。

由力系数和力干扰系数可知：

（1）各工况下力矩系数 C_{M_z} 均较小，90°风攻角时 C_x 也较小，0°和 30°风攻角时 C_x 变化较大，风向角从 0°增加到 90°时，C_x 逐渐减小，风向角从 90°增加到 180°时，C_x 逐渐增大，风向角从 180°增加到 270°时，C_x 逐渐减小，风向角从 270°增加到 345°时，C_x 又逐渐增大；

（2）个别工况干扰系数很大，主要是因为此时单个定日镜的力系数很小，考虑干扰效应的定日镜的力系数较大，造成干扰系数很大，但对应的力系数并不是最大的力系数；

（3）0°风攻角和 30°风攻角时 R_x 基本都小于 1，可见干扰效应减小了 11 位置定日镜的 C_x 值，90°风攻角时 R_x 基本都大于 1，可见干扰效应增大了 11 位置定日镜的 C_x 值；

（4）0°风攻角时 R_{M_z} 变化较大，干扰效应对 C_{M_z} 影响波动比较大，30°风攻角时 R_{M_z}

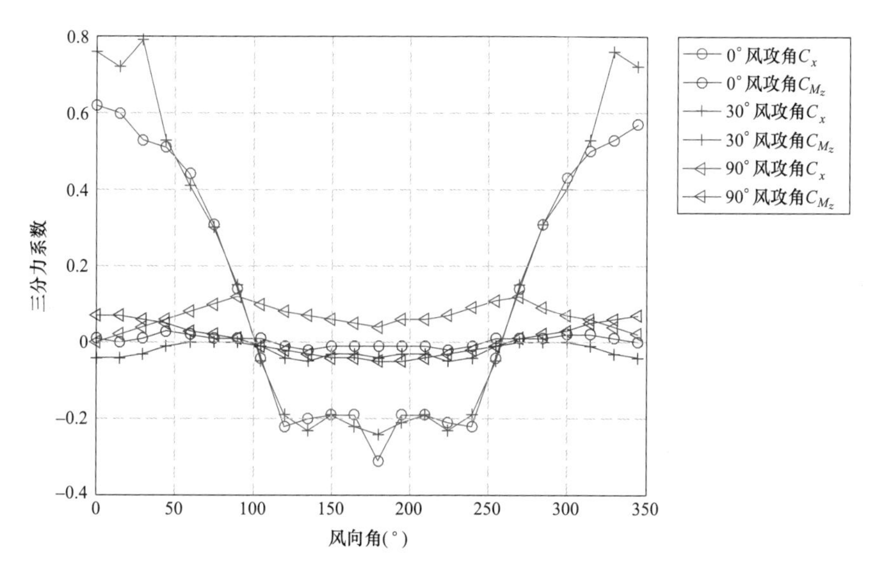

图 5-39　定日镜各工况三分力干扰系数随风向角变化曲线

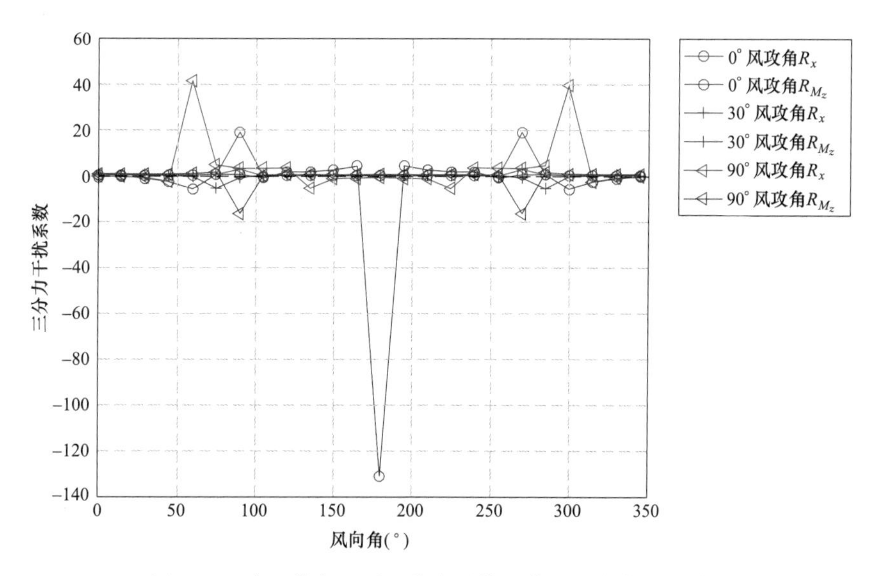

图 5-40　定日镜各工况三分力干扰系数随风向角变化曲线

基本都小于 1，可见干扰效应减小了 C_{M_z} 的值，90°风攻角时 R_{M_z} 在 1 附近波动，干扰效应对 C_{M_z} 的影响很小。

四、干扰系数

为方便工程设计使用的方便，根据位置特点将镜场划分为 3 个区域，如图 5-41 所示，Ⅰ区干扰系数建议采用 1.6～1.8，Ⅱ区干扰系数建议采用 1.3～1.5，Ⅲ区干扰系数建议采用 0.9～1.0。

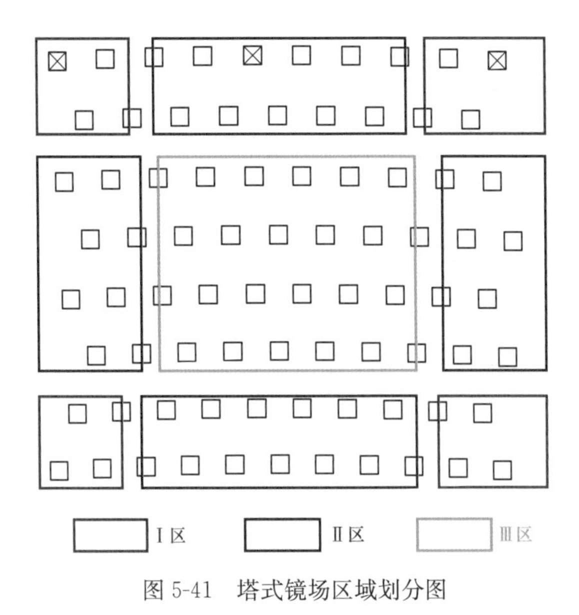

图 5-41　塔式镜场区域划分图

第四节　塔式定日镜支架结构体系分析

定日镜支架呈环状布置，反射的阳光在位于支架环状排列圆心的吸热塔上形成集中光斑，加热熔盐产生热量。而镜场往往位于地广人稀的戈壁，享受着丰富光资源的同时，面临较大的风荷载，所以如何保证在风荷载作用下，定日镜支架镜面的反射光斑始终位于吸热塔塔身范围内是定日镜支架设计首先需要解决的问题，如图 5-42 所示。定日镜支架多采用冷弯薄壁型钢构件，现场不易开展焊接工作，另外光热太阳能电站的支架运输成本较高，所以如何做到高效、高质量地运输和安装是第二大要解决问题。分别选取安装 40、90、140m^2镜面的定日镜支架作为研究对象，在满足结构指标和工艺指标的前提下开展结构分析。

图 5-42　定日镜反射形成集中光斑（调试过程中）

一、结构体系选型

考虑到所有构件在拼装前均需要运输，所有构件在钢结构加工厂出厂时均为平面构件，所以将定日镜支架分解为钢柱、抗扭钢梁、平面桁架和镜面桁架，其中镜面桁架由主檩条和次檩条组成。

平面桁架和镜面桁架均由冷弯薄壁矩形管焊接而成。次檩条的设置增加了镜面结构平面外刚度。钢柱及抗扭钢梁为直焊缝焊管，钢柱柱脚刚接于混凝土独立基础，钢柱柱头及抗扭钢梁通过法兰连接于减速机推杆旋转装置；平面桁架上下弦及腹杆均为冷弯成型矩形管，管件间通过相贯焊连接，平面桁架在跨中通过法兰与抗扭钢梁连接；主檩条通过热轧角钢及螺栓连接于平面桁架上弦杆节点处；次檩条连接于主檩条侧面，上表面与主檩条平。定日镜镜面采用玻璃镜面，通过支架支承于主檩条上翼缘；平面桁架及主、次檩条均在工厂预起拱。塔式太阳能光热发电定日镜支柱及镜面支架结构组成见图5-43。

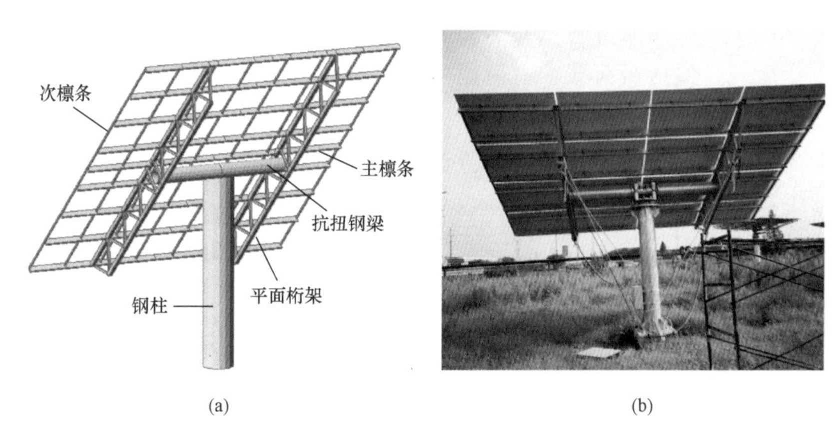

(a)　　(b)

图 5-43　定日镜支柱及镜面支架结构组成

(a) 40m²定日镜支架建模图；(b) 40m²定日镜支架实拍图

二、结构体系计算分析

(一) 计算模型

考虑到计算量与计算效率等因素，在三维有限元整体模型中，所有单元均采用梁单元模拟。释放平面桁架腹杆两端转动自由度，实现平面桁架腹杆两端铰接的假定；主檩条通过设置刚性连接，实现主檩条连续通过平面桁架上弦节点但与该节点铰接的假定；次檩条通过释放两端节点转动自由度实现与主檩条铰接的假定；抗扭钢梁与平面桁架间通过设置刚性连接耦合抗扭钢梁端部及中部节点（40m²定日镜支架仅为抗扭钢梁端部节点）与抗扭钢梁邻近的平面桁架上、下弦四个节点的全部自由度，实现抗扭钢梁与平面桁架间的刚接假定。对于定日镜支架结构的计算分析采用有限元软件 MIDAS v8.21 进行。

(二) 定日镜支架结构计算工况

塔式太阳能光热发电定日镜镜面支架及支架结构设计时，在不同的工况下所考虑的风荷载值，以及定日镜与水平地面的夹角是不一样的，需结合工艺的要求确定，如

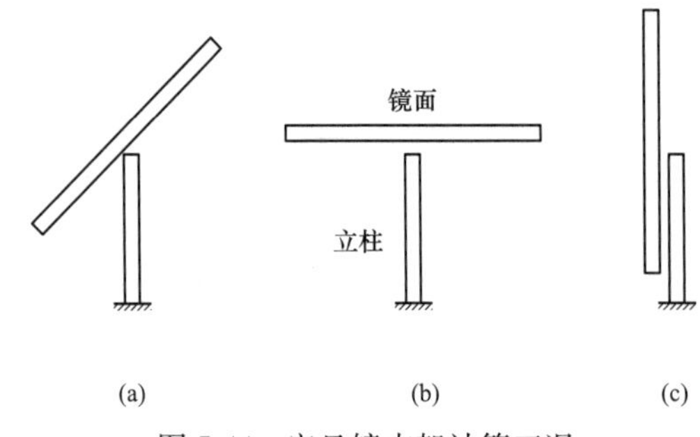

图 5-44 定日镜支架计算工况

（a）正常运行工况；（b）避险工况；（c）清洗工况

图 5-44 所示。具体内容如下：

1. 正常运行工况

正常运行风速为 15m/s（离地 10m 高度处 3s 时距瞬时风速），镜面与水平地面夹角考虑在 0°～90°之间变化。

2. 避险工况

考虑到光热电站布置区域限制，设计基本风压分别取 0.5、0.6、0.7、0.8kN/m^2，镜面与水平地面夹角为 0°。

3. 清洗工况

考虑风速为 20m/s（离地 10m 高度处 3s 时距瞬时风速），镜面与水平地面夹角为 90°。

（三）荷载及荷载组合

对于定日镜支架结构而言，主要承受以下荷载：

（1）可变荷载：包括风荷载、雪荷载和温度荷载。

（2）永久荷载：重力荷载。

（3）动荷载：回转机构和直线减速机转动时的惯性荷载。

（4）地震荷载等。

在实际情况中，对于单个定日镜而言，因其常采用轻钢结构，自身重量较小，地震作用效应较小；同时，在定日镜运行旋转-俯仰模式下的速度较慢，回转减速机和直线减速机转动时所产生的惯性荷载较小。但是定日镜的镜面面积一般较大，从几十到一百多平方米不等，故迎风面较大，同时定日镜支架结构为单柱支撑的悬臂式结构，在风荷载作用下存在着风致响应问题，所以风荷载对定日镜支撑结构的强度和稳定性影响较大，上述两种荷载与风荷载相比可以忽略。对于定日镜支架结构的风荷载相关计算参数的取值采用风洞试验相关结果，在此不再赘述。荷载组合按照现行国家规范执行。

（四）计算结果及分析

1. 结构基本自振周期及振型

定日镜支柱及镜面支架结构的基本自振周期和振型因镜面倾角、基本风压的不同而不同，本节仅给出典型倾角下支架结构的自振周期（见表 5-4、表 5-5）及振型，振型示意图仅给出前三阶，如图 5-45 和图 5-46 所示。

表 5-4　　40m^2镜面定日镜支架 45°倾角时自振周期

模态号	1	2	3	4	5	6	7	8	9	10
周期（sec）	0.234	0.196	0.174	0.143	0.120	0.115	0.110	0.105	0.102	0.084

表 5-5　　140m^2镜面定日镜支架 45°倾角时自振周期

模态号	1	2	3	4	5	6	7	8	9	10
周期（sec）	0.409	0.360	0.294	0.186	0.179	0.178	0.135	0.135	0.106	0.093

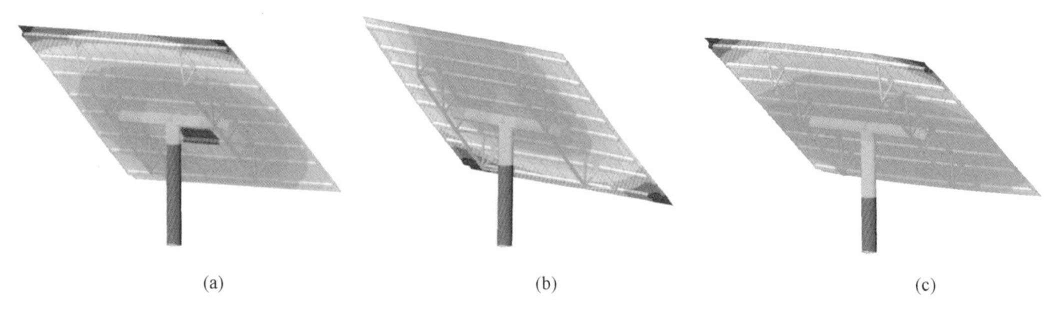

图 5-45　40m² 镜面定日镜支架 45°倾角振型图

（a）第一振型；（b）第二振型；（c）第三振型

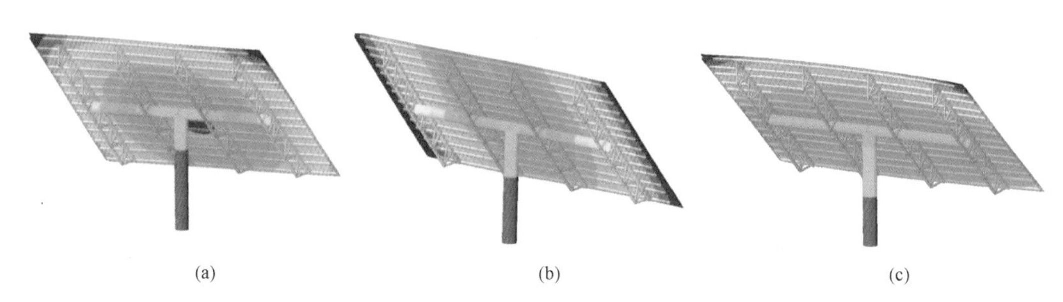

图 5-46　140m² 镜面定日镜支架 45°倾角振型图

（a）第一振型；（b）第二振型；（c）第三振型

2. 结构变形验算

在定日镜正常运行时，为控制光斑不因结构变形而漂移，因此对正常运行时结构钢柱与抗扭钢梁连接位置绕各整体坐标轴的转角提出限值要求，应保证转角大小不超过 1.5×10^{-3} rad。

由计算结果可知，对于两种镜面面积的定日镜支架，该位置转角均能满足上述限值要求，如图 5-47 和图 5-48 所示。

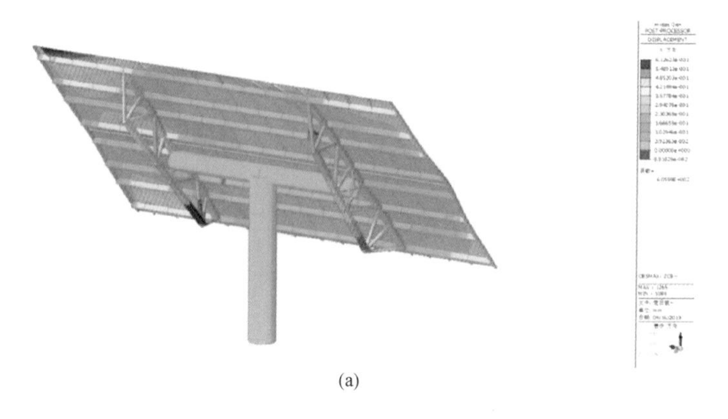

(a)

图 5-47　40m² 镜面支架结构 45°倾角时整体位移云图（单位：mm）（一）

（a）D_x

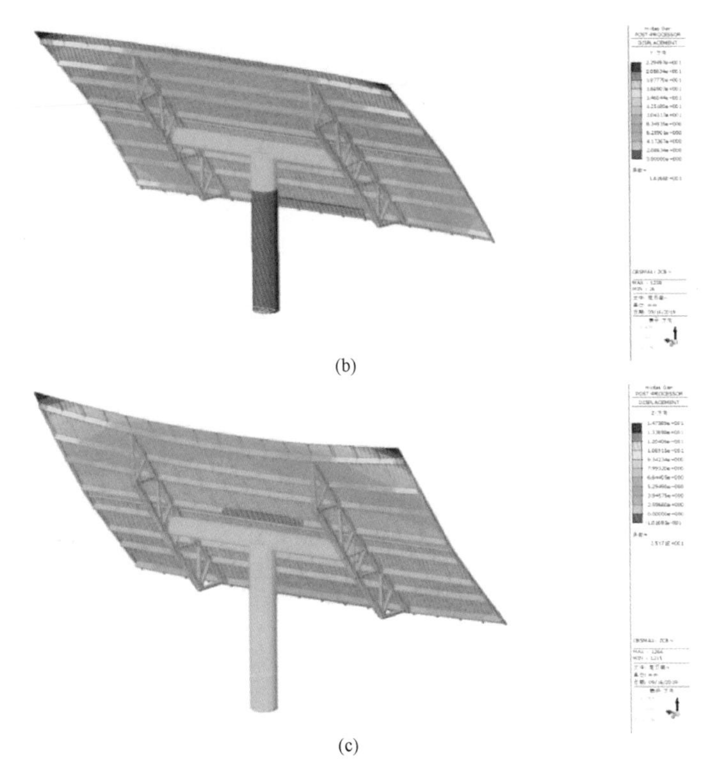

(b)

(c)

图 5-47　40m^{2}镜面支架结构 45°倾角时整体位移云图（单位：mm）（二）

（b）D_y；（c）D_z

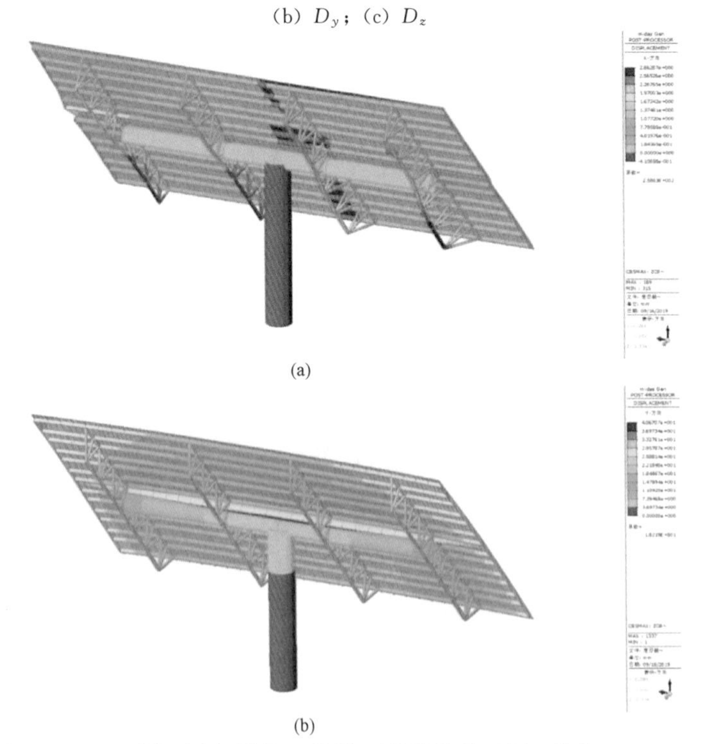

(a)

(b)

图 5-48　140m^{2}镜面支架结构 45°倾角时整体位移云图（单位：mm）（一）

（a）D_x；（b）D_y

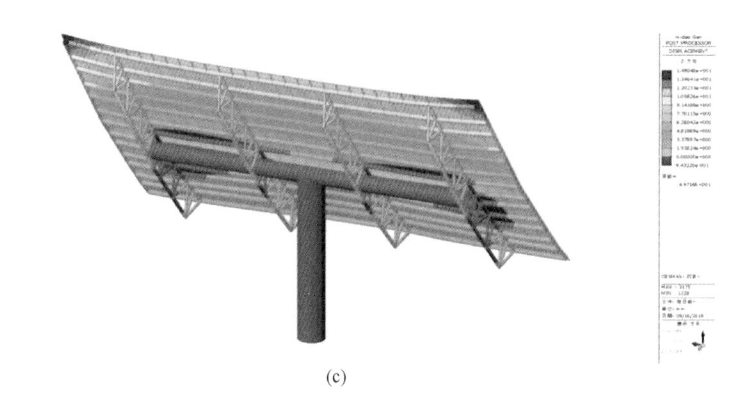

(c)

图 5-48　140m²镜面支架结构 45°倾角时整体位移云图（单位：mm）（二）

（c）D_z

3. 结构构件计算及检验

定日镜支架结构的构件设计按照现行国标《钢结构设计标准》（GB 50017—2017）的要求，在有限元设计软件 MIDASGen 中完成，结构构件的应力比应不大于 1.0。

三、主要技术指标

所有钢结构构件均采用 Q355B 钢。40、90、140m²镜面塔式太阳能光热发电定日镜支柱及镜面支架结构典型截面形式见表 5-6。表中给出了对应于不同基本风压时结构构件的截面尺寸，同时还用每平方米用钢量的形式给出了塔式太阳能光热发电定日镜支柱及镜面支架结构的技术指标。

表 5-6　　塔式太阳能光热发电定日镜支柱及镜面支架结构典型截面形式　　单位：mm

镜面尺寸	构件名称	基本风压（kN/m²）			
		0.5	0.6	0.7	0.8
		截面规格			
40m²镜面支架结构	钢柱	圆管 380×8	圆管 380×8	圆管 380×8	圆管 380×8
	抗扭钢梁	圆管 230×6	圆管 250×6	圆管 280×6	圆管 300×6
	平面桁架上弦杆	矩管 90×50×3	矩管 100×50×3	矩管 100×50×3	矩管 120×50×3
	平面桁架下弦杆	矩管 80×40×2	矩管 80×40×2	矩管 80×40×2	矩管 80×40×2
	平面桁架腹杆	方管 40×1.5	方管 40×1.5	方管 40×1.5	方管 40×1.5
	主檩条	方管 70×3	方管 80×3	方管 80×4	方管 90×4
	次檩条	方管 60×3	方管 60×3	方管 60×3	方管 60×3
	总用钢量（kg/m²）	21.85	23.63	26.54	29.57
	镜面结构用钢量（kg/m²）	13.28	14.78	17.28	20.04
	钢柱钢梁用钢量（kg/m²）	8.57	8.85	9.26	9.53
90m²镜面支架结构	钢柱	圆管 600×12	圆管 600×12	圆管 600×12	圆管 600×12
	抗扭钢梁	圆管 320×8	圆管 320×10	圆管 320×12	圆管 320×14
	平面桁架上弦杆	矩管 140×80×4	矩管 140×80×4	矩管 140×80×4	矩管 140×80×4

续表

镜面尺寸	构件名称	基本风压（kN/m²）			
		0.5	0.6	0.7	0.8
		截面规格			
90m²镜面支架结构	平面桁架下弦杆	矩管 60×40×2	矩管 60×40×2	矩管 60×40×2	矩管 60×40×2
	平面桁架腹杆	方管 50×2	方管 50×2	方管 50×2	方管 50×2
	主檩条	矩管 120×60×3	矩管 120×60×3	矩管 120×80×3	矩管 120×80×3
	次檩条	方管 60×3	方管 60×3	方管 60×3	方管 60×3
	总用钢量（kg/m²）	34.13	35.49	38.65	39.99
	镜面结构用钢量（kg/m²）	19.38	19.38	21.19	21.19
	钢柱钢梁用钢量（kg/m²）	14.74	16.11	17.46	18.79
140m²镜面支架结构	钢柱	圆管 720×16	圆管 720×16	圆管 720×16	圆管 720×16
	抗扭钢梁	圆管 430×10	圆管 430×12	圆管 480×12	圆管 520×12
	平面桁架上弦杆	矩管 200×100×4	矩管 200×120×4	矩管 220×140×4	矩管 250×150×4
	平面桁架下弦杆	矩管 140×80×4	矩管 140×80×4	矩管 140×80×4	矩管 140×80×4
	平面桁架腹杆	方管 60×2	方管 60×2	方管 60×2	方管 60×2
	主檩条	矩管 120×50×3	矩管 120×50×4	矩管 120×60×5	矩管 120×80×5
	次檩条	矩管 120×50×2.5	矩管 120×50×2.5	矩管 120×50×2.5	矩管 120×50×2.5
	总用钢量（kg/m²）	38.89	42.57	48.75	52.69
	镜面结构用钢量（kg/m²）	19.94	22.02	27.03	30.03
	钢柱钢梁用钢量（kg/m²）	18.95	20.55	21.72	22.66

根据表 5-6 的数据，将不同面积定日镜在不同风压下的镜面结构单位面积用钢量绘制成图，如图 5-49 所示，由图可知：

（1）随着镜面面积的增大，镜面结构单位面积用钢量增加；随着基本设计风压的增大，镜面结构单位面积用钢量增加。

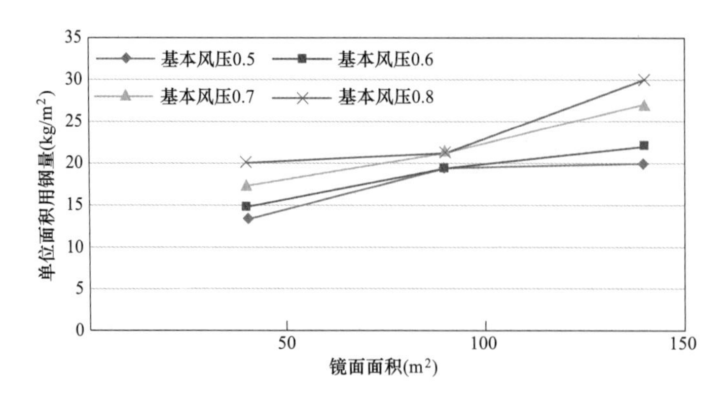

图 5-49　不同面积定日镜在不同风压下的镜面结构单位面积用钢量

（2）基本风压不大于0.6kN/m^{2}时，镜面面积从40m^{2}增大到90m^2，镜面结构用钢量增大的幅度大于镜面面积从90m^{2}增大到140m^{2}的情况，说明选用较大面积的定日镜较经济。

（3）基本风压大于0.6kN/m^{2}时，镜面面积从40m^{2}增大到90m^2，镜面结构用钢量增大的幅度小于镜面面积从90m^{2}增大到140m^{2}的情况，说明选用较小面积的定日镜较经济。

第五节　小　　结

（1）对于40m^{2}和140m^{2}塔式定日镜单镜模型刚性测压试验表明，两种面积定日镜的表面风压分布规律是一致的，不同风攻角下镜面风压分布随风向角变化趋势也类似，但是两种面积定日镜在相同风攻角与风向角工况下的体型系数取值并不相同。总体而言，40m^{2}定日镜比140m^{2}定日镜的风荷载体型系数取值更大。

（2）比较40m^{2}塔式定日镜单镜测压试验和测力试验得到的力系数可知，两者随风向角变化趋势基本一致，但数值存在一定差异。结果表明桁架、横梁等支架增大了C_{F_x}和C_{M_Y}的取值，即钢结构支架增大了风对结构的阻力和扭矩。

（3）对于40m^{2}塔式定日镜的群镜模型试验表明，对于边缘处定日镜，力系数和等效体型系数对应的干扰系数几乎都大于1，中部定日镜干扰系数几乎都小于1，说明干扰效应增大了边缘处定日镜风荷载而减小了中部定日镜的风荷载。

（4）为方便工程设计使用，根据位置特点将镜场划分为3个区域，Ⅰ区干扰系数建议采用1.6～1.8，Ⅱ区干扰系数建议采用1.3～1.5，Ⅲ区干扰系数建议采用0.9～1.0。

（5）40m^{2}塔式定日镜单镜气弹模型测振试验与风振响应有限元分析表明，主檩条端部位置的加速度和位移响应最大，桁架梁中间部位的杆件应力响应最大，且各响应均方差值随阻尼比的增大而减小。当结构阻尼比为1%～3%时，风振系数建议取1.5～1.8。

第六章

槽式电站集热场反射镜风洞试验及设计方法研究

第一节　反射镜类型和基本特点

槽式太阳能热发电技术中，集热器是将太阳辐射能转换为热能的核心设备，主要原理是利用集热器上的反射镜将太阳光反射至位于反射镜焦线处的集热管表面。通常将单独的集热器支架作为集热器最小单元（简称 SCE），一段集热管贯穿若干个刚性串联的 SCE，通常将串联的 SCE 称之为集热器组串（简称 SCA）。将若干个 SCA 柔性串联，即不同 SCA 之间结构本体相互独立，形成槽式集热器回路（简称 LOOP）。槽式太阳能集热场如图 6-1 所示。根据连接方式，将研究对象分为 SCE 和 SCA。目前，通常默认弦长大于 5.76m 为大开口集热器，开口弦长的增加能够提高集热器的效率，近年来多个研究机构都致力于高效率集热器的开发，如 Skyfuel 在 2014 年开发出使用反射膜技术的大开口 Sky Trough DSP 集热器，开口弦长为 7m；Flabeg 和 SBP 联合设计的 Ultimate Trough，开口弦长达 7.51m；阿本戈 Abengoa 新一代槽式集热器，其开口弦长达 8.2m，可见槽式集热器在朝着大开口的方向发展。

图 6-1　槽式太阳能集热场

槽式太阳能集热场占地面积大、造价高，且光热电站场地多处于偏远地区，运距远，因此构建适宜的支架结构体系显得十分重要。槽式太阳能集热场反射镜为抛物线曲面，主要荷载为风荷载，而在我国规范中没有相关规定。槽式太阳能集热场中外部反射镜对内部反射镜有明显的遮挡效应，在反射镜支架结构设计中考虑遮挡效应将会产生较大的经济效益。因此，有必要开展槽式太阳能集热场结构风荷载取值和反射镜支架结构体系的研究。

第二节　单个槽式反射镜风洞试验研究

一、刚性模型测压试验

针对开口弦长为 8.6m 和 5.7m 的两种槽式反射镜，分别制作模型缩尺比为 1：17.2 和 1：17 的刚性模型进行测压试验，风洞试验模型如图 6-2 所示。

图 6-2　风洞试验模型

槽式反射镜风洞试验中风攻角 α、风向角 β 定义如图 6-3 所示，其中风攻角指模型绕扭矩框与立柱的交点沿竖直平面的转动；风向角指模型沿水平面的转动，$\beta=0°$时镜面开口方向迎风。

以槽式反射镜镜面旋转中心点（槽式反射镜与立柱交点）为原点，建立以 x 轴为沿曲面中心点至原点连线方向、y 轴与反射镜开口弦线平行、z 轴沿反射镜纵向轴线方向的三分力坐标轴系，如图 6-4 所示。该坐标系为体轴坐标系，即保持与截面相对位置恒定且随着反射镜的转动而转动。

气动三分力系数定义如下：

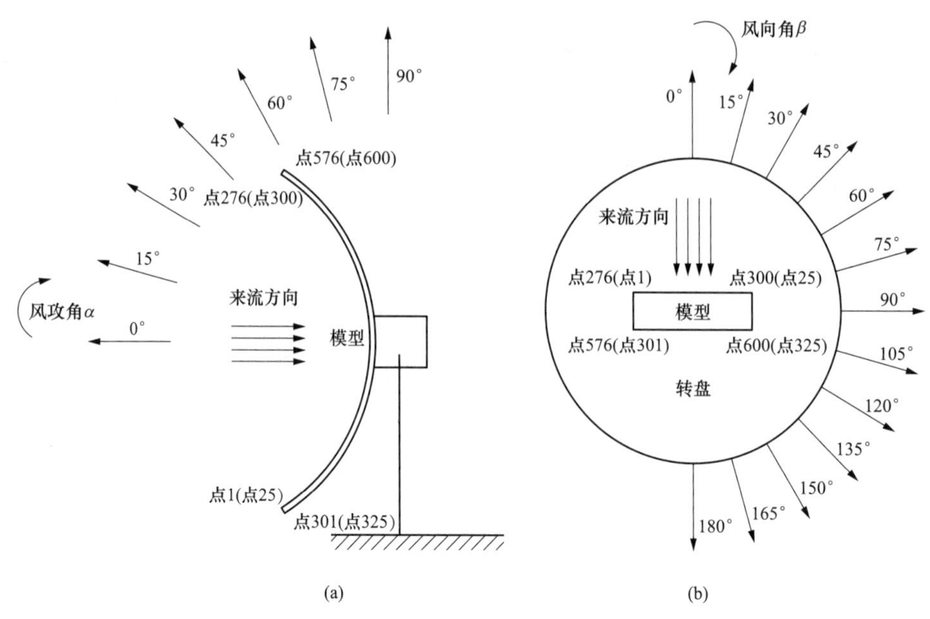

图 6-3　风洞试验的风攻角与风向角定义

(a) 风攻角 α 定义；(b) 风向角 β 定义

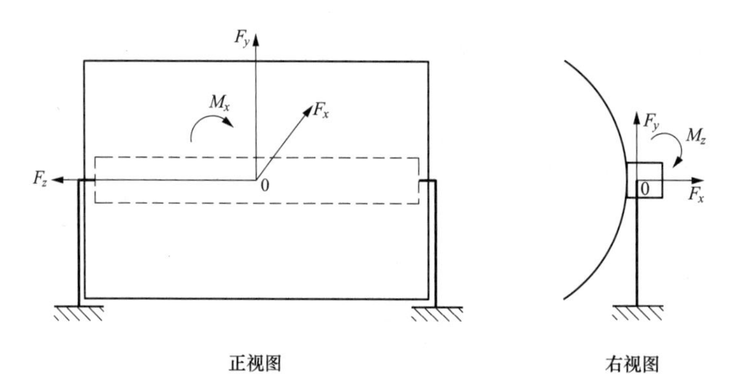

图 6-4　风荷载气动力分量及方向示意图

$$\left.\begin{aligned} C_x &= \frac{F_x}{\frac{1}{2}\rho U^2 BL} \\ C_y &= \frac{F_y}{\frac{1}{2}\rho U^2 BL} \\ C_{M_z} &= \frac{M_z}{\frac{1}{2}\rho U^2 B^2 L} \end{aligned}\right\} \tag{6-1}$$

式中　ρ——空气密度；

U——试验中对应原型 10m 高度处的风速；

F_x、F_y、M_z ——风荷载引起的三个方向的力（力矩）；

B——模型的开口宽度；

L——模型沿 z 方向上的尺寸，此处即为一个 SCE 的设计长度。

根据试验测试的反射镜表面压力分布，积分后可以得到式中的三向气动力，根据上述各式可以计算压力积分得到的气动三分力系数。

（一）开口弦长 8.6m 反射镜力系数

根据压力积分得到的 8.6m 开口槽式反射镜的气动力系数，其中不同风攻角下三分力系数随风向角的变化曲线如图 6-5 所示。

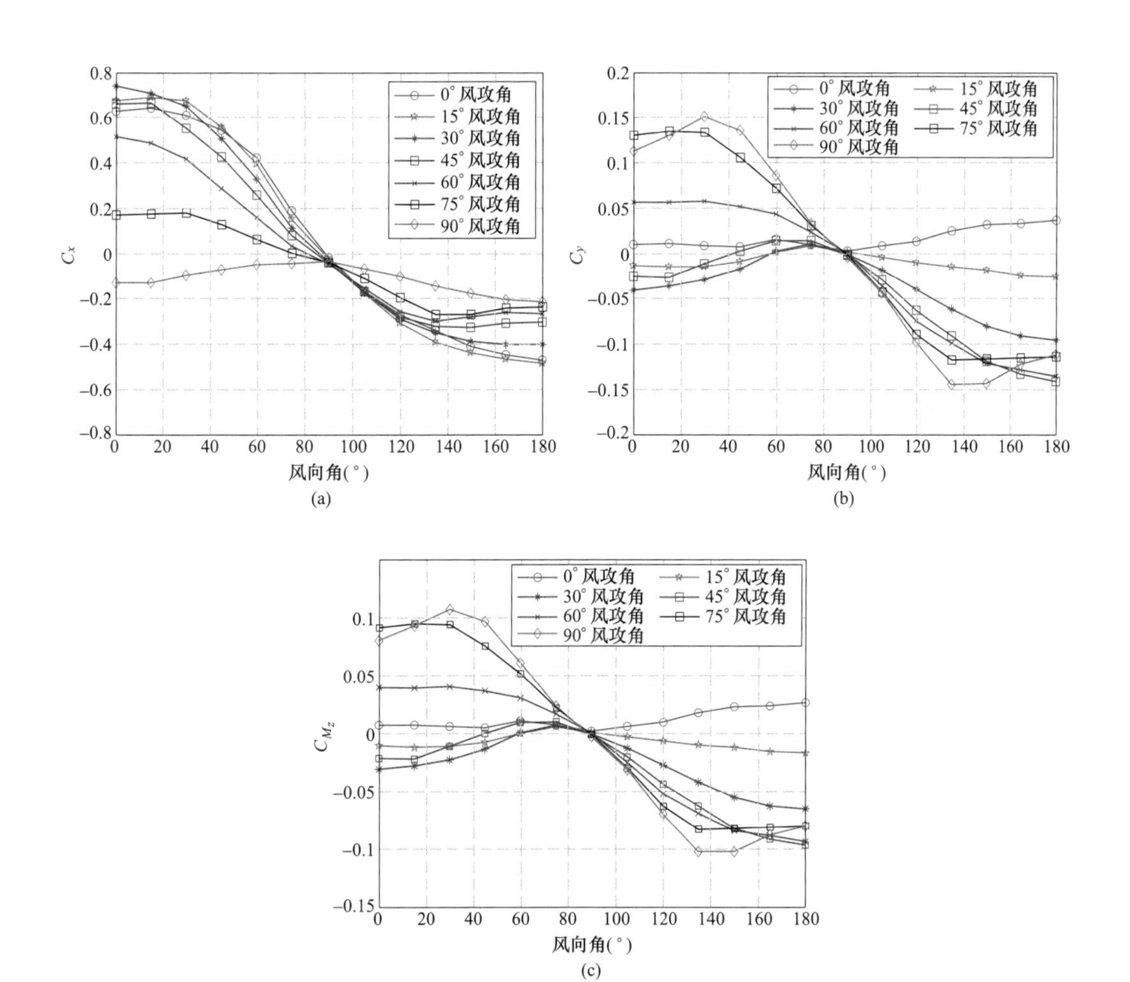

图 6-5　开口弦长 8.6m 反射镜三分力系数随风向角的变化曲线

(a) C_x 随风向角变化曲线；(b) C_y 随风向角变化曲线；(c) C_{M_z} 随风向角变化曲线

由图可知，C_x 的最大值出现在 $\alpha=30°$、$\beta=0°$时；C_y 的最大值出现在 $\alpha=90°$、$\beta=30°$时；C_{M_z} 的最大值出现在 $\alpha=90°$、$\beta=30°$时。

（二）开口弦长 5.7m 反射镜力系数

根据压力积分得到的 5.7m 开口槽式反射镜的气动力系数，其中不同风攻角下三分力系数随风向角的变化曲线如图 6-6 所示。

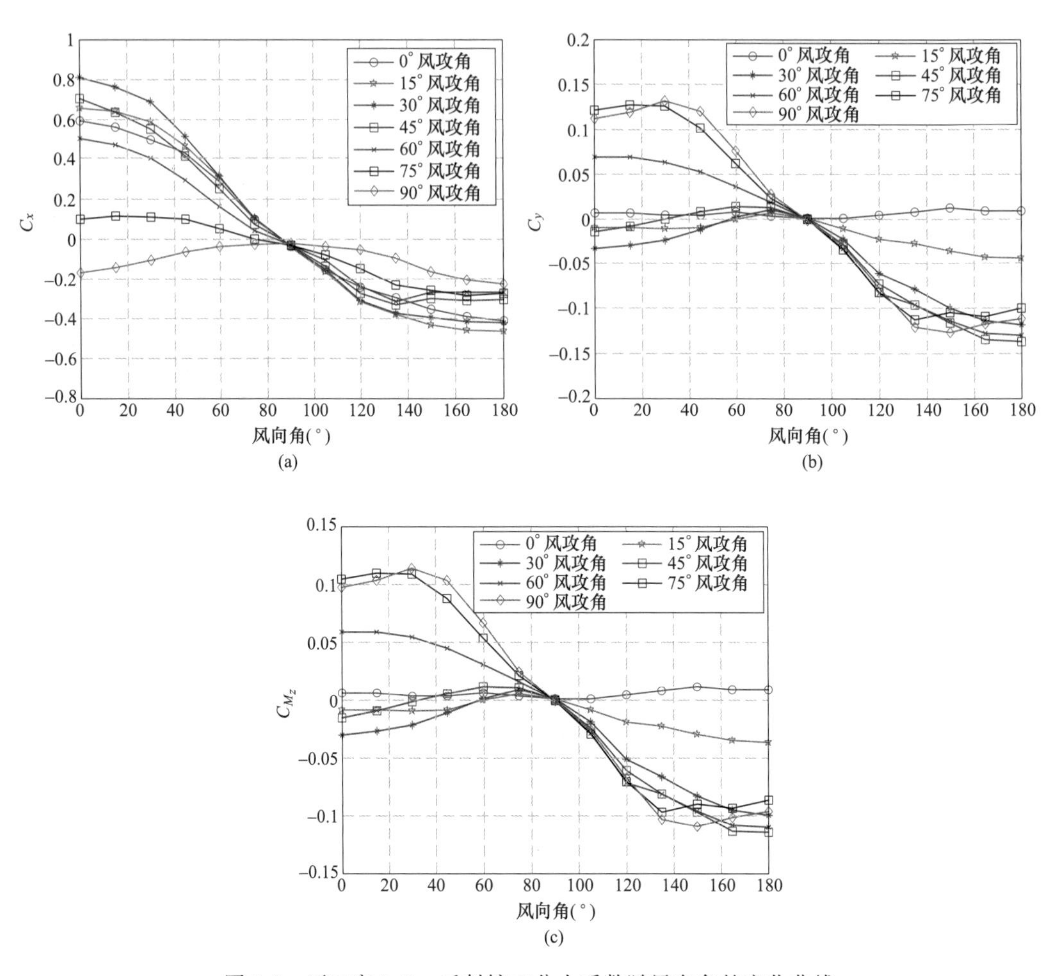

图 6-6 开口宽 5.7m 反射镜三分力系数随风向角的变化曲线

(a) C_x 随风向角变化曲线；(b) C_y 随风向角变化曲线；(c) C_{M_z} 随风向角变化曲线

由图可知，C_x 的最大值出现在 $\alpha=30°$、$\beta=0°$时；C_y 的最大值出现在 $\alpha=45°$、$\beta=180°$时；C_{M_z} 的最大值出现在 $\alpha=45°$、$\beta=180°$时。

（三）不同开口弦长单反射镜力系数分析

对比不同风向角工况下不同开口弦长反射镜三分力系数，如图 6-7 所示。两种反射镜在不同工况下，镜面三分力系数随风向角、风攻角的变化规律大体一致，迎风面投影面积较大的工况，三分力系数值较大。力系数 C_x 的最大值出现在 $\alpha=30°$、$\beta=0°$时，且开口弦长 5.7m 的反射镜 C_x 值更大，开口弦长 8.6m 反射镜比 5.7m 反射镜极大值小 9%；力系数 C_y 、C_{M_z} 的值较接近，极大值偏差分别为 7%和 8%。

综合分析可知，两种开口弦长反射镜力系数的偏差包含了试验误差，但更多的应该与反射镜的开口弦长有关。

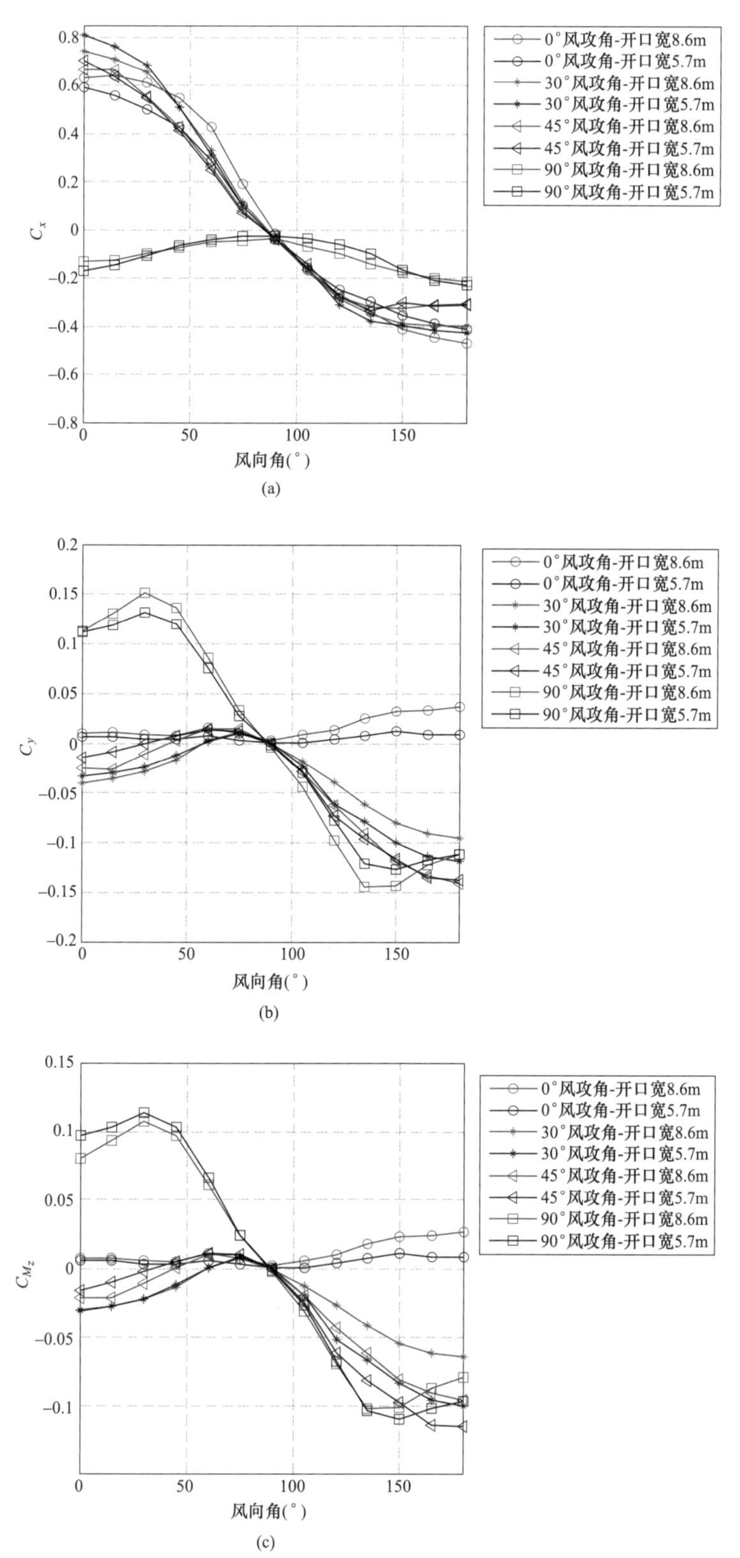

图 6-7　不同开口宽反射镜试验三分力系数对比

(a) C_x 随风向角的变化；(b) C_y 随风向角的变化；(c) C_{M_z} 随风向角的变化

二、刚性模型测力试验

为了更加准确地确定槽式反射镜1个SCE上的气动力荷载，并与压力积分结果进行比较，专门制作了8.6m开口宽的反射镜刚性测力模型进行风洞测力试验，镜面布置与前述测压试验一致，模型比例为1∶17.2，测力模型如图6-8所示。

测力试验中风攻角和风向角定义与测压模型一致。

图6-8　开口弦长8.6m反射镜测力模型

（一）测力模型气动力系数

根据测力试验结果，各风攻角下反射镜六分量气动力系数随风向角变化曲线如图6-9所示。

由图可知，测力试验得到的力系数 C_x 在45°和30°风攻角时最大，各风攻角下力系数基本均随着风向角的增大而减小；C_y 在90°风攻角时达到最大值，力系数随着风向角的增大先略微增大然后减小；轴向力系数 C_z 随风向角在0°～90°和180°～90°呈对称的变化趋势，但是力系数数值比较小，比 C_x 和 C_y 小一个数量级，在60°风向角出现极大值；弯矩系数 C_{M_z} 在90°风攻角和30°风向角时出现最大值，而弯矩系数 C_{M_x} 和 C_{M_y} 量值更小，比 C_{M_z} 小一个数量级。

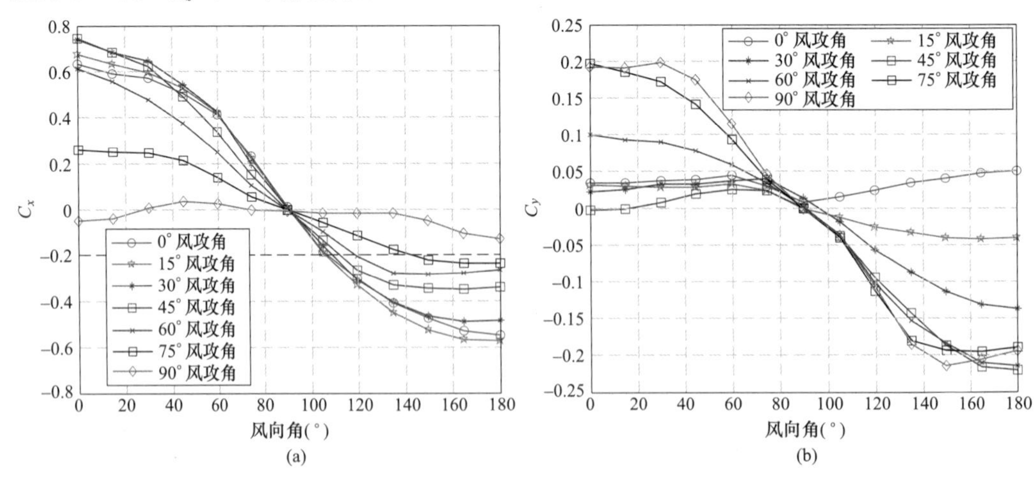

图6-9　各风攻角下气动力系数随风向角变化曲线（一）

（a）C_x 随风向角变化曲线；（b）C_y 随风向角变化曲线

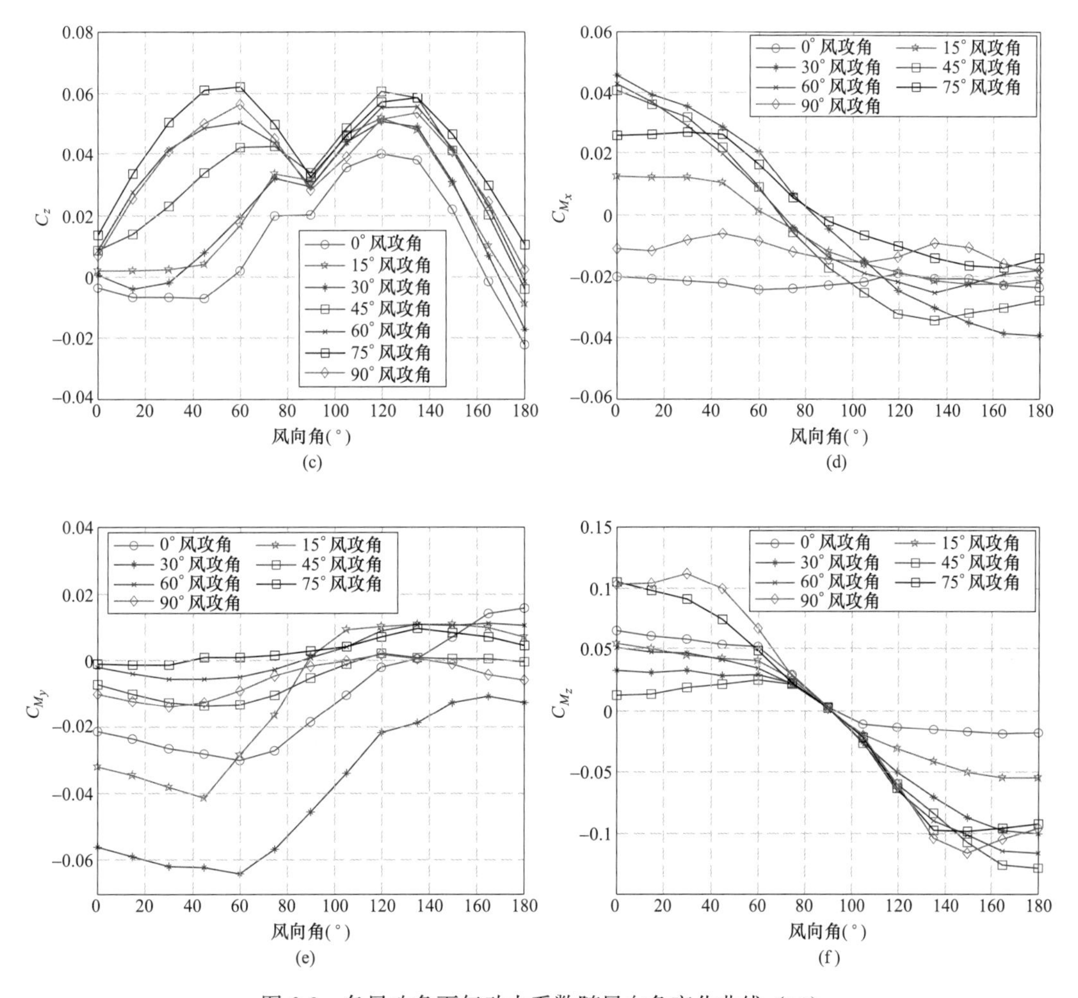

图 6-9　各风攻角下气动力系数随风向角变化曲线（二）

（c）C_z 随风向角变化曲线；（d）C_{M_x} 随风向角变化曲线；

（e）C_{M_y} 随风向角变化曲线；（f）C_{M_z} 随风向角变化曲线

此外，分析表明 0°和 180°风向角时各力系数绝对值略微存在偏差，表明槽式反射镜开口迎风和背面迎风时的力系数差异，主要是由于光滑镜面与桁架直接迎风形成的绕流形态差异引起的。

（二）测压和测力模型气动力系数对比

槽式反射镜所受到的风荷载主要来自于镜面，但是格构式支撑桁架在气流作用下也会产生一定的风荷载，两者之间的差别及桁架的影响作用可以通过测力试验和压力积分得到的气动力系数差异来反映。反射镜的风洞测压试验仅能测得反射镜镜面所受风压形成的气动力，而反射镜测力试验不但测试镜面的荷载，还包含了支撑翼和扭矩框所受的力。槽式反射镜在测压和测力试验得到的气动力系数对比如图 6-10 所示，由图可知：

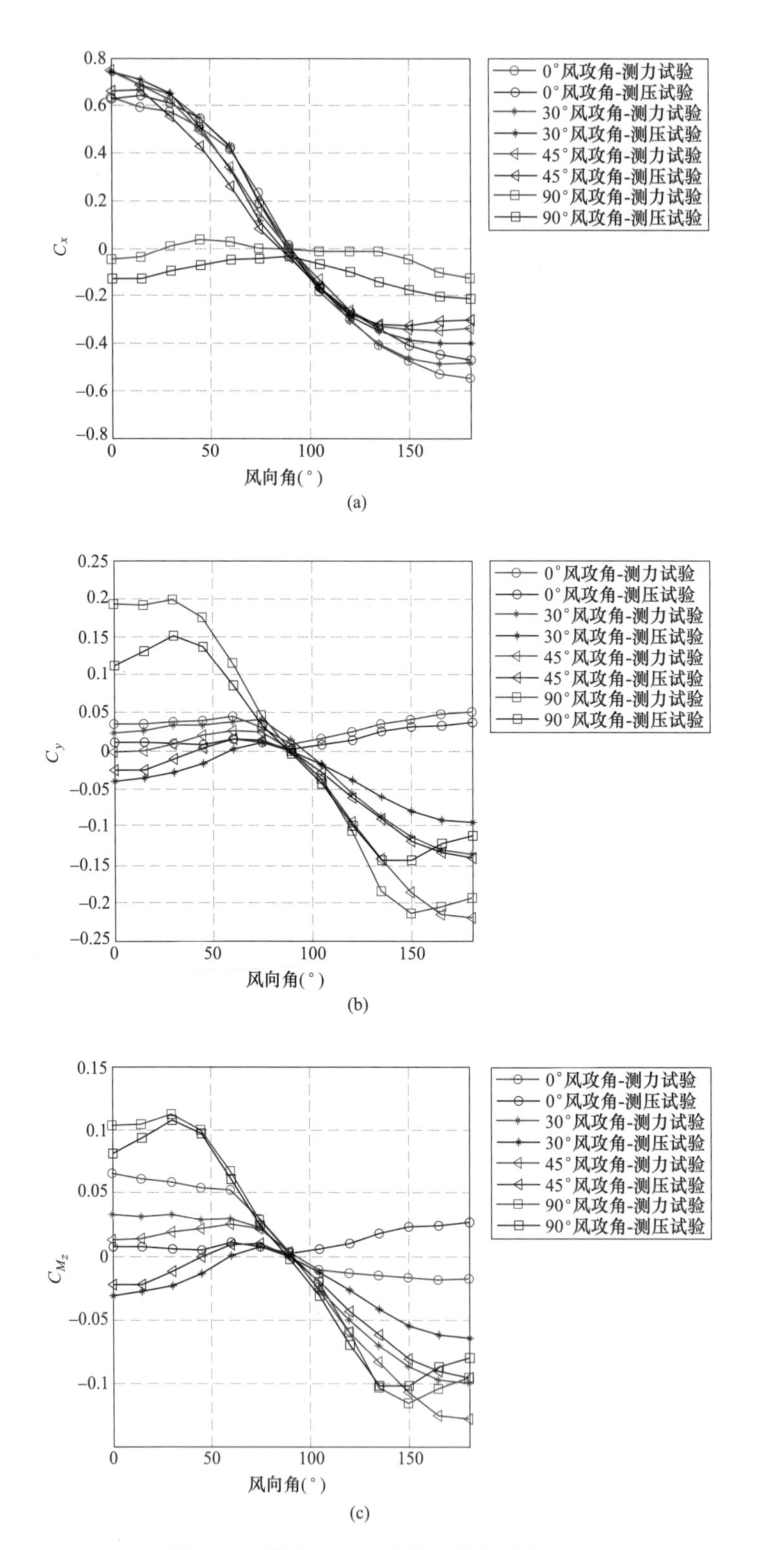

图 6-10 测力、测压试验三分力系数对比

(a) C_x 随风向角的变化；(b) C_y 随风向角的变化；(c) C_{M_z} 随风向角的变化

（1）测压试验和测力试验得到的气动力系数，在不同风攻角下随风向角的变化趋势一致，但是气动力系数的具体数值存在一定差异，测力试验得到的气动力系数更大，表明支撑桁架部分的风荷载不能简单忽略；

（2）气动力系数 C_x 在风攻角 0°、30°和 45°数值较大时，测力试验结果与测压试验结果数值较接近，但是 150°～180°风向角时两种试验结果偏差较大，表明支撑桁架会显著提升这些工况的设计风荷载；

（3）测力试验结果中的 C_y、C_{M_z} 普遍比测压结果更大，体现了支撑桁架对反射镜结构 Y 向、扭矩方向受力有较明显影响。

三、风振系数研究

（一）SCE 单元风振响应和风振系数

针对开口弦长 8.6m 反射镜，根据前述风洞试验结果选取风荷载极大的典型工况，基于 ANSYS 有限元软件和实测风压数据对反射镜 SCE 单元进行风振响应分析，计算典型工况的风振系数，有限元模型如图 6-11 所示。

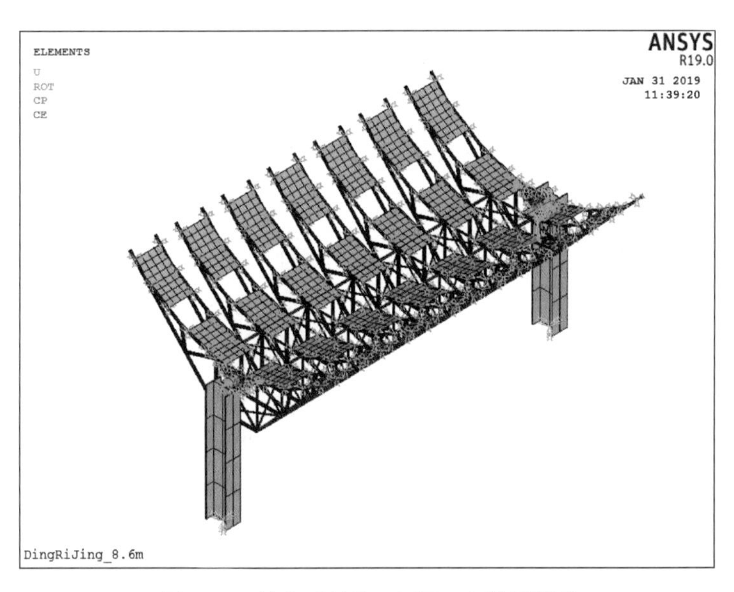

图 6-11　单个反射镜（SCE）有限元模型

考虑到试验工况太多，仅选择典型工况进行分析，包括工况 $\alpha=0°/\beta=0°$、$\alpha=90°/\beta=0°$，以及阻力系数最大工况 $\alpha=30°/\beta=0°$、升力矩系数最大工况 $\alpha=90°/\beta=30°$，各工况下位移均值最大节点位移时程曲线及频谱如图 6-12～图 6-15 所示。

参考建筑结构风工程领域常用的响应风振系数定义方法，定义风振系数为脉动风荷载作用下总响应与平均响应之比，总响应＝风致响应均值＋风致动力响应，风致动力响应＝$g\times Disp_{\mathrm{mse}}$，故风振系数 β_D 计算表达式如下：

$$\beta_D=\frac{Disp_{\mathrm{extre}}}{Disp_{\mathrm{mean}}}=\frac{Disp_{\mathrm{mean}}\pm g\times Disp_{\mathrm{mse}}}{Disp_{\mathrm{mean}}}=1+\left|\frac{g\times Disp_{\mathrm{mse}}}{Disp_{\mathrm{mean}}}\right| \tag{6-2}$$

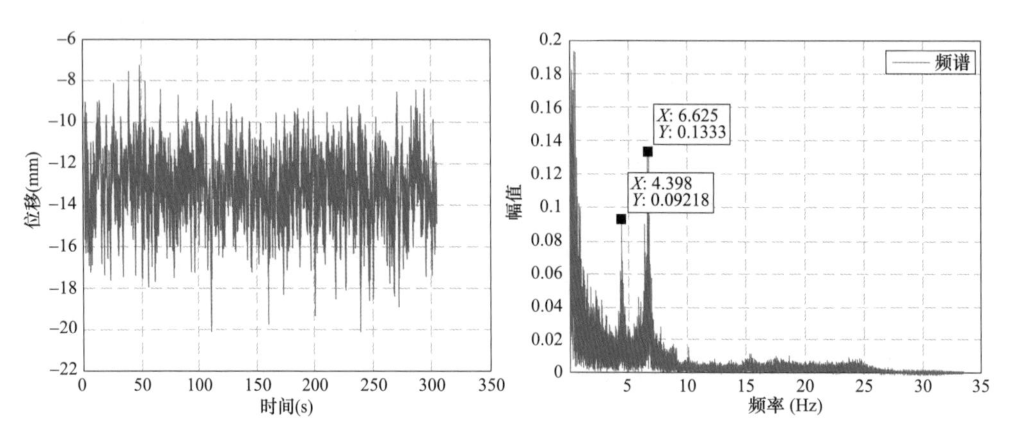

图 6-12　$\alpha=0°/\beta=0°$时位移均值最大节点位移时程曲线及其频谱

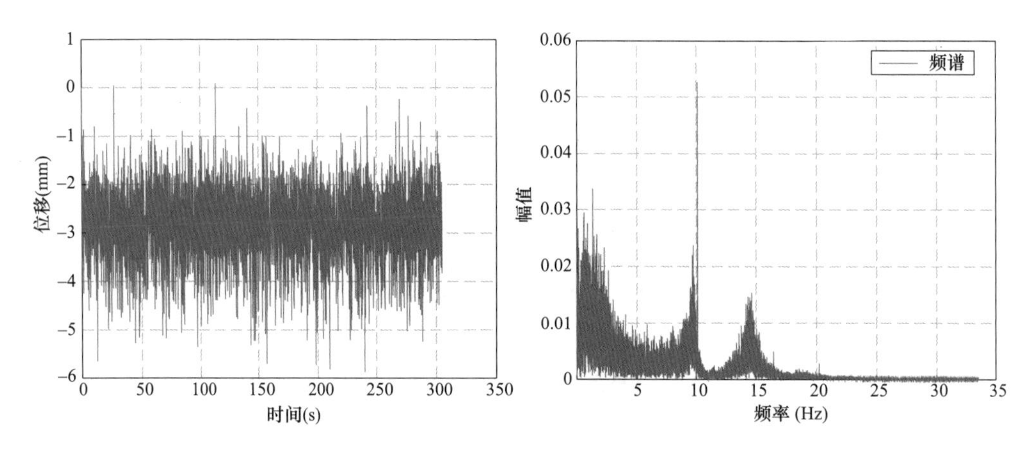

图 6-13　$\alpha=90°/\beta=0°$时位移均值最大节点顺风向位移时程曲线及其频谱

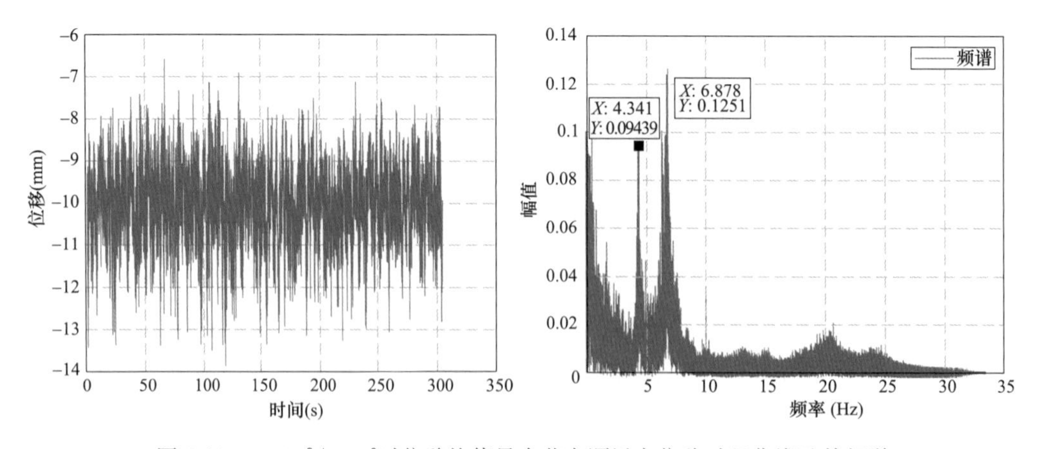

图 6-14　$\alpha=30°/\beta=0°$时位移均值最大节点顺风向位移时程曲线及其频谱

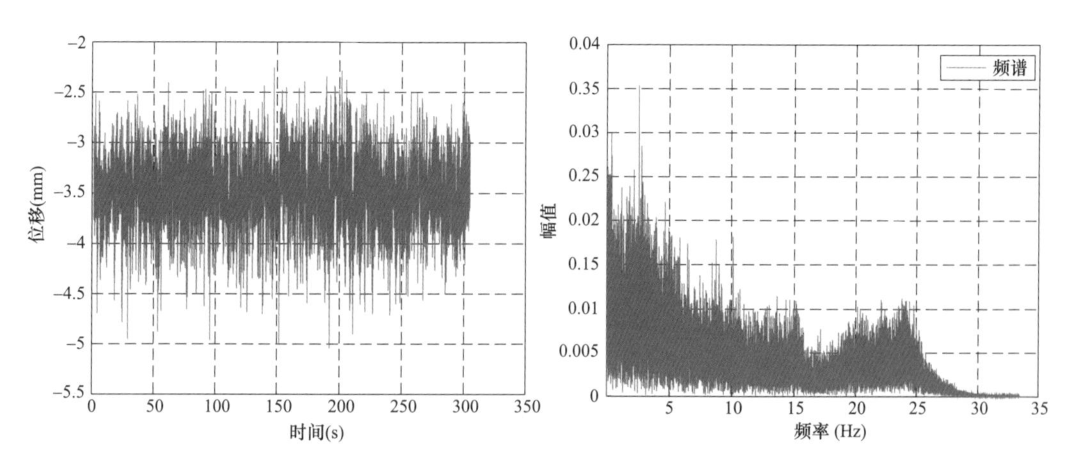

图 6-15　$\alpha=90°/\beta=30°$时位移均值最大节点顺风向位移时程曲线及其频谱

式中　$Disp_{mean}$——位移或应力响应均值；

$Disp_{extre}$——位移或应力响应极大值；

$Disp_{mse}$——位移或应力响应的均方差；

g——峰值因子，此处参考建筑荷载规范取 2.5。

通过将风洞试验得到的风压数据加载到有限元模型上，采用瞬态时程响应数值模拟可以计算出结构的时程响应曲线，提取响应数据的均值和均方差，代入上式即可求得位移或应力风振系数。

（二）SCA 单元风振响应和风振系数

反射镜 SCA 仅在中间有一个驱动柱约束扭转位移，其余位置的支撑柱对反射镜的扭转位移基本没有约束作用，与 SCE 相比由于悬臂较长产生的扭转位移显著变大，所以对 SCA 的单列反射镜进行有限元时程响应分析。单列反射镜有限元模型如图 6-16 所示。

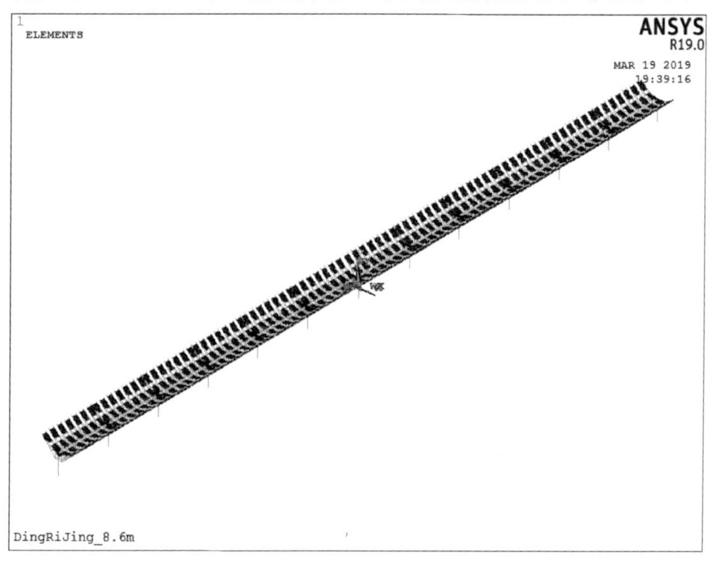

图 6-16 单列反射镜（SCA）有限元模型

SCA 响应分析与前文 SCE 分析一致，根据谐波合成法进行脉动风速模拟，同时根据实测块体型系数生成不同位置的脉动风荷载时程，并进行动力时程响应瞬态计算分析。

工况选择槽式反射镜 $\alpha=0°/\beta=0°$ 以及 $\alpha=90°/\beta=30°$ 这两个工况，基础分析阻尼比选取 2%。计算得到的反射镜节点转角位移时程如图 6-17 和图 6-18 所示。

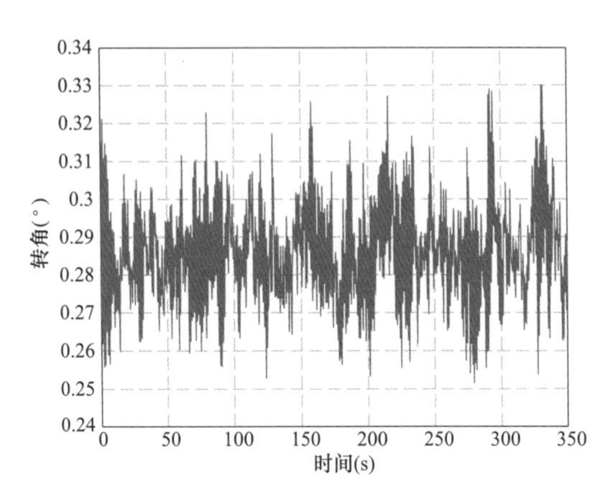

图 6-17　$\alpha=0°/\beta=0°$ 工况下 SCA 端部节点转角位移时程（阻尼比 2%）

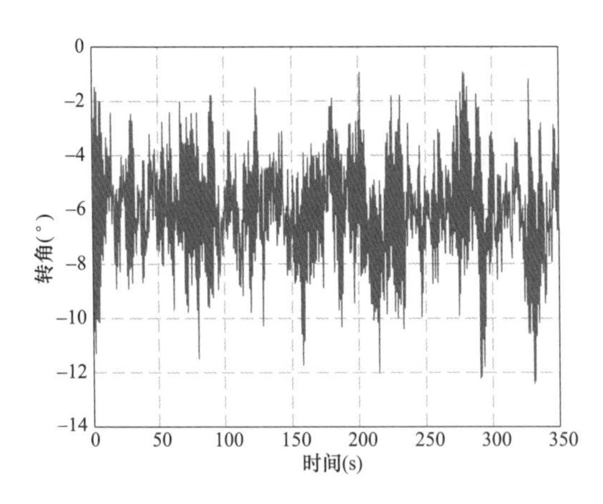

图 6-18　$\alpha=90°/\beta=30°$ 工况下 SCA 端部节点转角位移时程（阻尼比 2%）

根据前述位移风振系数计算方法和扭转位移响应数据，计算得到 SCA 在前述典型工况下的位移风振系数。

（三）风振系数

根据槽式反射镜风振响应有限元分析结果和风洞试验风振响应测试结果，在槽式集热器支架结构设计中，风荷载计算时阻尼比建议取 1%～3%，风振系数建议 0°风攻角取为 1.3～1.5，90°风攻角取为 1.8～2.0。

第三节　多排多列槽式反射镜气动干扰系数风洞试验研究

通过刚性模型测压风洞试验，测试镜场各位置反射镜镜面的风压分布，得到外部反射镜对内部单个反射镜风荷载的干扰效应，确定在镜场不同位置处体型系数的变化，给出可用于设计的干扰系数。

一、模型制作

反射镜群镜风洞实验模型均采用刚性模型，分为干扰模型和测压模型两种，共制作模型 108 个，其中 6 个为测压模型。考虑到实际建筑物的尺寸以及风洞截面的实际情况，选择模型的几何缩尺比为 1∶40，风洞试验模型如图 6-19 所示。

图 6-19　风洞试验模型

风洞转盘上布置六排反射镜模型，包含边缘镜场和中间镜场两种情况。考虑到一列 SCA 的对称性及可用的压力测试模块数量，选择一个 SCA 中的一半，共 6 个 SCE 单元作为压力测试对象，6 个测压模型分别编号为 A、B、C、D、E、F，与 6 个干扰模型连接在一起组成测试的一个 SCA，如图 6-20 所示。

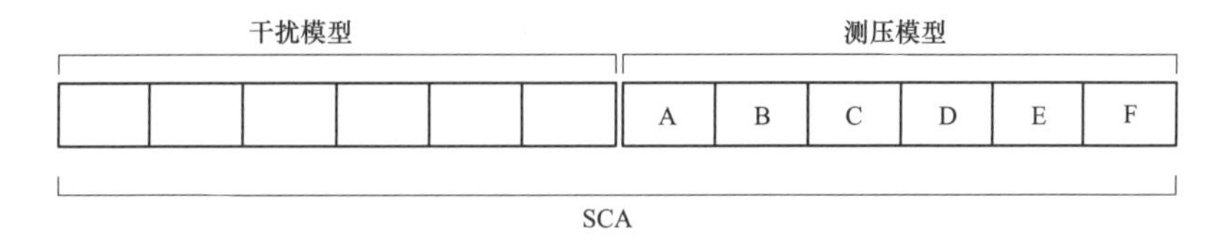

图 6-20　反射镜干扰试验测试的 SCA 与 SCE 压力测试单元布置示意图

为涵盖镜场各种位置在不同状态下的情况，将测试的 SCA 模型分别放于六种位置进行测试，六种位置如图 6-21 所示。

根据单个槽式反射镜测压试验结果选择 0°、30°、90°、150°、180°共 5 种风攻角进行试验。

槽式反射镜干扰系数的定义同塔式定日镜干扰系数，详见第五章第三节内容。

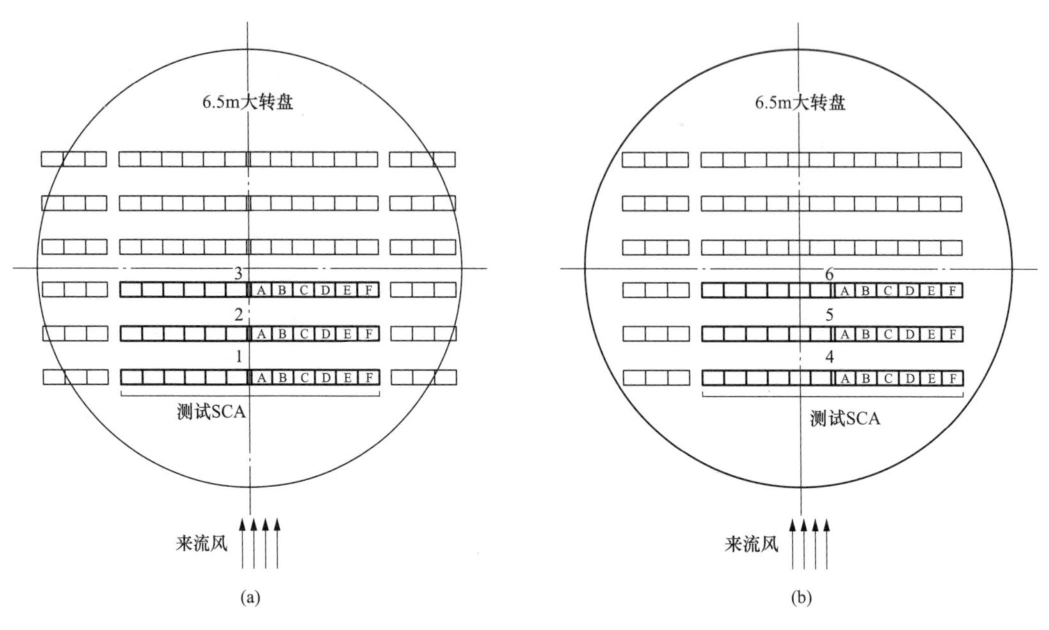

图 6-21　测试 SCA 工况位置示意图

(a) 位置 1～3 示意；(b) 位置 4～6 示意

二、试验结果分析

（一）边缘区域反射镜

边缘区域反射镜始终处于镜场外围，直接受到来流风影响而承受较大的风荷载，模型 F 位于边缘区域的最外端，其所受荷载在各风攻角下的变化可以代表边缘区域镜面荷载变化。边缘区域各排模型 F 的力系数变化曲线及其对应的干扰系数如图 6-22～图 6-24 所示。力系数数量级较小时，会出现干扰系数值较大的情况，但由于力系数此时较小不起控制作用其干扰系数意义不大。

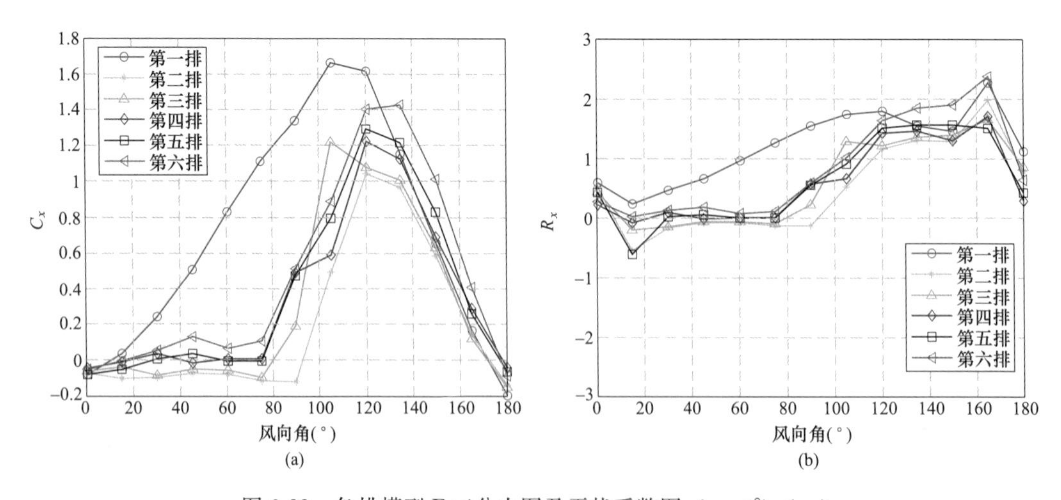

图 6-22　各排模型 F 三分力图及干扰系数图（$\alpha=0°$）（一）

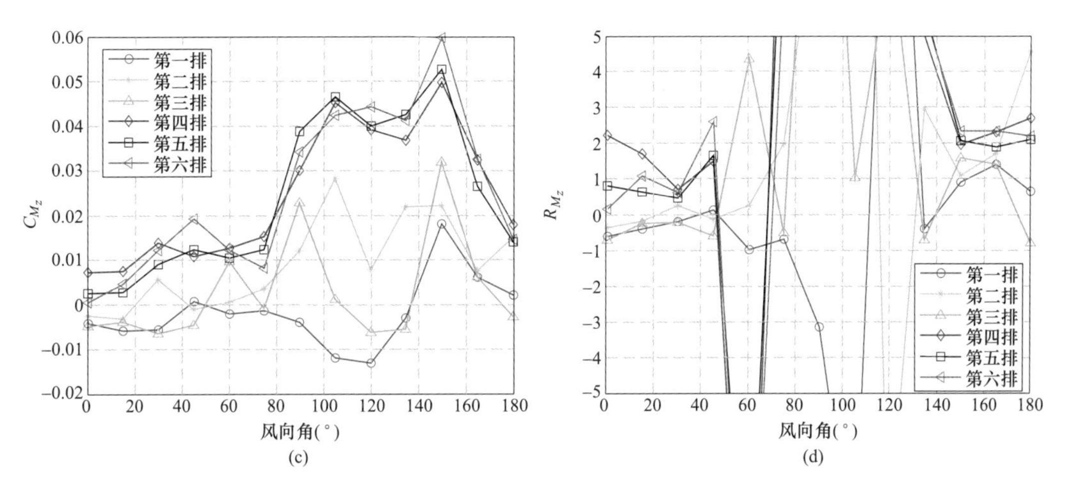

图 6-22　各排模型 F 三分力图及干扰系数图（$\alpha=0°$）（二）

(a) C_x 力系数图；(b) R_x 干扰系数图；(c) C_{M_z} 力系数图；(d) R_{M_z} 干扰系数图

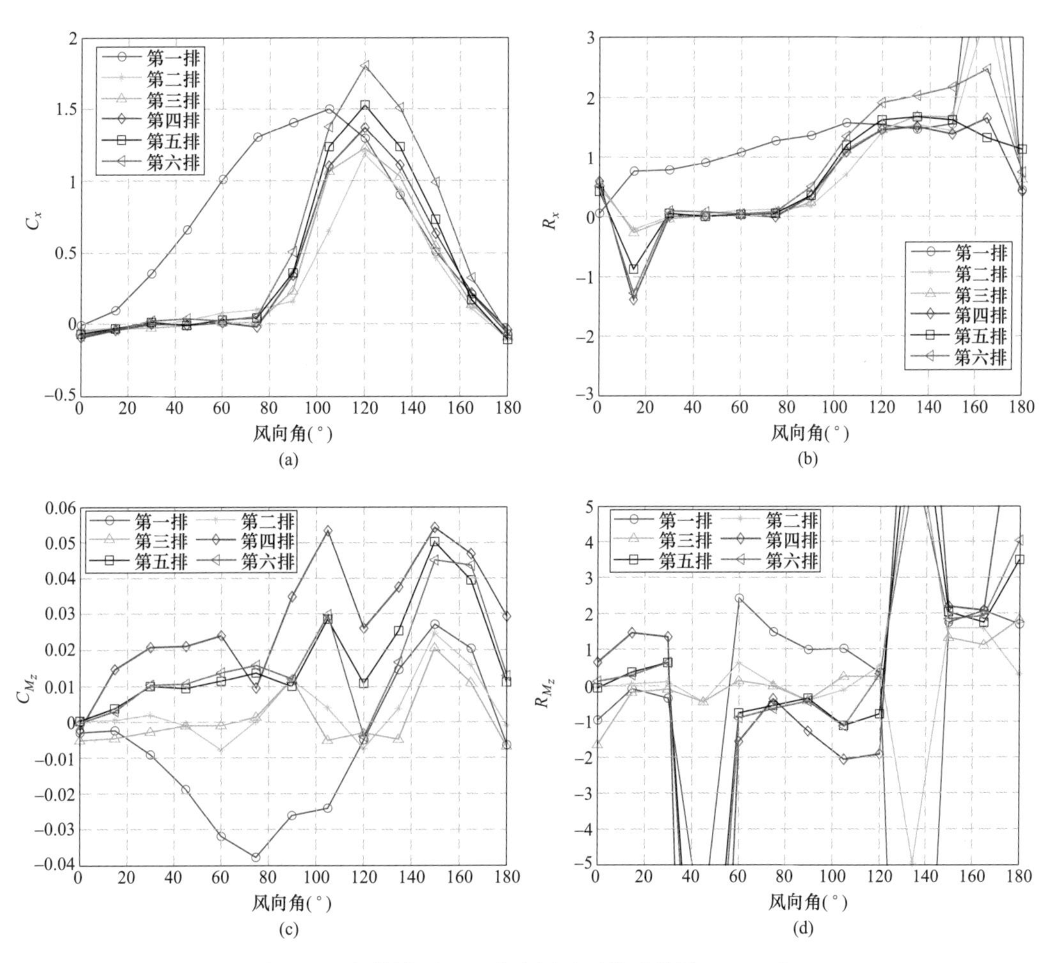

图 6-23　各排模型 F 三分力图及干扰系数图（$\alpha=30°$）

(a) C_x 力系数图；(b) R_x 干扰系数图；(c) C_{M_z} 力系数图；(d) R_{M_z} 干扰系数图

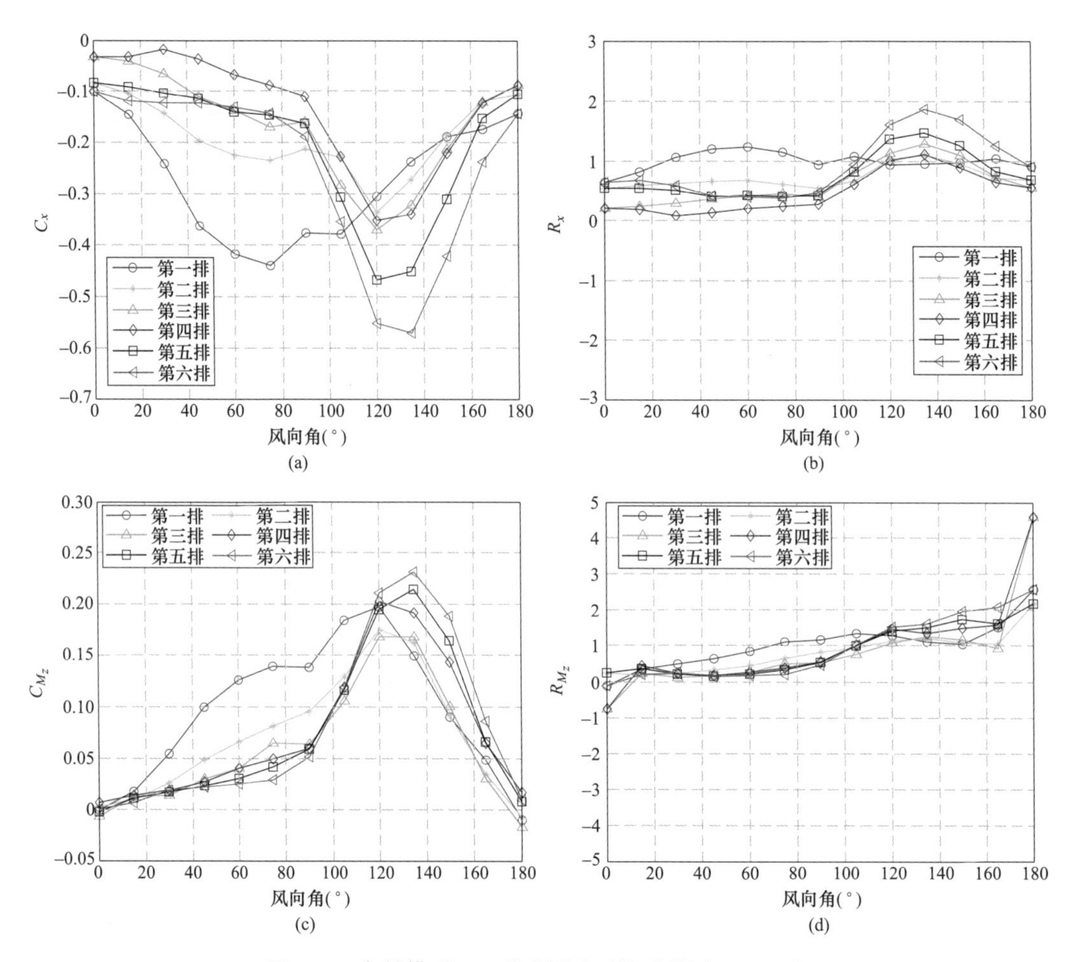

图 6-24　各排模型 F 三分力图及干扰系数图（α=90°）

(a) C_x 力系数图；(b) R_x 干扰系数图；(c) C_{M_z} 力系数图；(d) R_{M_z} 干扰系数图

由图可见当来流风直接吹向模型 F 时，反射镜的 C_x 力系数会大于单镜出现极值，由于 C_{M_z} 值无干扰时较小，其对应的 R_{M_z} 值在个别工况下出现 ±5 以外的值。

（1）α=0°时，各排 C_x 随着风向角的变化先增大后减小，当来流风向为 120°时各排的 C_x 达到最大值，对应的 R_x 均大于 1，C_{M_z} 值均在 0.06 范围内，其干扰系数值波动较大；

（2）α=30°时，C_x 值首排以外各排较风攻角为 0°时更大，各排达到最不利值的风向角不同，首排在 90°其余排在 120°，C_{M_z} 值均在 0.06 范围内，其干扰系数值波动较大；

（3）α=90°时，各排 C_x 值较小且为负值在−0.6 范围内，但仍大于无干扰状态下的值，C_{M_z} 值变大，干扰系数波动变小。

（二）中间区域反射镜

中部区域反射镜除首尾两列处于镜场外围，其余均受到其他反射镜的遮挡，受到的风荷载大大减小，模型 A 位于中部区域的正中间，代表大多数非边缘反射镜。中部区域各排模型 A 的力系数变化曲线及其对应的干扰系数如图 6-25～图 6-27 所示。力系数数量级较小时，会出现干扰系数值较大的情况，但由于力系数此时较小不起控制作用其干扰系数意义不大。

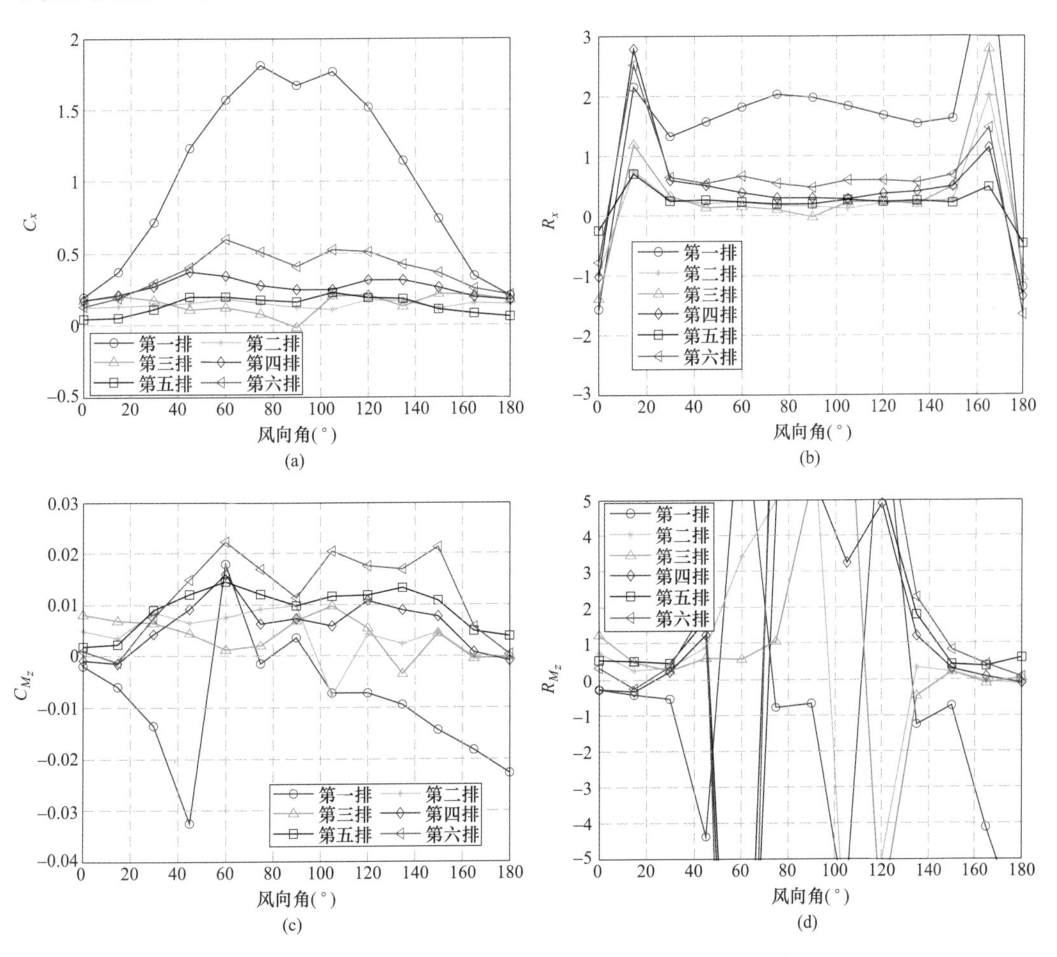

图 6-25　各排模型 A 三分力图及干扰系数图（$\alpha=0°$）

(a) C_x 力系数图；(b) R_x 干扰系数图；(c) C_{M_z} 力系数图；(d) R_{M_z} 干扰系数图

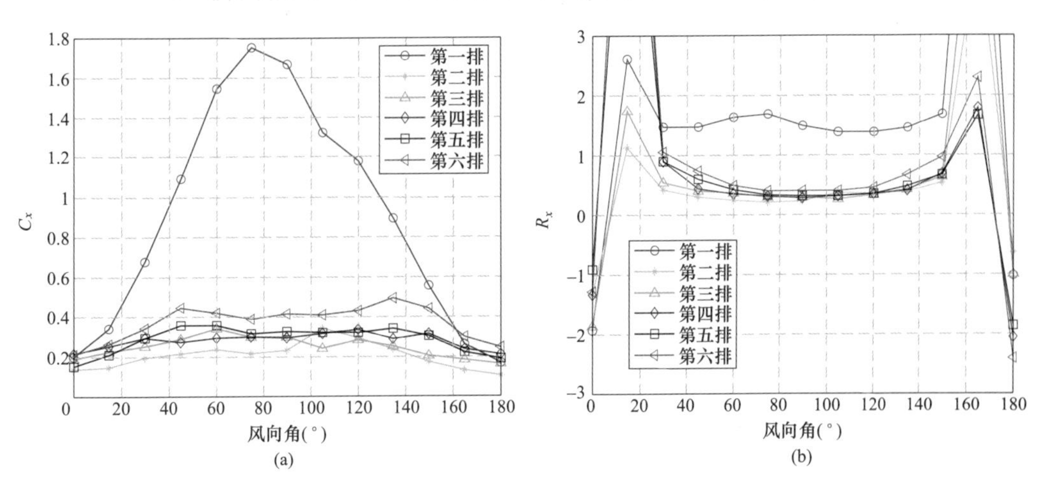

图 6-26　各排模型 A 三分力图及干扰系数图（$\alpha=30°$）（一）

(a) C_x 力系数图；(b) R_x 干扰系数图

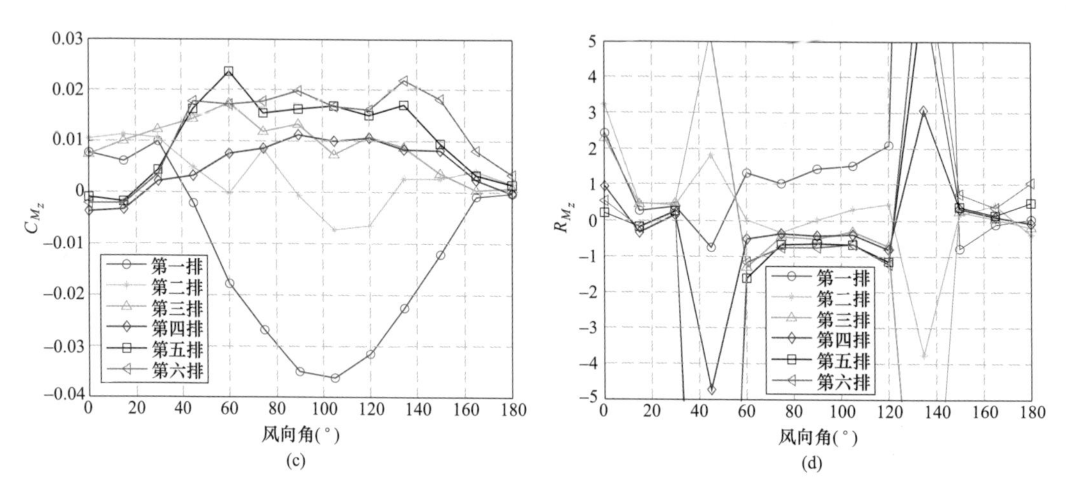

图 6-26 各排模型 A 三分力图及干扰系数图（$\alpha=30°$）（二）

(c) C_{M_z} 力系数图；(d) R_{M_z} 干扰系数图

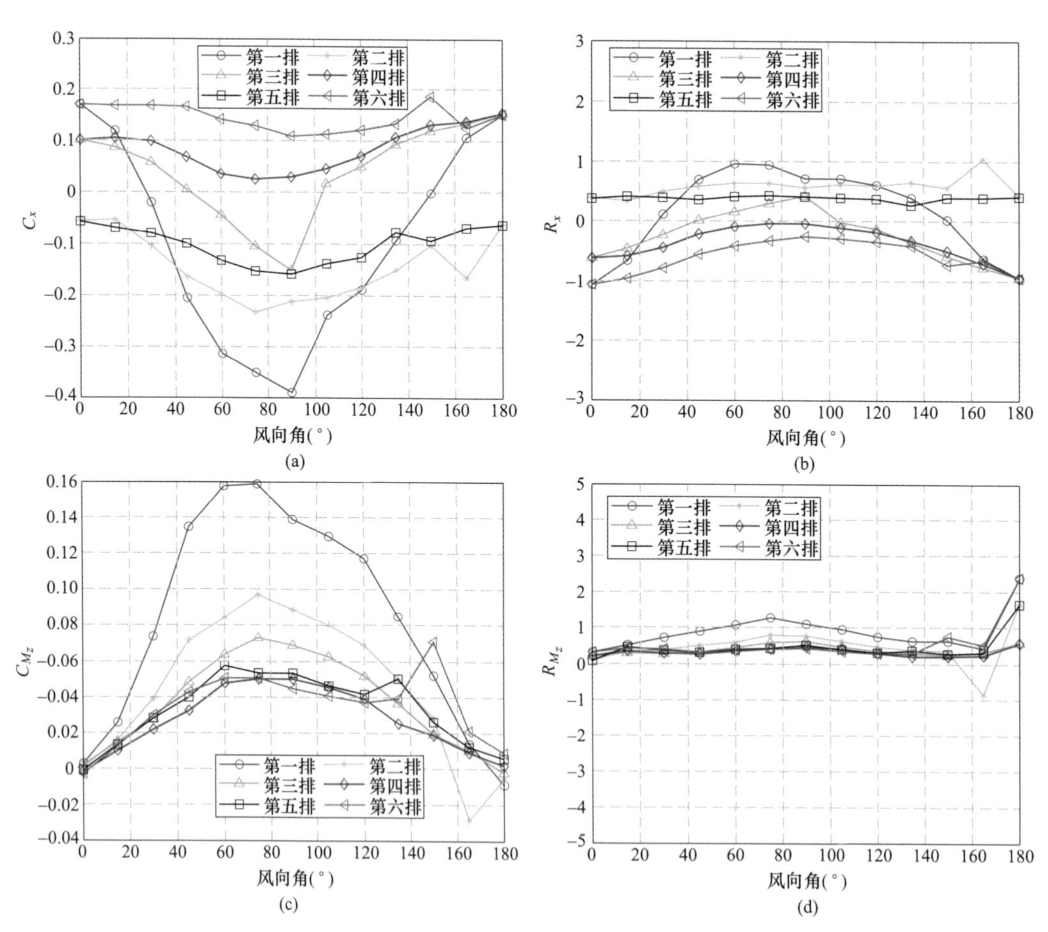

图 6-27 各排模型 A 三分力图及干扰系数图（$\alpha=90°$）

(a) C_x 力系数图；(b) R_x 干扰系数图；(c) C_{M_z} 力系数图；(d) R_{M_z} 干扰系数图

由图 6-25～图 6-27 可知，当来流风直接吹向模型 A 时，反射镜 A 的力系数和干扰系数较大。首排的 C_x 、C_{M_z} 远远大于其余各排，首排 C_x 在风向角 90°时出现极值，其 R_x 大于 ±1，多数情况下二到六排的 R_x 在 ±1 范围内，R_x 在 C_x 较小时出现极值；C_{M_z} 值较小，α=0°、30°时在 ±0.04 范围内，α=90°时在 ±0.15 范围内，R_{M_z} 在 α=90°时整体变化平稳，其余情况下波动较大。

（三）干扰系数推荐值

由前面分析可知，边缘区域与中部区域镜面干扰系数有以下异同：

(1) 边缘区域各排在 C_x 、C_{M_z} 最不利时 R_x、R_{M_z} 均大于 1，而中部区域除首排外其余排 R_x 均小于 1；

(2) 中部区域首排的干扰系数大于边缘区域；

(3) R_{M_z} 值除在 α=90°、150 时变化较平稳，其余风攻角波动较大。

结合力系数的分布规律将镜场划分为五大区域，如图 6-28 所示，边缘分为两个区，中间分为三个区。综合考虑安全性，排除由于个别工况下单镜整体体型系数较小，造成整体体型干扰系数偏大的情况，选择每块区域整体体型系数最大的为代表确定该区域 R_b 的推荐值，同理确定 R_x 和 R_{M_z} 的推荐值如表 6-1 所示。

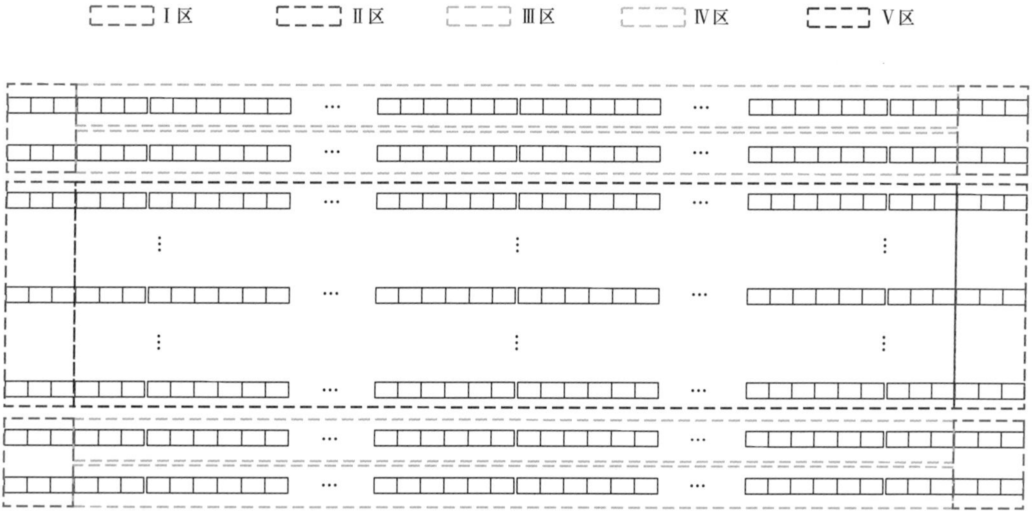

图 6-28　镜场分区图

表 6-1　镜场各区三种干扰系数推荐值

项目	Ⅰ区	Ⅱ区	Ⅲ区	Ⅳ区	Ⅴ区
推荐 R_x 值	1.95	1.55	2.4	0.95	0.8
推荐 R_{M_z} 值	1.80	1.65	1.75	1.0	0.8

第四节　槽式集热器支架结构体系分析

槽式集热器支架是一种高温高效的太阳能集热装置，反射镜可以跟随太阳光转动，将太阳光聚焦于反射镜焦点上，从而加热集热管中介质，将太阳能转换成热能。

每个 SCE 为反射的最小单元，其中反射镜组由 6 列 7 行镜片“拼接”而成，镜面间设有 20mm 的缝隙作为泄风口，每列镜片组成的弧线反射镜面开口弦长为 8.6m，有效总弧长约为 9.13m。集热管位于反射镜焦线处，直径为 90mm，镜场将太阳光反射至集热管表面。12 个 SCE 串联后形成 1 个 SCA，如图 6-29 所示。这样的布置产生了一个 9.13m×153.6m，即约 1400m^{2}的弧形面镜场和一个长达 150 余米的竖向悬臂结构，保证集热器支架、镜场以及集热管的协同工作是首要解决的问题。

集热器支架均采用冷弯薄壁型钢构件，现场人工焊接容易穿孔，安装速度和质量均不能得到有效的保障，另外光热太阳能电站往往在沙漠戈壁等偏远地区选址，远离钢材厂，运输成本较高。如何选择便于高效运输和安装的结构体系是第二大要解决问题。

每个光热电站都会有数以千计，甚至数以万计的集热器支架，钢结构支架的成本占的比例非常高，如何轻量化支架显得尤为重要。对此，结合风洞试验开展了深入的研究并对槽式集热器支架进行优化选型。

图 6-29　SCA 集热器支架现场图

一、结构体系选型

槽式集热器支架主要受力构件有立柱（驱动柱和支撑柱）、扭矩框、翼片和导热油支架，如图 6-30 所示。

一个 SCA 设置 1 根驱动柱和 12 根支撑柱。驱动柱设置于 SCA 的中部，通过连接液压驱动装置，提供 SCA 逐日的动力。支撑柱上部设置有滑动轴承，提供对集热器支架的限位支撑。13 组立柱共同形成了槽式集热器的竖向支撑结构，如图 6-31 所示。

（一）驱动柱

通过计算并结合用钢量、加工安装成本和运输成本，将格构式驱动柱、工字型钢驱动柱和无缝焊接圆管驱动柱三种方案进行比选，如图 6-32 所示。格构式驱动柱截面均为冷弯薄壁钢管，纵向根开为 500mm，横向根开为 1600mm，节间距为 1150mm 左右，

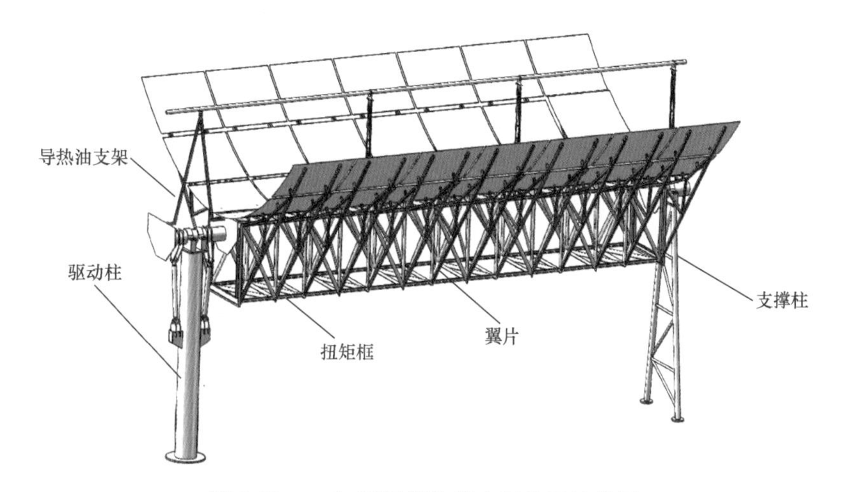

图 6-30 一个 SCE 集热器支架单元示意图

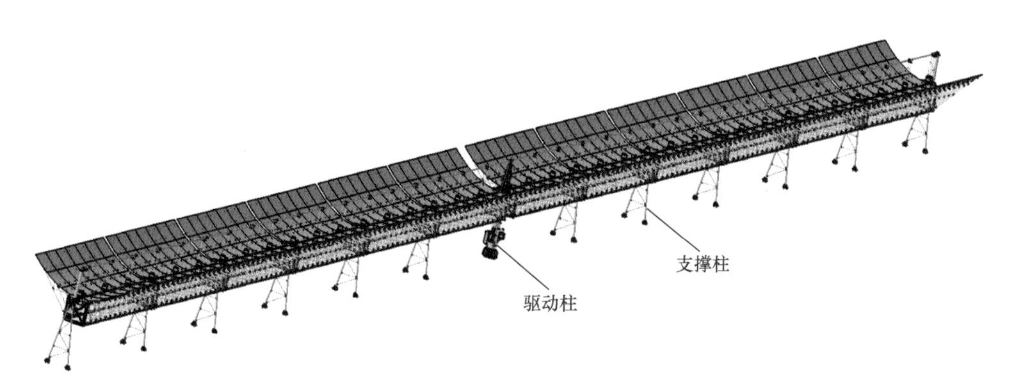

图 6-31 一个 SCA 集热器支架单元示意图

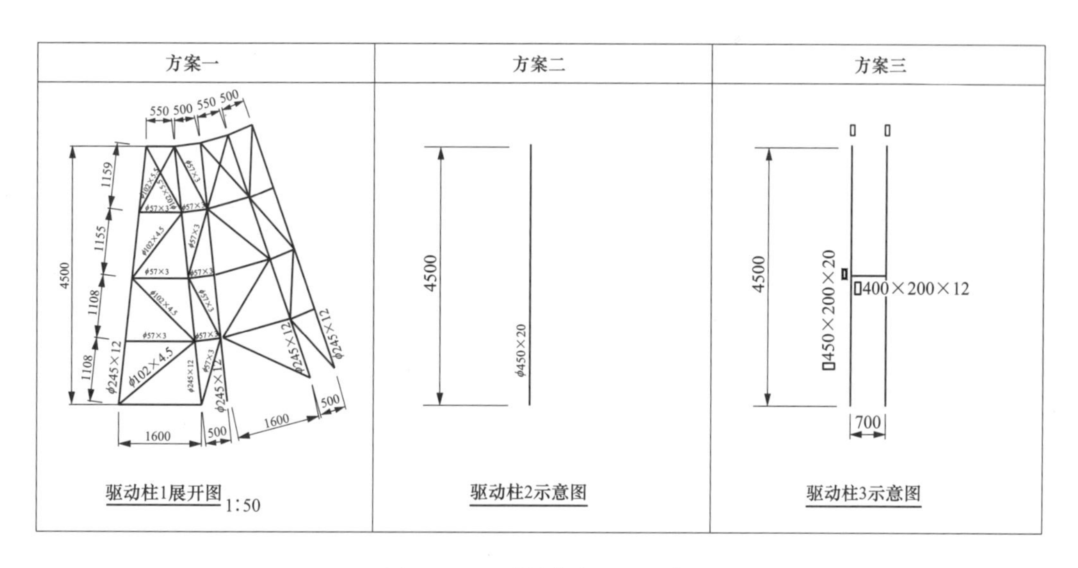

图 6-32 驱动柱方案比选示意图

因要求与液压驱动连接安装精度高，故工厂焊接好成品再运往现场进行安装，该方案节省用钢量，但存在运输效率低，液压驱动不便安装等问题；工字型钢驱动柱截面均为矩形，根开为700mm，采用工厂焊接，能够快速安装液压驱动装置，但是用钢量大；无缝焊接圆管驱动柱虽然用钢量大，但因加工、运输成本较低，导致综合成本低，且和液压驱动有良好的适配能力，液压驱动与柱头可通过法兰快速安装。通过比选，最终确定驱动柱采用无缝焊接圆管驱动柱。结合支撑立柱受力特点，单榀格构柱为最佳结构形式，具有节省钢材、方便运输和柱顶位移较小等优势。

（二）扭矩框

12个SCE构成长约为150m的SCA，SCA两侧翼片因受到不同大小的风荷载，所以对扭矩框产生扭矩，刚性串联的扭矩框成为长达75m的“长悬臂受扭构件”，会在紧邻液压驱动两侧的SCE扭矩框积累6倍SCE的扭矩。对于扭矩框这个弯扭构件，工作风速下扭矩最高可达几百千牛米。

据市场调研以及工厂考察，对于扭矩框初步确立了三种方式，分别为扭矩框形式、扭矩管形式和三管桁架形式，如图6-33所示。图（a）所示为扭矩框形式，在设计之初分别选择了正方形截面和梯形截面作为比较。模型分析结果表明梯形和同周长的矩形截面相比，用钢量略大，且连接节点较难实现快速连接，故采用正方形截面的扭矩框。此外，还进行了截面边长分别为1650mm、1800mm和2000mm的模型对比，结果表明随着正方形边长变大，虽然能够减小截面型号，但是因为长度的增加，总用钢量并未减少，故采用边长为1650mm的扭矩框形式。图（b）所示为扭矩管形式，扭矩管采用直径较大的无缝钢管焊接而成，在钢管两侧焊接翼片，经过计算此种方式用钢量较大，不适用于大开口槽，但是又因为其加工运输的便利性，在开口较小的槽式集热器中应用较多。图（c）所示为三管桁架结构，受扭核心依旧为扭矩框，但是所有截面均为焊接圆管且不同于第一种结构镜面支撑的布置方式。第一种结构每片镜面下由两根平行的翼片支撑，第三种结构的镜面支撑下仅由三根悬挑梁构成，对比第一种虽然减少了翼片的用钢量，但是因为结构没有较好的组装方式会产生较大的运输成本，故暂时也不考虑。最终确定方案为边长1650mm的正方形截面的扭矩框。

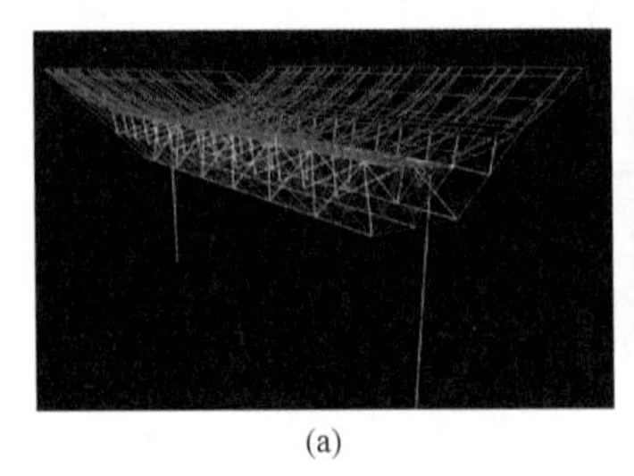

(a)

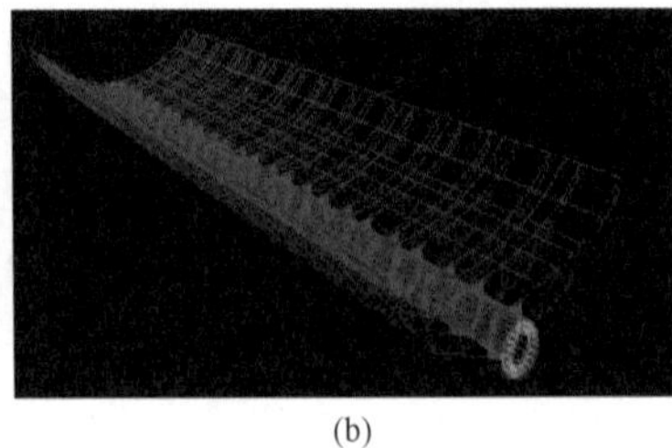

(b)

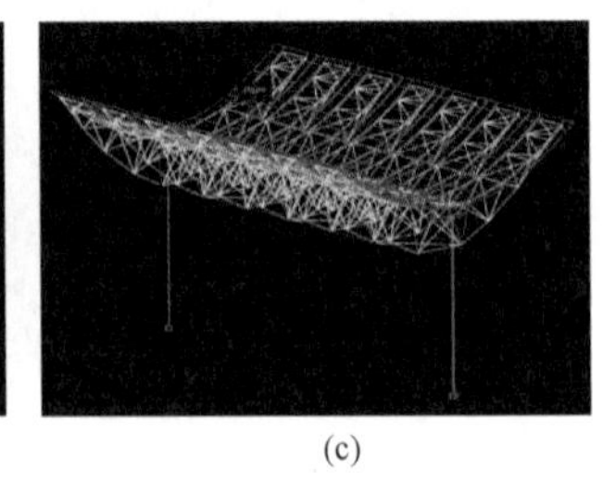

(c)

图6-33　扭矩框方案比选示意图

(a) 扭矩框形式；(b) 扭矩管形式；(c) 三管桁架形式

（三）翼片

翼片对称设置于支架的扭矩框两侧，主要承受风荷载和重力荷载，为受弯悬臂构件。其受力形式较为清晰，采用单榀悬臂桁架，根开为扭矩框截面边长，即 1650mm。集热管支架和镜面支腿均为压弯构件，受力较小，集热管支架采用单榀悬臂桁架，根开为 200mm，集热管支架和扭矩框柔性连接，如图 6-34 所示。

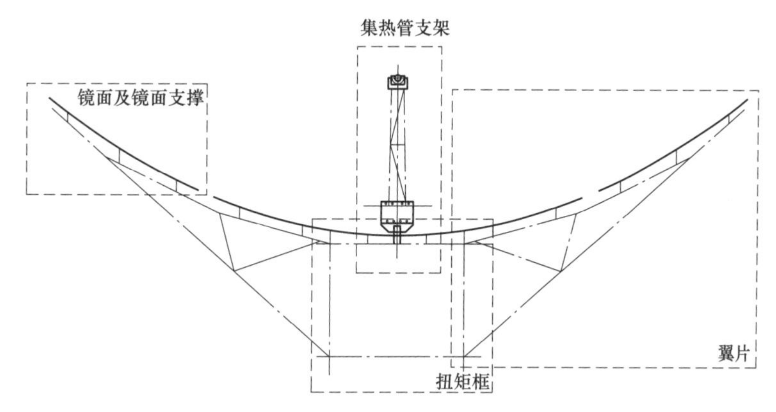

图 6-34　SCE 横剖面示意图

二、结构体系计算分析

（一）计算模型

采用有限元计算软件 SAP2000 建立集热器支架模型，一组集热器支架中，靠近驱动柱一侧，扭矩框和驱动柱顶部刚接，在扭矩框的另一端和支撑柱滑动连接，即释放驱动柱垂直 SCA 结构布置的弯矩约束或者释放扭矩框的扭矩约束。为了能够更清晰地展示模型，只显示两个集热器支架单元作为示意，如图 6-35 所示。

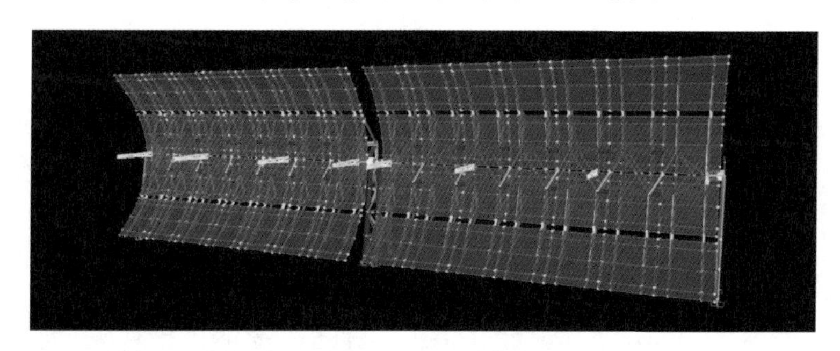

图 6-35　有限元计算模型

（二）荷载及荷载组合

槽式集热器支架所受荷载同塔式定日镜支架，不再累述，风荷载相关计算参数的取值采用风洞试验相关结果。

荷载组合采用现行国家相关规范及规程。

（三）计算结果分析

1. 结构基本自振周期及振型

经过结构分析，槽式集热器支架结构第一模态的频率为 4.48Hz，扭矩框带动翼片绕扭矩管旋转，如图 6-36 所示；第二模态的频率为 5.87Hz，扭矩框带动翼片沿弦杆方向平动，如图 6-37 所示；第三模态为垂直于弦杆方向平动，频率为 6.47Hz，如图 6-38 所示。

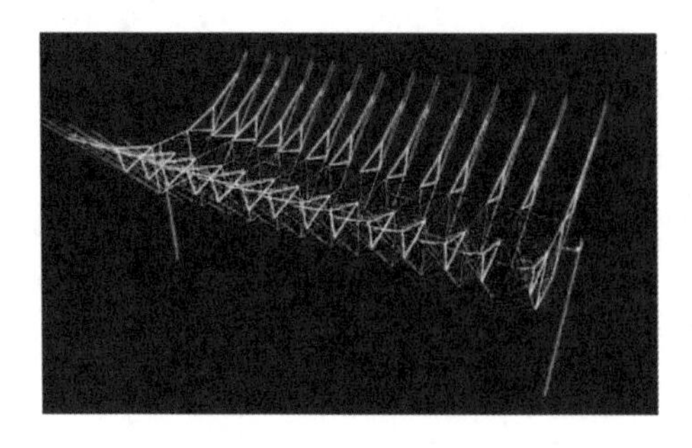
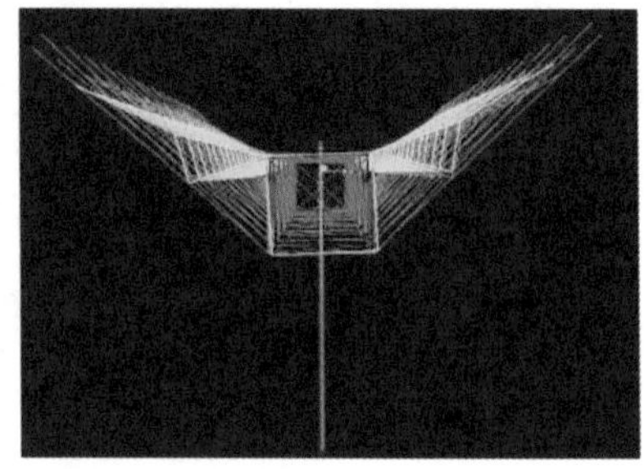

图 6-36 第一振型模态

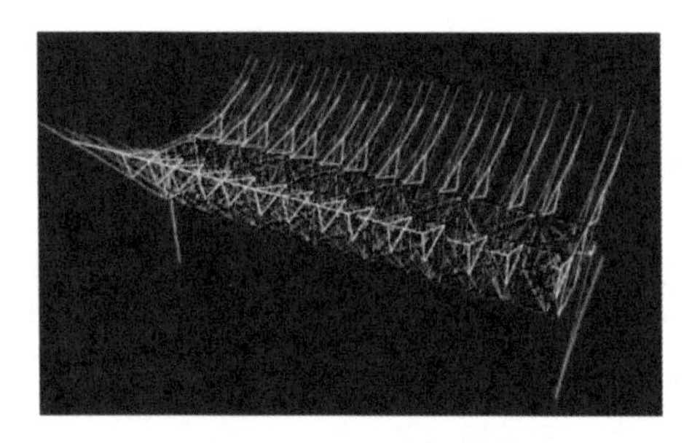
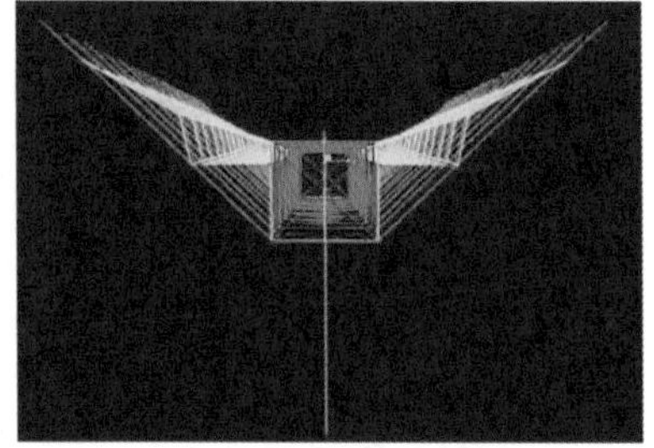

图 6-37 第二振型模态

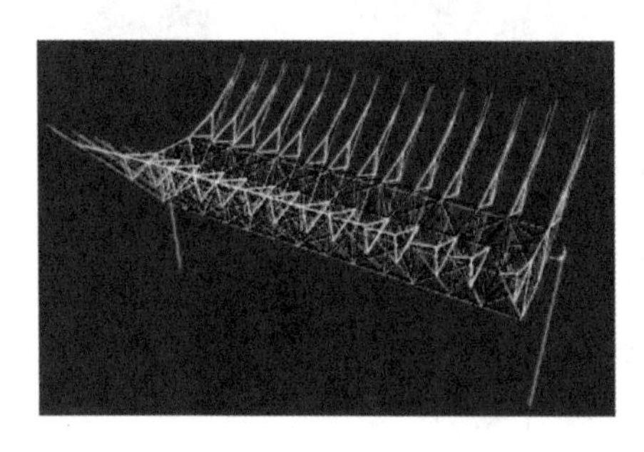
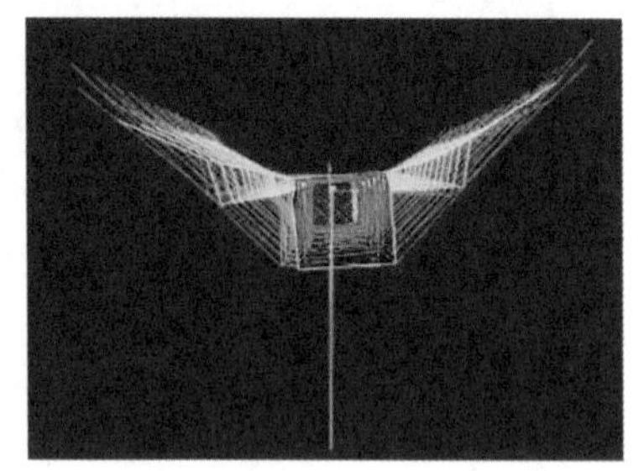

图 6-38 第三振型模态

2. 结构应力比及变形

经过验算，结构除扭矩框的斜腹杆应力比达到 0.9 外，其余构件应力比较低，如图 6-39 所示，结构强度和稳定验算满足要求。翼片位移如图 6-40 所示，图中灰色代表未变形曲线，由图中可以较为明显得到节点的位移以结构旋转为主，以杆件受弯变形为辅，以变形最大的集热器弦杆中部的一榀进行位移验算，R2＝－0.0127 旋转半径大约 4300mm，则 4800×R2＝－54.61mm，和 U3＝－58.3mm 之差为杆件的变形，满足工艺要求。

图 6-39　单个 SCE 单元应力比

图 6-40　翼片位移

三、结构主要技术指标及组装和连接方式

（一）主要技术指标

一个 SCA 的钢结构重为 44.34t(一个 SCA)，驱动柱重 1.25t，总重 45.59t。扭矩框用钢量最大，占 75%左右，如表 6-2 所示。

表 6-2　　一个 SCA 槽式集热器的用钢量

序号	名称	材质	单位	质量	备　注
1	扭矩框	Q345B	t	34	角钢、圆管
2	翼片	Q235B	t	6	薄壁方管
3	支撑柱	Q345B	t	3	圆管
4	集热管支架	Q235B	t	0.04	薄壁方管
5	扭矩管	Q345B	t	1.3	圆管
合计			t	44.34	

（二）组装和连接方式

为了降低现场安装费用和周期，方便运输，减少现场焊接工作量，本结构可分为便于运输的独立部分，如扭矩框、翼片、驱动柱、支撑柱、集热管支架、扭矩管等部件。这些部件在工厂进行焊接后，进行编号，在运输到现场后，用螺栓进行连接，组装成完整的集热器支架。

（三）扭矩框的拼接

扭矩框由四片平面扭矩片桁架构成，其展开图如图 6-41 所示。每片平面桁架的纵向弦杆为单角钢，腹杆为冷弯薄壁圆管，因斜腹杆受力较大，故腹杆需要焊接节点板，并进一步和弦杆相连，对于前后桁架，节点板焊接于角钢一肢上侧，如图 6-42 所示。平面桁架的焊接工作在工厂完成。桁架纵向长度为 12m 左右，满足了工艺布置要求的同时，减少了弦杆纵向拼接的工作，提高了运输的便利性。

扭矩框由 4 片桁架在现场通过螺栓沿着纵向连接而成，如图 6-43 所示，四个虚线框代表 4 片桁架。扭矩框纵向弦杆通过拼接成为双角钢截面，既解决了空间结构不方便运输的问题，也提高了弦杆的强度，同时满足现场快速安装的要求。

（四）支撑翼的连接

耳片垂直焊接在上下扭矩框最外侧的角钢上，通过螺栓和翼片相连，翼片为悬臂构件，主要承受风荷载并通过耳片将荷载传递给翼片，翼片最上侧杆件上焊有镜面支架。

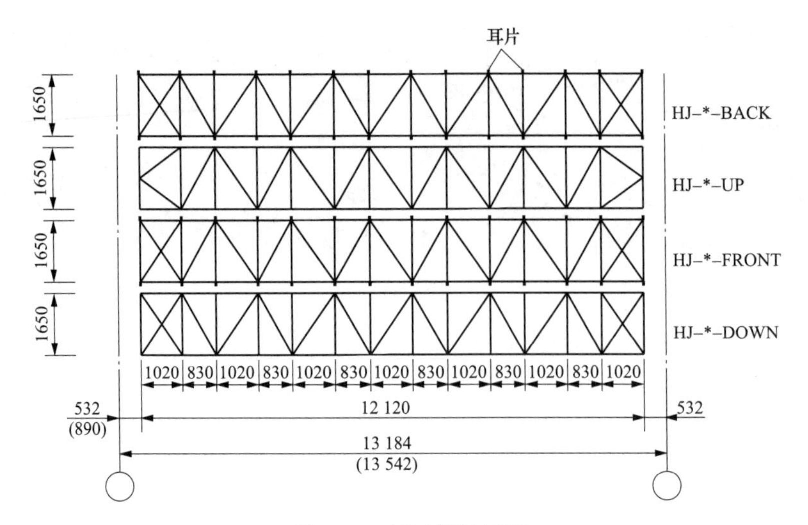

图 6-41 扭矩框展开图

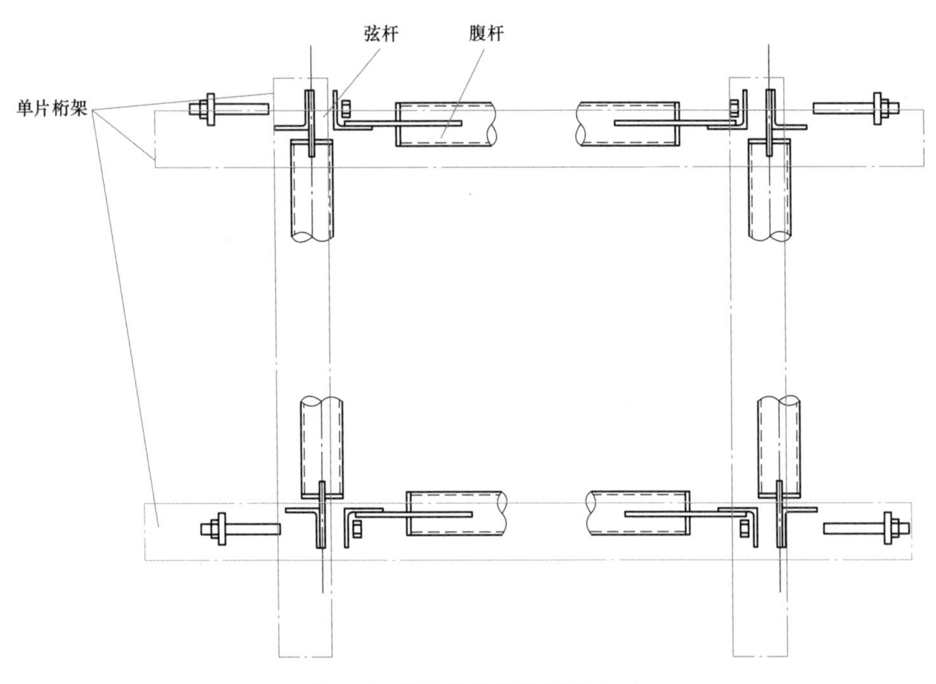

图 6-42 扭矩片拼接示意图（一）

翼片和支架均由薄壁方管钢焊接而成，如图 6-44 所示。

最终确定连接方式如下：

（1）扭矩框由四片扭矩片构成，扭矩片均为平面桁架，腹杆与弦杆之间采用焊接连接，独立的扭矩片在现场采用高强螺栓进行组装，构成扭矩框。

（2）翼片为薄壁方管组成的桁架，杆件之间采用相贯焊接连接方式，通过扭矩框上外伸的耳片与其通过高强螺栓连接，翼片上安装反射玻璃。

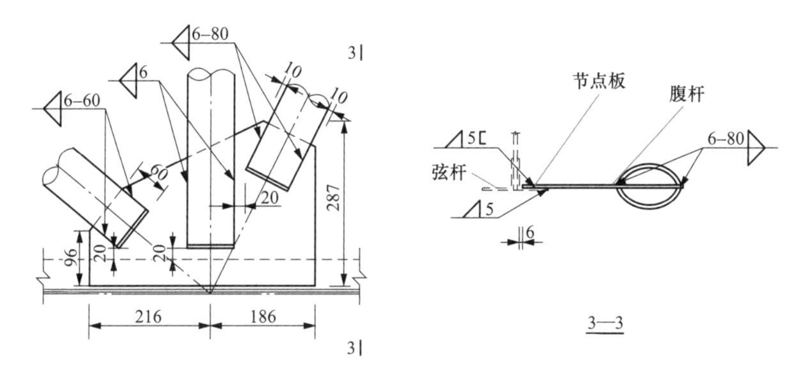

图 6-43　扭矩片拼接示意图（二）

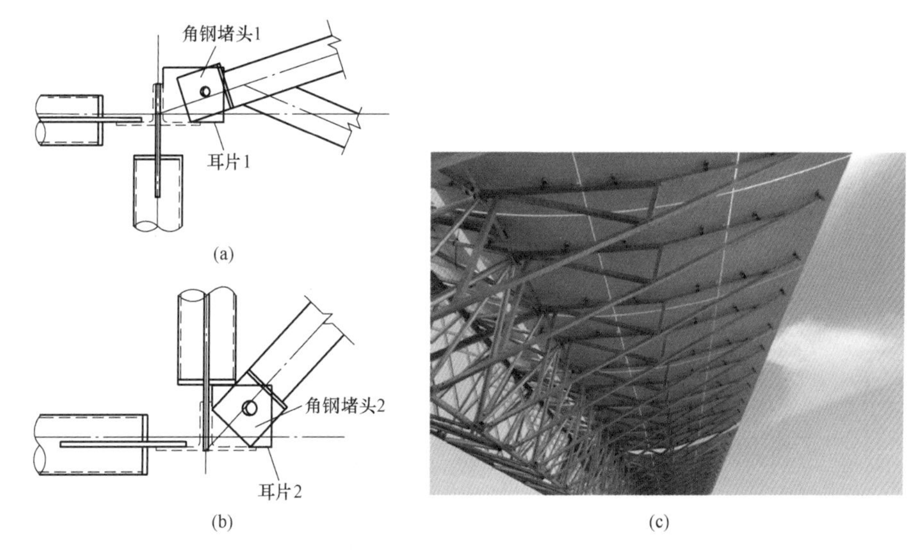

图 6-44　支撑翼连接节点示意图

（a）翼片连接节点详图 1；（b）翼片连接节点详图 2；（c）翼片连接节点现场图

（3）支撑柱采用平面圆管格构柱，缀条采用圆管，柱与缀条之间采用相贯焊接。

（4）扭矩管采用圆管截面，用于相邻集热器支架单元之间的连接，并支撑在支撑柱上，与集热器支架单元的端板采用法兰连接。

（5）集热管支架采用平面方管格构柱，缀条采用方管，柱与缀条之间采用相贯焊接，集热管直接和扭矩框腹杆焊接。

（6）驱动柱上安装有液压驱动装置，提供整个结构的驱动力，故驱动柱需承受较大的弯矩。从用钢量、加工成本和运输成本来对比分析，驱动柱采用焊接钢管。

第五节　小　　结

（1）SCE 单元的模型测压试验表明，开口 8.6m 和 5.7m 两种反射镜的镜面整体体型系数随风向角、风攻角的变化规律基本一致，迎风面投影面积较大的工况，体型系数值较大；$\alpha=0°$、$\beta=30°$时，整体体型系数达到最大值，开口 8.6m 和 5.7m 反射镜的整体体型系数，前者比后者增大了 9.3%。

（2）比较 8.6m 开口 SCE 单元测压和测力试验得到的力系数值可知：两者的极大值中数值较大的 C_x，两者基本相同，偏差为 1%，而数值较小的 C_y 和 C_{M_z}，测力比测压结果分别增大了 47%和 18%；对于力系数值较大的三种风攻角 $\alpha=0°$、$\alpha=30°$、$\alpha=90°$，测力试验得到的 C_x、C_y 和 C_{M_z} 最大值比测压试验值分别增大了 23%、73%和 25%，当风从光滑镜面一侧（$\beta=0°$）和从支撑桁架一侧（$\beta=180°$）吹来时，反射镜承受的风荷载并不相同。因此，支撑桁架对反射镜设计荷载的影响需要在设计中考虑，特别是在长悬臂抗扭作用设计中它的影响更为显著，主要体现在 C_{M_z} 系数的差异上。

（3）开口 8.6m 槽式反射镜群镜气动干扰实验表明，根据位置特点将镜场划分为 5 个区域，中部区域反射镜体型系数最小为单镜的 70%，中间首排区域体型系数最大为单镜的 2.2 倍。

（4）对 SCA 进行模态分析得到基频为 1.025Hz，振型为扭矩框一阶扭转振动；脉动风荷载下 SCA 的扭转位移响应随阻尼比的增大均值不变，均方差与极值减小。在槽式集热器支架结构设计中，风荷载计算时阻尼比建议取 1%～3%，风振系数建议 0°风攻角取为 1.3～1.5，90°风攻角取为 1.8～2.0。

第七章

高温储热罐基础的材料、布置及耦合应力场分析

第一节　高温储热罐基础的基本特点

太阳能是一种取之不尽、用之不竭的清洁能源，但由于其具有能量密度低、随机性和间歇性的特点，受到日夜交替、季节变化、气候、地理位置差异的影响大。在太阳能光热发电站中，由于配置有强大的储热系统，能有效地把太阳能储存起来，在光照不够的时候通过储热介质热交换加热水蒸气，把热量释放出来，从而克服了太阳能时空不连续、不稳定性，保障了动力的稳定输出。

储热作为太阳能光热发电核心子系统之一，一直被视为太阳能光热发电领域的研究热点。目前储热的方式较多，在光热发电中，主要采用的是以熔盐为储热介质的双罐储热方式。典型的双罐熔盐储热系统布置如图 7-1 所示。

双罐熔盐储热系统包含两个储热罐，一个高温储热罐，一个低温储热罐。储热时，启动低温熔盐泵，将冷盐（约 290℃）从低温储热罐送入熔盐吸热器吸收热量，低温熔盐加热至额定温度（约 600℃）后送至高温熔盐罐保存；放热时，启动热熔盐泵，将高温熔盐从高温储热罐送入熔盐蒸汽发生器，进行熔盐-水的热交换，对水加热后进入低温储热罐。

图 7-1　双罐熔盐储热系统布置图

在太阳能光热发电站中，为了延长电站的发电时间或增大发电容量，储热系统对储热介质的需求量非常大，一般可达上万吨。为了提高汽轮机的发电效率，储热介质的温

度通常被加至600℃左右。根据发电容量、熔盐量及散热量等要求，储热介质每天温降不超过1℃，因此储热罐及储热罐基础必须具有较好的保温性能。这对储热罐基础本身不管从承载能力、保温性能，还是从安全性能上都提出了更高的要求。

目前在国内，关于储热罐基础的设计尚没有较为成熟的工程实例可参考，同时对于此类构筑物设计的研究甚少。在国外已建成光热电站中储热罐基础通常以陶粒作为保温隔热材料，其布置方式是在一个外环钢板内由下到上依次填充陶粒及砂砾石等，将储热罐体置于整个砂砾石垫层上方，但在实际工程应用中该方案还是存在一些不足。总体来说，高温储热罐基础的设计主要存在如下几个方面的问题：

（1）没有专门针对储热罐基础设计的相关规范和研究。

通过调研国内外高温储热罐基础设计和应用情况，目前尚未有专门针对高温储热罐这类特种设备基础的设计规范、标准或相关研究。现阶段国内外关于高温储热罐基础的设计主要是参考类似的设计标准，如GB 50341《立式圆筒形钢制焊接油罐设计规范》、API 650《Welded Tanks for Oil Storage》和相应的一些通用标准。

虽然高温储热罐基础类似于油罐基础，但其承受的荷载类型及功能需求等均不同于油罐基础，主要表现在储热罐基础需要具有较好的保温性能以减少储热罐的热量损失，具有承受高达600℃温度作用和上万吨荷载的承载能力、高温下储热罐热膨胀及储热罐基础自身热变形等的相互影响以及长期往复荷载下沉降限值等。这些特征决定了储热罐基础的设计与油罐基础有较大的不同。

（2）缺少国内陶粒在不同温度下的热工参数。

陶粒是一种在回转窑中经发泡生产的轻骨料，具有质轻、多孔、表面强度高、导热系数低、价格便宜等特点，作为储热罐基础的保温材料具有较高的经济效益和实用价值。目前国内陶粒产品较多，性能各异，用途较多，多作为建筑材料被用于陶粒混凝土，起保温隔热、隔音吸声作用。陶粒作为高温隔热材料的应用较少，目前几乎没有在高温作用下热工参数的相关研究。陶粒在不同温度下的热工参数对储热罐基础的设计至关重要。

（3）陶粒式储热罐基础在高温及长期往复荷载下的沉降很难控制。

储热罐基础的沉降限值与油罐基础相比更为严格，油罐基础的规范沉降限值跟油罐直径有关，一般较为宽松，而储罐基础为了满足在长期往复荷载下泵支架与储罐底之间的距离要求，储热罐基础的整体沉降要求不超过50mm。近年来，国际上发生过几起熔盐罐泄漏事故，如位于西班牙塞维利亚的Gemasolar光热电站，事故的原因据推测主要是因为储热罐基础的不均匀沉降导致，粗估其维修费用就高达900万欧元。

陶粒作为一种散粒体材料，单个颗粒的受力并不均匀，同时在高温下陶粒的强度折减较大，在高温高压及长期往复荷载下基础的沉降很难保证。因此有必要对熔盐罐基础型式基础的整体及不均匀沉降开展研究，进行熔盐罐基础温度场分析，以及温度场和应力场耦合作用进行了分析。

（4）没有针对散粒体材料承载力检测和施工控制的有效方法。

对于采用陶粒等散粒体材料作为保温隔热材料的高温储热罐基础，其常用的布置方式是在外环板内依次填充陶粒、砂砾石等，将储热罐体置于砂砾石垫层上方。传统的施工流程是分层施工陶粒与砂砾石垫层，待陶粒与砂砾石垫层施工完成后分别进行各层的承载力评价。如果按规范中浅层平板荷载试验的相关规定在原位对陶粒的承载力进行检验，试验结果基本不能满足设计要求，这主要是因为陶粒的受力状态与实际工程不符，将严重低估陶粒的承载能力。这类基础的散粒体垫层承载力检测目前既没有相关规范标准，更无成熟案例可供参考。

第二节　高温储热罐下卧陶粒工程特性试验

陶粒的种类较多，如黏土陶粒，粉煤灰陶粒，页岩陶粒等，但是各种陶粒的性能差别较大，需要对不同种类陶粒的组成成分、物理及力学性能以及陶粒混凝土的物理及力学性能等进行研究，为高温储热罐基础中陶粒及陶粒混凝土的选择提供依据。

一、试验内容

高温储热罐下卧陶粒工程特性试验内容包括：测试各种陶粒的组成成分；测试现有陶粒的级配；测试不同陶粒的密度，孔隙率及强度等。

二、试验结果及分析

（一）单种陶粒性能测试

陶粒的性能不仅与陶粒种类有关，还与陶粒产地关系较大，经过前期调研比较最终确定如图 7-2 所示的摩洛哥黏土陶粒、陕西黏土陶粒、宁夏页岩陶粒、广东黏土陶粒和甘肃粉煤灰陶粒（以下简称为摩洛哥陶粒、陕西陶粒、宁夏陶粒、广东陶粒和甘肃陶粒）作为典型试样进行试验研究。

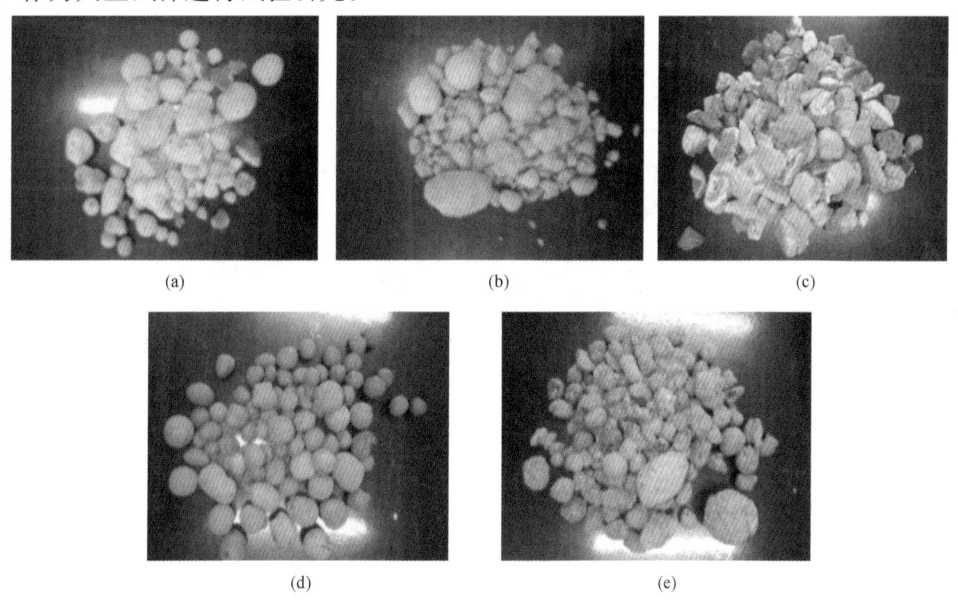

图 7-2　陶粒试样

（a）摩洛哥黏土陶粒；（b）陕西黏土陶粒；（c）宁夏页岩陶粒；（d）广东黏土陶粒；（e）甘肃粉煤灰陶粒

1. 成分

各陶粒的成分及含量结果见表 7-1。陶粒主要成分为 SiO_2、Al_2O_3、Fe_2O_3、K_2O 等，不同产地陶粒所含元素及含量不同。其中 SiO_2 占 48.1%～59.7%，Al_2O_3 占 19%～21.2%，Fe_2O_3 和 K_2O 占 13%～21%，其他为微量元素。

表 7-1　　陶粒成分及含量　　单位:%

陶粒成分		摩洛哥陶粒	陕西陶粒	宁夏陶粒	甘肃陶粒	广东陶粒
1	SiO_2	51.7	59.7	57.9	48.1	50.2
2	Al_2O_3	21.2	19.7	19.3	21.2	19
3	Fe_2O_3	10.1	9.2	8.79	11	18.9
4	K_2O	5.39	4.38	8.81	5.33	3.53
5	CaO	4.07	1.67	1.11	8.5	3.77
6	MgO	3.03	1.71	1.54	2.69	1.26
7	PbO	1.75	0.364	0.0341	0	0
8	TiO_2	1.16	1.16	1.41	1.07	1.49
9	SO_3	0.693	0.117	0.382	0.615	0.519
10	ZnO	0.19	0.0286	0.0163	0.022	0.0362
11	MnO	0.188	0.205	0.237	0.238	0.452
12	P_2O_5	0.14	0.178	0.105	0.216	0.252
13	CeO_2	0.105	0	0	0	0
14	Na_2O	0.0949	1.44	0.224	0.847	0.331
15	Cr_2O_3	0.0622	0.0629	0.0545	0.0534	0.0657
16	ZrO_2	0.0401	0.0407	0.0232	0.0258	0.0449
17	WO_3	0.0369	0	0	0	0
18	Rb_2O	0.0356	0.021	0.0264	0.0315	0.018
19	CuO	0.0202	0.0149	0.044	0	0.0294
20	SrO	0.0186	0.0267	0.0199	0.0622	0.0238
21	NiO	0	0.0149	0.0173	0.0193	0.0157
22	As_2O_3	0	0	0	0.0103	0.0636
23	Cl	0	0	0	0.0304	0

2. 级配

陶粒试样的筛分结果见表 7-2。所测试的摩洛哥陶粒粒径分布均匀，甘肃陶粒及陕西陶粒粒径主要分布在 10mm 以上，广东黏土陶粒粒径较小。

表 7-2　　陶粒试样筛分结果　　单位:%

筛孔直径（mm）		20	16	10	5	2.5	1.25	0.63	剩余
摩洛哥陶粒	分级筛余	0.34	24.22	30.52	31.67	13.17	0.02	0.01	0.05
	累计筛余	0.34	24.56	55.08	86.75	99.92	99.94	99.95	100

续表

筛孔直径（mm）		20	16	10	5	2.5	1.25	0.63	剩余
陕西陶粒	分级筛余	0.3	38.24	48.94	10.53	1.8	0	0	0.19
	累计筛余	0.3	38.54	87.48	98.01	99.81	99.81	99.81	100
宁夏陶粒	分级筛余	0.07	0.29	3.77	53.75	8.71	17.29	15.92	0.2
	累计筛余	0.07	0.36	4.13	57.88	66.59	83.88	99.8	100
广东陶粒	分级筛余	—	—	—	4.97	59.27	34.93	0.75	0.08
	累计筛余	—	—	—	4.97	64.24	99.17	99.92	100
甘肃陶粒	分级筛余	25.44	12.99	51.06	6.55	0.91	2.37	0.68	
	累计筛余	25.44	38.43	89.49	96.04	96.95	99.32	100	

3. 密度、孔隙率及强度

各陶粒的表观密度、堆积密度、孔隙率、筒压强度及弹性模量见表 7-3。结果表明陶粒的堆积密度由小到大依次为摩洛哥陶粒、广东陶粒、甘肃陶粒、陕西陶粒、宁夏陶粒。陶粒的孔隙率对陶粒的密度和强度等级影响较大。

表 7-3　　各种陶粒物理及力学性能

样品	摩洛哥陶粒	陕西陶粒	宁夏陶粒	广东陶粒	甘肃陶粒
表观密度（kg/m^3）	500	1214	1308.9	642	781.4
堆积密度（kg/m^3）	340.86	566.50	569.4	422.7	503.3
孔隙率（%）	36.45	28.36	30.26	37.16	32.59
筒压强度（MPa）	2.57	4.9	2.8	1.91	2.9
弹性模量（MPa）	9.42	16.24	21.71	8.55	12.59

陶粒的剪切强度采用应变控制式直剪仪，如图 7-3 所示。每种陶粒取四个试样，分别在 100kPa、200kPa、300kPa 和 400kPa 垂直压力下，以剪切速度 0.01mm/min 进行剪切，根据库仑定律确定陶粒的抗剪强度指标：内摩擦角 ϕ 和黏聚力 c。

图 7-3　应变控制式直剪仪

图 7-4 为不同应力下各种陶粒的直接剪切强度，结果表明各陶粒的剪应力在位移变形为 3～4mm 时达到峰值。图 7-5 为位移变形大于 2mm 的陶粒的剪应力，大小依次为陕西陶粒、宁夏陶粒、甘肃陶粒、摩洛哥陶粒、广东陶粒，其值与陶粒堆积密度成正比。表 7-4 为陶粒的内摩擦角，结果表明与剪应力呈相同的规律。测试结果表明，在直剪过程中部分陶粒发生剪切破坏，但陶粒间表现出一定的黏聚力。陶粒的整个剪切过程为，首先小位移变形内发生滑动摩擦，随着相对位移的逐渐增大陶粒间的相互作用由滑动摩擦力变为机械咬合力，此时剪应力迅速增大发生剪切破坏，随后剪应力一定范围内往复变化。

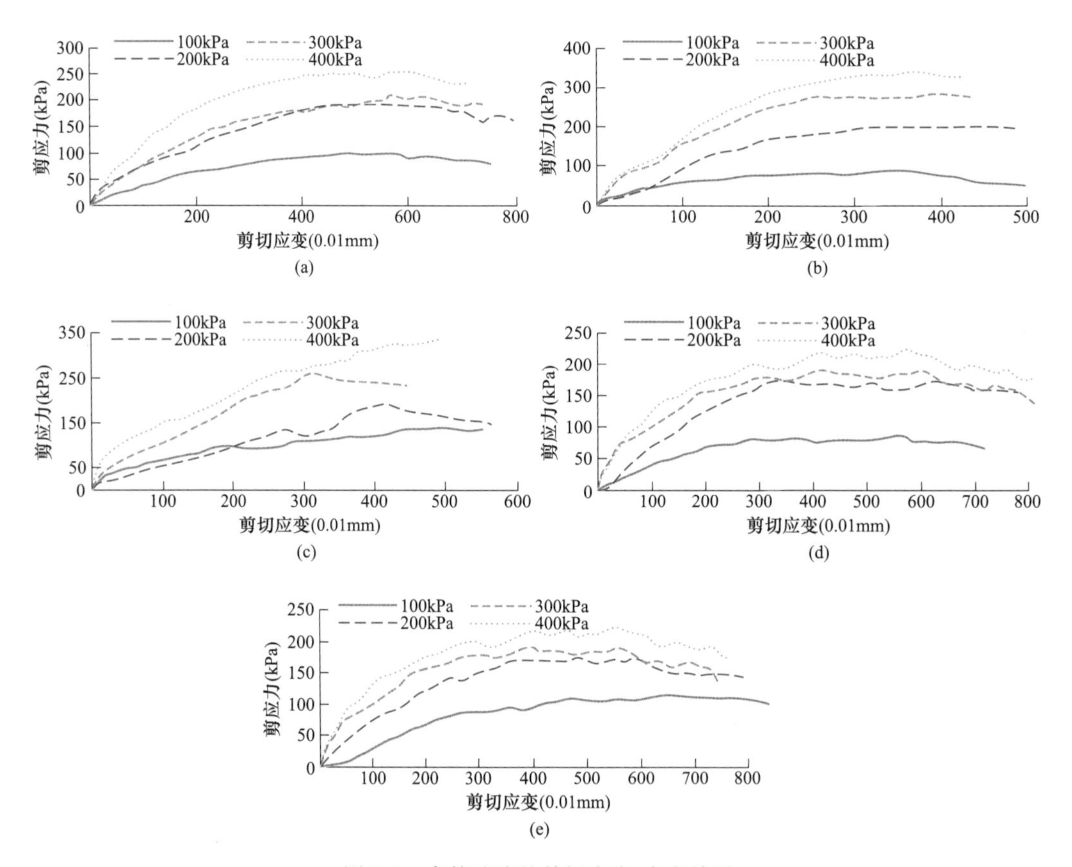

图 7-4　直剪试验的剪切应力-应变关系

（a）摩洛哥陶粒；（b）陕西陶粒；（c）宁夏陶粒；（d）广东陶粒；（e）甘肃陶粒

表 7-4　各陶粒黏聚力及内摩擦角

项目	摩洛哥陶粒	陕西陶粒	宁夏陶粒	广东陶粒	甘肃陶粒
黏聚力（kPa）	58.90	14.31	52.71	64.81	71.75
内摩擦角（°）	26.24	40.40	34.60	22.32	25.85

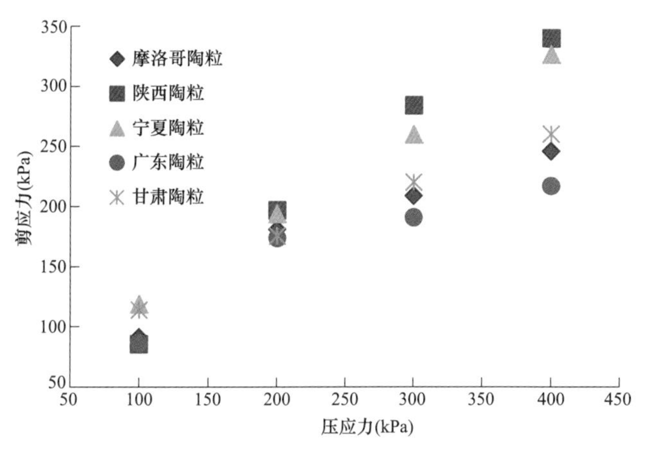

图 7-5　陶粒最大剪应力

图 7-6 为各陶粒的压力-位移曲线，结果表明当陶粒级配较差时，陶粒间空隙较大，在压力作用下陶粒间重分布明显，随着压力的逐渐增大陶粒被压实，压力-位移曲线逐渐呈线性变化。

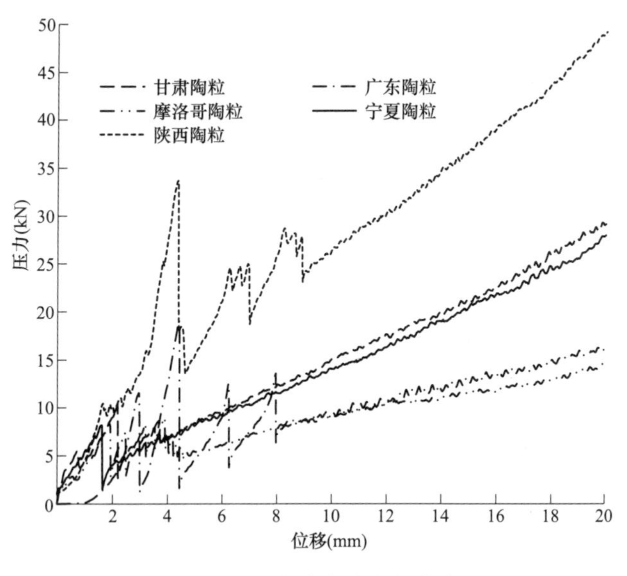

图 7-6　压力随位移变化曲线

（二）混合陶粒性能测试

为了能优配到低导热率、高强度的陶粒，试验还设计了混合陶粒试样。

如图 7-7 以广东陶粒为基础材料，通过添加宁夏陶粒或破碎的广东陶粒，得到混合陶粒为级配较好的广东陶粒（HT-1）；广东陶粒与宁夏陶粒的混合陶粒（HT-2）；破碎后的广东陶粒加原状广东陶粒（HT-3）。混合陶粒的筛分级配见表 7-5。

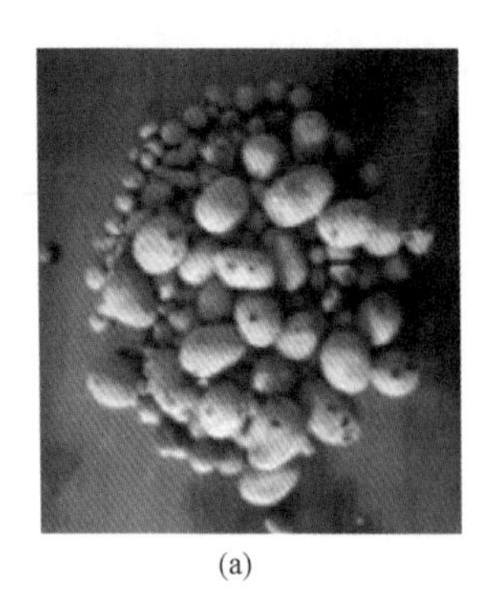
(a)

(b)

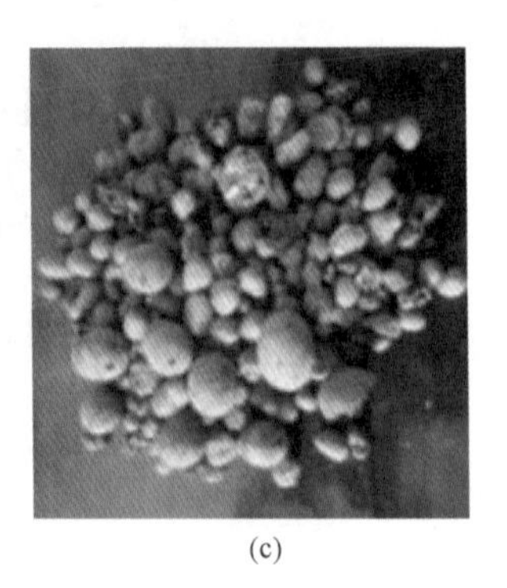
(c)

图 7-7 混合陶粒

(a) HT-1；(b) HT-2；(c) HT-3

表 7-5 **混合陶粒筛分级配** 单位：%

样品	HT-1		HT-2		HT-3	
筛孔直径（mm）	筛余	累计筛余	筛余	累计筛余	筛余	累计筛余
14	3.55	3.55	6.53	6.53	6.85	6.85
12	15.10	18.66	14.93	21.46	17.25	24.10
10	6.75	25.41	4.65	26.11	6.90	31.00
8	11.42	36.83	13.84	39.95	9.07	40.07
6	42.81	79.65	40.24	80.18	30.79	70.87
5	12.97	92.61	12.56	92.74	12.04	82.91
4	7.39	100.00	7.26	100.00	17.09	100.00

参考 GBT 17431.2—2010《轻集料及其试验方法标准 第 2 部分：轻集料试验方法》，测试各陶粒的堆积密度、筒压强度及弹性模量，结果见表 7-6。

表 7-6 **陶粒的堆积密度、筒压强度及弹性模量**

样品	HT-1	HT-2	HT-3
堆积密度（kg/m^3）	434.9	459.1	432.1
筒压强度（MPa）	2.05	2.21	1.62
弹性模量（MPa）	6.6	6.2	10.7

结果表明级配较好的广东陶粒筒压强度增大；当加入页岩陶粒后，强度虽有波动但变化不大，这是因为广东陶粒先发生脆性破坏，随后为密实过程，所以压力随位移呈线性变化（图 7-8）；当加入部分破碎的广东陶粒强度有所降低，说明在设计中应控制陶粒的破碎率以保证陶粒的承载力。

图 7-8 为混合陶粒的压力-位移曲线，对比图 7-7 发现当陶粒级配较好时，陶粒的压力-位移曲线波动减小近似于直线，说明在压力作用下陶粒间的重分布减弱，更容易被压实。

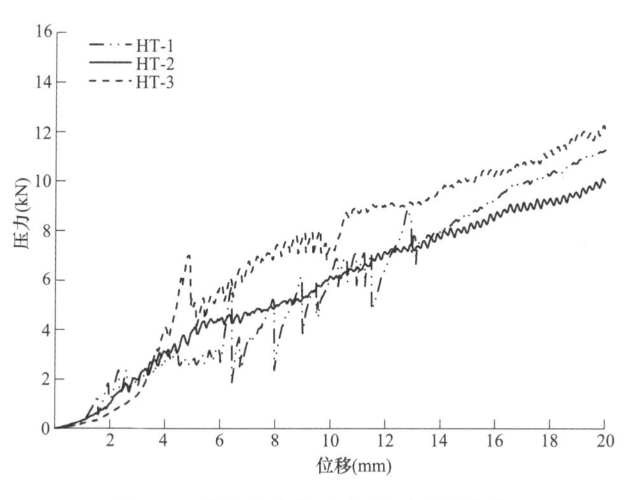

图 7-8　混合陶粒的压力-位移变化曲线

（三）陶粒混凝土性能测试

针对陶粒式储热罐基础沉降难以控制的问题，本章第四节提出了一种以陶粒作为保温隔热材料，井字形陶粒混凝土隔墙为支撑骨架的基础方案。为了获取陶粒混凝土的相关设计参数，本节对陶粒混凝土性能进行了测试研究。

实验结果表明混凝土块（养护约 21 天）的抗压强度为 12～15MPa，试件断面如图 7-9 所示，陶粒主要分散于混凝土上层，导致试件抗压强度较低，这主要是因为陶粒较轻，在振捣过程中容易浮于混凝土上层，因此陶粒混凝土在施工过程中要分层施工，避免一次性振捣浇筑。

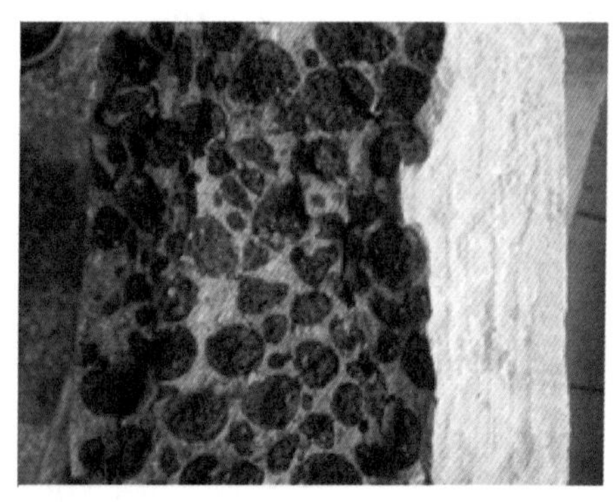

图 7-9　混凝土压缩后断裂形貌

第三节　高温储热罐下卧陶粒高温下热工参数试验

目前国内陶粒产品较多，性能各异，用途较多，常被作为建筑材料用于陶粒混凝土、保温隔热、隔音吸声等，作为高温隔热材料的应用较少。目前各陶粒厂家不能提供陶粒在高温下的热工参数，陶粒在高温作用下热工参数的相关研究也几乎没有，因此有必要对陶粒在高温作用下的热工参数进行研究，为陶粒式高温储热罐基础的安全性能提供保障。

一、试验内容

高温储热罐下卧陶粒高温下热工参数试验内容包括：测试各陶粒在不同温度下的热传导系数；测试各陶粒在不同温度下的线膨胀系数；测试各陶粒的相变温度。

二、试验结果及分析

（一）单种陶粒性能测试

1. 线膨胀系数

如图 7-10 所示，陶粒线膨胀系数采用热膨胀仪进行测试，测量方法采用顶杆式间接法，即将陶粒样品制成长度 20～30mm 的试件，然后将试件放入实验支架，以 4℃/min 的速度将试件从室温升至 600℃，采用式（7-1）计算试件的线膨胀系数。

$$\alpha = \mathrm{d}L/L_0/\mathrm{d}T \tag{7-1}$$

式中 α——线膨胀系数，1/℃；

L_0——样品长度，mm；

$\mathrm{d}L$——试样伸长量，mm；

$\mathrm{d}T$——温度区间，℃。

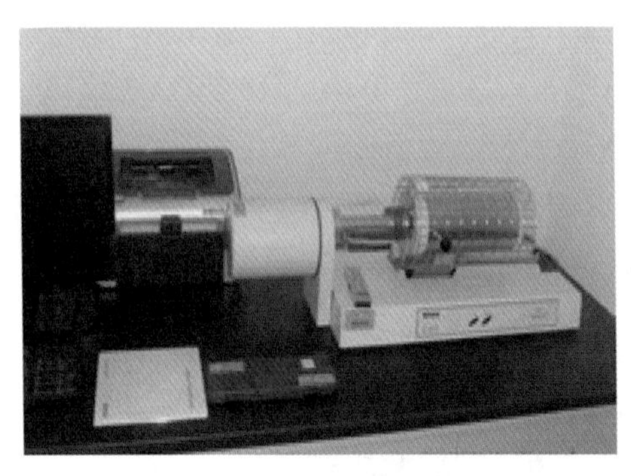

图 7-10 热膨胀仪

图 7-11 为各陶粒单位伸长量随温度的变化曲线，结果表明陶粒在约 570℃发生微小转变，说明此时陶粒发生了玻璃态向高弹态的转变，转变温度在 570℃左右。

图 7-12 为各陶粒线膨胀系数随温度的变化曲线，结果表明陶粒的平均线膨胀系数随温度升高而变大，温度在 0～150℃时膨胀系数变化较快，随后缓慢上升；线膨胀系数由大到小依次为陕西陶粒、宁夏陶粒、广东陶粒、摩洛哥陶粒、甘肃陶粒，其规律与表 7-1 中陶粒硅含量一致，因此可知陶粒的线膨胀系数与陶粒中硅含量有关。此外，陶粒的平均线膨胀系数还与气孔率有关，而气孔率对平均线膨胀系数的影响与固相的连续性相关，当气孔率较大时，非连续的固相膨胀空间大，而膨胀系数较小。

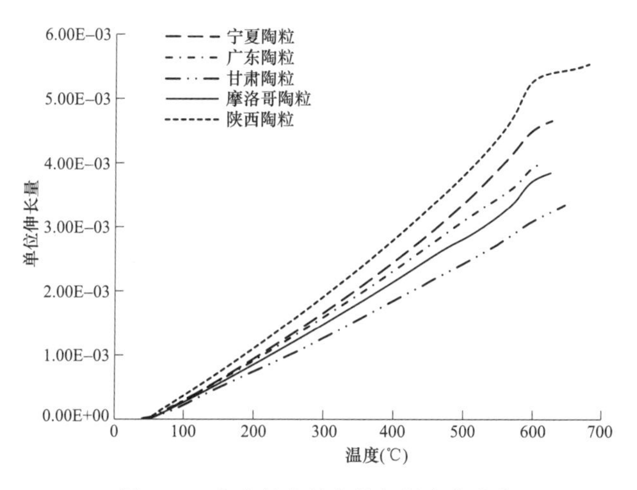

图 7-11　各陶粒的单位伸长量变化曲线

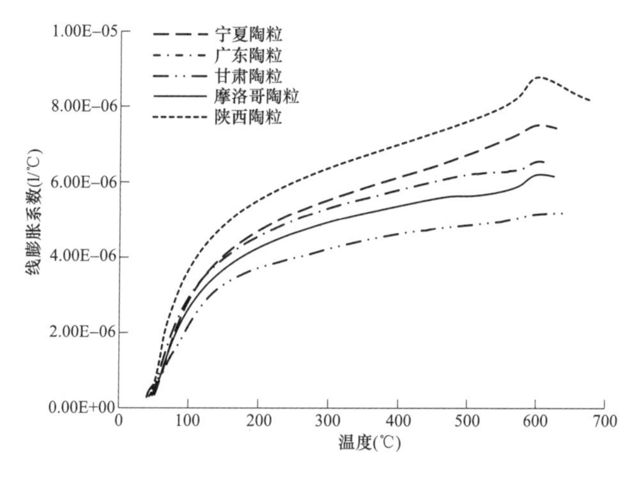

图 7-12　各陶粒的线膨胀系数变化曲线

2. 导热系数

如图 7-13 所示，导热系数采用高温导热系数测试仪进行测试。参考的测试标准：

图 7-13　导热系数测试仪及试样

ASTM C518-04《Standard Test Method for Steady-State Thermal Transmission Properties by Means of the Heat Flow Meter Apparatus》；GB/T 10295—2008《绝热材料稳态热阻及有关特性的测定　热流计法》；YB/T 4130—2005《耐火材料　导热系数试验方法（水流量平板法）》；GB/T 17911—2018《耐火纤维制品实验方法》等。

导热系数的测试试件安装过程：首先将热面的热电偶置于炉底中心，随后将待测陶粒放入炉中并铺平，测量炉中陶粒厚度，最后将冷面的热电偶置于陶粒上表面中心，为阻止冷板（护热板与量热板）温度过高，在陶粒上层铺设耐火棉。

如图 7-14 为陕西陶粒和摩洛哥陶粒在自然级配与设计级配下陶粒的导热系数变化曲线，结果表明：(1) 对于陕西陶粒，在自然级配下，当温度低于 460℃时导热系数随温度线性变化，当温度高于 460℃时导热系数迅速增大；在设计级配下导热系数随温度线性变化；(2) 对于摩洛哥陶粒，在自然级配和设计级配下陶粒的导热系数均与温度呈线性变化。

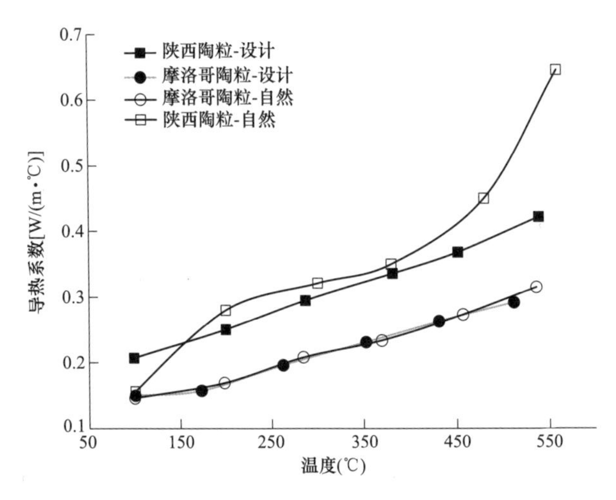

图 7-14　自然级配与设计级配下陶粒的导热系数变化曲线

图 7-15 为设计级配下各陶粒的导热系数变化曲线，结果表明：各陶粒的导热系数随温度升高近似线性增大；相同温度下陶粒的导热系数由大到小依次为宁夏陶粒、陕西陶粒，甘肃陶粒、摩洛哥陶粒和广东陶粒。

这是因为陶粒的导热系数主要是由陶粒及陶粒间的传热方式所决定的。对不同级配下的同种陶粒，如图 7-14 中自然级配和设计级配下的陕西陶粒，陶粒本身孔隙相同，陶粒间空隙不同。陶粒在低温（低于 200℃）以热传导方式进行，陶粒孔隙及陶粒间空隙阻碍声子传播，导热系数较低；随着温度的升高，陶粒的传热方式变为热传导和热辐射方式，其中热传导起主导作用，此阶段（约 200～500℃）导热系数相对较为稳定；当温度达约 500℃以上时，陶粒的传热方式中热辐射起主要作用，陶粒间高空隙内的空气流动性较强，热量作用下传热能力变强，导热系数迅速增大；对相同级配下的不同陶粒，如图 7-15 中设计级配下的各陶粒，陶粒本身孔隙不同，陶粒间空隙大致相同，陶

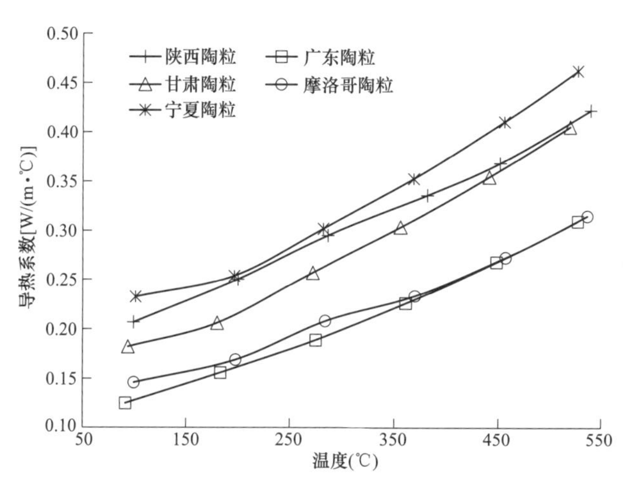

图 7-15　设计级配下各陶粒的导热系数

粒及陶粒间的传热方式以热传导为主，孔隙率较小的宁夏陶粒和陕西陶粒导热系数较大，孔隙率较大的广东陶粒和摩洛哥陶粒导热系数较小，因此在相同级配下陶粒的导热系数与陶粒内部孔隙率成反比。

（二）混合陶粒性能测试

为了获得导热率低、强度高的材料，将不同种陶粒与中粗砂混合后测试其导热系数的变化。

1. 陶粒与中粗砂混合

初选广东陶粒与中粗砂混合，如图 7-16 所示。

如图 7-17 所示，测试结果表明：在相同级配陶粒下陶粒中粗砂的导热系数约为陶粒本身导热系数的 1.5 倍，因此不宜将中粗砂掺入陶粒中来提高陶粒强度。

图 7-16　测试样品图片

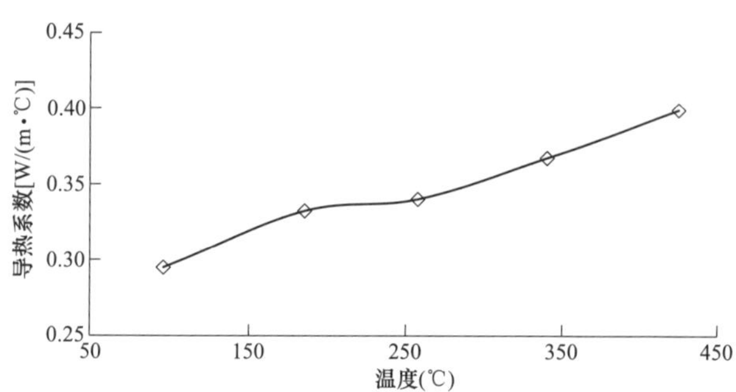

图 7-17　陶粒与中粗砂混合后的导热系数

2. 不同种类陶粒混合

采用本章第二节中混合陶粒进行测试，测试结果如图 7-18 所示，结果表明：当温度低于 400℃时，三种试样导热系数相差不大；当温度高于 400℃，导热系数由大到小依次为 HT-1、HT-2 和 HT-3。这主要是由于在高温下热辐射起主导作用，加入破碎的陶粒后陶粒间的空隙降低，高温下的热辐射降低，导致高温下的导热系数较小。同级配下的 HT-2 和 HT-3 相比，宁夏陶粒孔隙率较广东陶粒孔隙率小，因此 HT-2 陶粒导热系数较 HT-3 高。

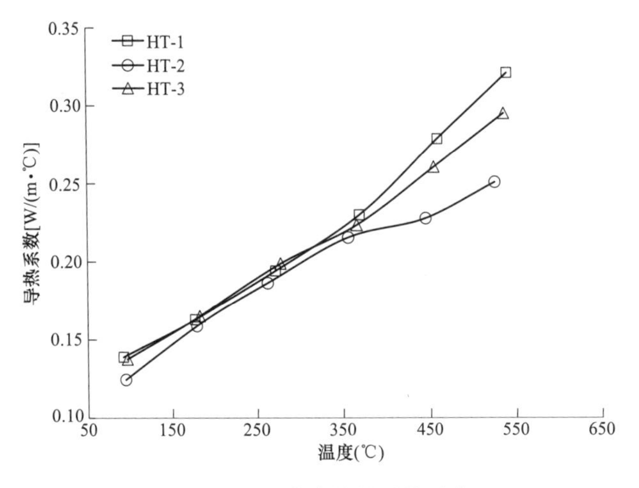

图 7-18　混合陶粒的导热系数

（三）陶粒混凝土性能测试

1. 线膨胀系数

图 7-19 为陶粒混凝土测试样品。图 7-20 为陶粒混凝土热膨胀性能曲线，结果表明陶粒混凝土在 20～550℃间伸长量随温度线性增大，当温度大于 550℃后曲线斜率发生转变，说明陶粒发生相变。

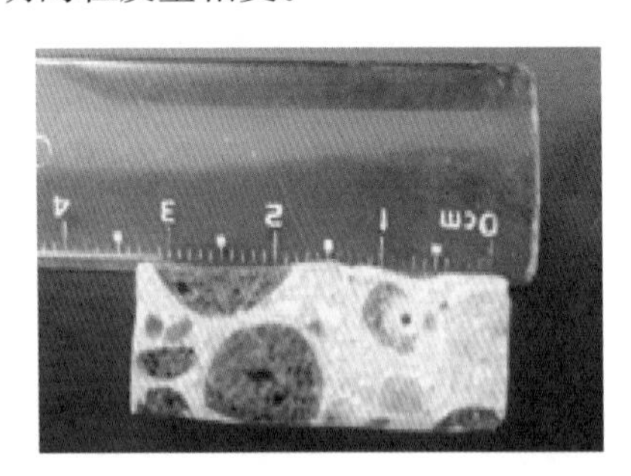

图 7-19　陶粒混凝土测试样品

2. 导热系数

图 7-21 为陶粒混凝土的导热系数随温度变化曲线，结果表明陶粒混凝土的导热系数随温度先升高后降低，随后趋于稳定。这主要是由于初始状态的陶粒混凝土内部含有较多水分，导致在 100～300℃时陶粒混凝土的导热系数较高，随着水分的蒸发内部存在的大量闭孔结构使得陶粒混凝土导热系数保持在一个较低的水平，同时在高温下陶粒发生相变会吸收热量，也会使陶粒混凝土在高温下的导热系数逐渐降低。

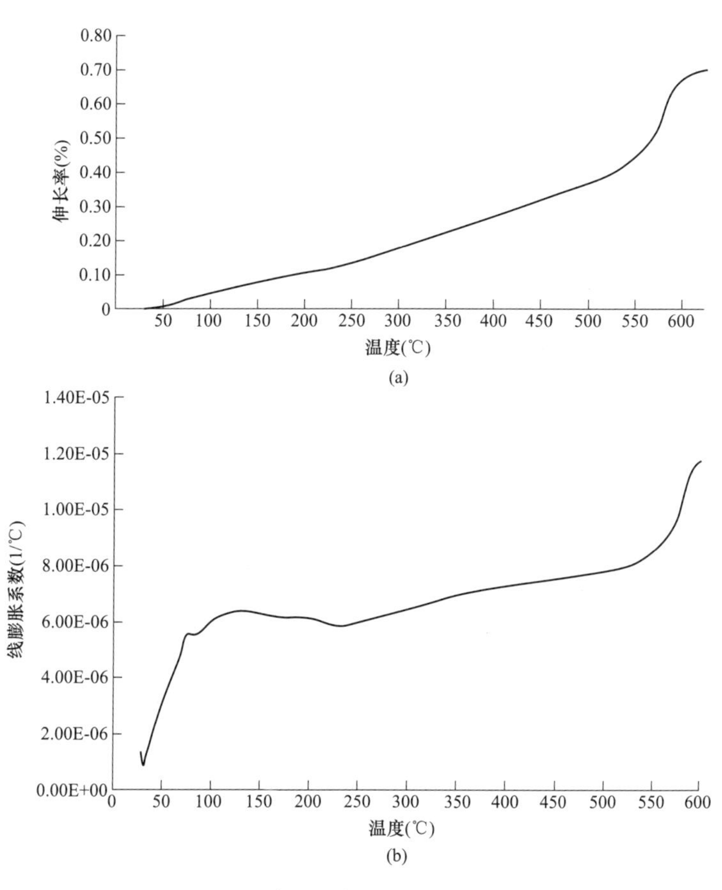

图 7-20　陶粒混凝土热膨胀性能曲线

（a）线性伸长率变化曲线；（b）线膨胀系数变化曲线

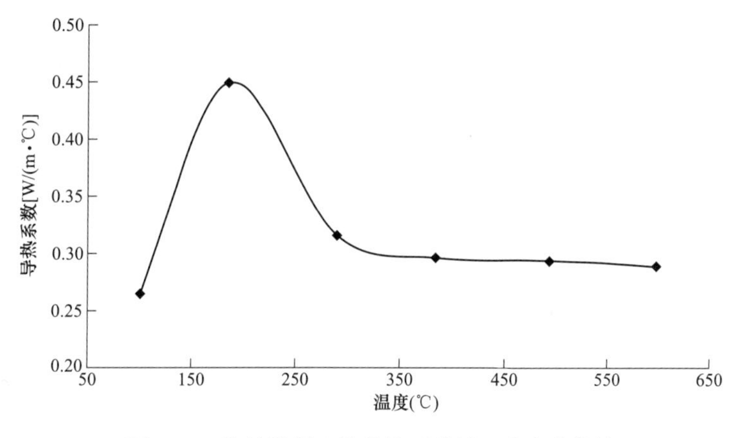

图 7-21　陶粒混凝土的导热系数随温度变化曲线

第四节　高温储热罐基础布置及耦合应力场分析

一、储热罐基础布置

近年来，国际上发生过几起熔盐罐泄漏事故，如美国新月沙丘电站，熔盐罐熔盐泄漏导致经济损失预计 400 万美元以上；西班牙塞维利亚 Gemasolar 光热电站，熔盐热罐发生事故致电站停运已数月有余，修复费用将在 900 万欧元左右。其中西班牙塞维利亚的 Gemasolar 光热电站，事故的原因据推测主要是因为熔盐罐基础的不均匀沉降导致。陶粒之间属于点接触，高温高压下单个陶粒受力极不均匀，容易被压碎，因此在高温高压往复作用下，陶粒的破碎和随机重分布可能一直伴随着整个储热罐基础的生命周期，因此储热罐基础的整体沉降和不均匀沉降控制是很困难的。

针对储热罐基础的整体沉降和不均匀沉降难以控制，承受高温、高压及长期往复加、卸载的受荷特点以及对保温、隔热的高性能要求，本节提出了一种以陶粒作为保温隔热材料，井字形陶粒混凝土隔墙为支撑骨架的基础型式，这种基础型式不仅对储热罐底部起到了较好的保温、隔热效果，而且彻底解决了储热罐整体沉降过大和不均匀沉降的问题，具体布置如图 7-22、图 7-23 所示。

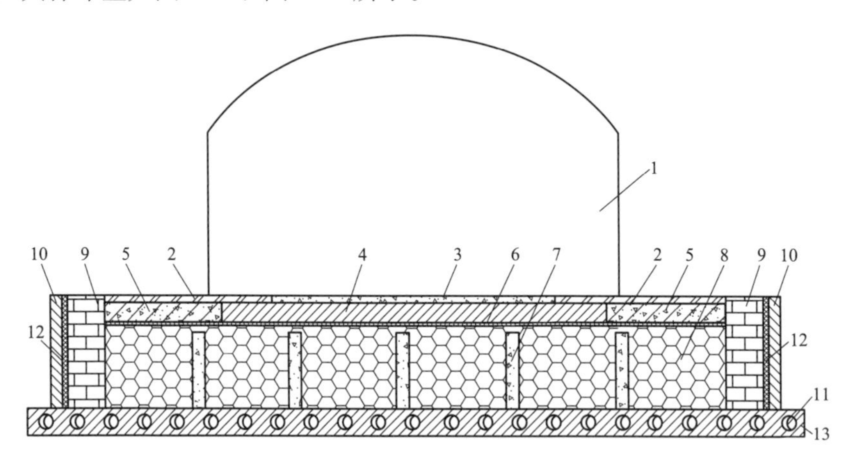

图 7-22　熔盐罐基础纵剖视图

1—储热罐；2—环形垫板；3—沙垫层；4—砂石垫层；5—第一保温材料；6—耐高温土工布；7—耐热混凝土隔墙；8—第二保温材料；9—耐火砖；10—外环壁；11—通风管；12—柔性保温材料；13—基底砂石垫层

图中环形垫板生根在砂石垫层中，能够满足储热罐的热胀冷缩变形，沙垫层能够保证储热罐底部的平整以及罐底自由滑动。沙垫层下部的砂石垫层能够作为褥垫层，保证储热罐底板均匀受力。耐高温土工布能够避免砂石进入其下方的第二保温材料，保证基础具有较好的保温效果。耐热混凝土隔墙将第二保温材料分割成若干份，使第二保温材料更容易被压实，避免基础不均匀沉降或沉降过大而引起罐体破坏。其中基础中的第二保温材料能够降低储热罐内部的热量散失，第一保温材料能够降低环形垫板与外环壁的温度，通风管能够控制温度场分布，保证结构安全。因此本基础形式降低了高温介质的

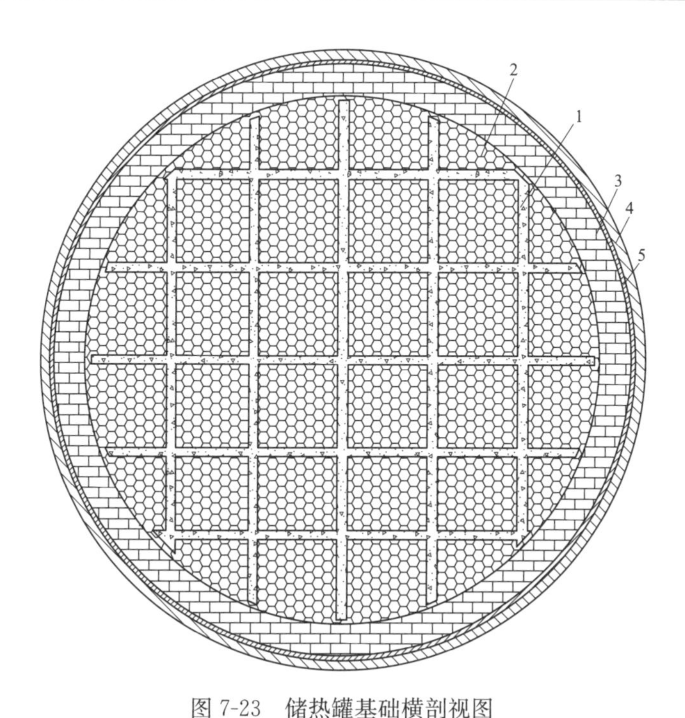

图 7-23　储热罐基础横剖视图

1—耐热混凝土；2—第二保温材料；3—耐火砖；4—外环壁；5—柔性保温材料

散热量，能够承受较高的温度作用，对控制施工质量以及基础沉降变形的效果显著，满足储热罐的热胀冷缩变形。同时在耐火砖与外环壁之间的柔性保温材料，能够消除结构的温度膨胀应力，满足高温介质存储以及应对各种变形的需求。

如图 7-24 为创新方案现场施工图，该方案不仅减少了熔盐罐内储热介质的热量损失，而且解决了储热罐基础整体和不均匀沉降较大的难题，保证了罐体传给地基的温度要求，项目现场反馈效果较好。

图 7-24　储热罐基础现场施工图

二、储热罐基础有限元分析

目前国内外并没有专门针对高温储热罐这类特种设备基础的设计规范、标准或相关研究，现阶段关于高温储热罐基础的设计主要是参考类似的设计标准进行，如GB 50341《立式圆筒形钢制焊接油罐设计规范》、API 650《Welded Tanks for Oil Storage》和相应的一些通用标准。虽然熔盐储热罐基础类似于油罐基础，但其承受的荷载类型及功能需求等均不同于油罐基础，这就决定了储热罐基础不管从结构布置还是从设计计算方法等方面与油罐等常规基础形式有较大区别，因此需要对储热罐基础进行有限元分析，以确定关键参数的选取方法及关键构件的受力特点。

以某塔式光热电站为例，该电站共有冷、热盐罐各一个，其中罐体直径为41.3m，罐体高度14m，罐体自重800t，储盐重31 500t，设计温度分别为400℃、570℃，工作温度分别为299℃、555℃。熔盐罐基础不仅要承受高温作用下的温度荷载，还要承担由罐体和熔盐自重引起的应力。本节通过探索熔盐罐基础方案的温度场和应力场分布规律，为熔盐罐基础的进一步研究和设计提供参考。

借助有限元分析软件对熔盐罐温度场及应力场进行分析，温度场采用非耦合传热分析下的稳态温度场，温度应力场与位移场采用顺序耦合热应力分析。钢板采用线弹性材料，土体采用理想弹塑性材料，塑性模型采用修正的D-P屈服准则，并结合关联流动法则模拟。

有限元分析采用1/4对称模型，如图7-25所示，整个基础采用三维实体单元-C3D8HT，共划分171 410个单元。

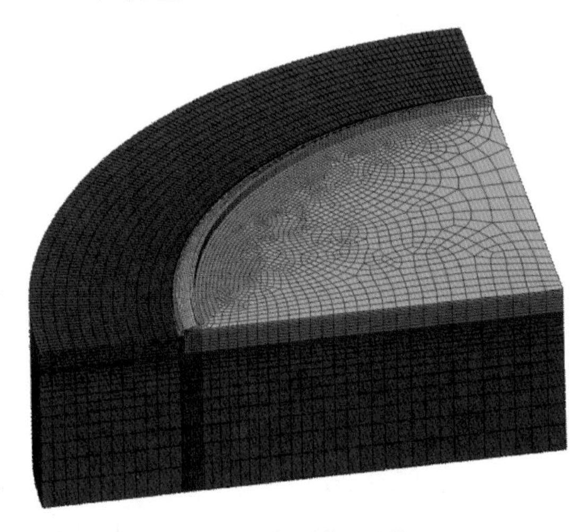

图7-25　熔盐罐基础模型

（一）温度-应力场耦合分析

图7-26为储热罐基础温度场分布图。

在高温荷载作用下钢板环的温度场分布如图7-27所示，结果表明：温度沿钢板环高度方向呈降低趋势，其中外侧壁最高温为109.20℃，最低温为91.06℃。

图7-28和图7-29分别为钢板环在高温荷载作用下，钢板环温度应力及自身变形分布曲线。从图中可知，沿钢板环高度方向，钢板环温度应力及变形均呈减小趋势，其中地面以上数值较大，而在地面以下迅速减小。这是因为在地面以下，由于土体刚度较大，很大程度上约束了钢板的径向变形，使得钢板环应力迅速下降。

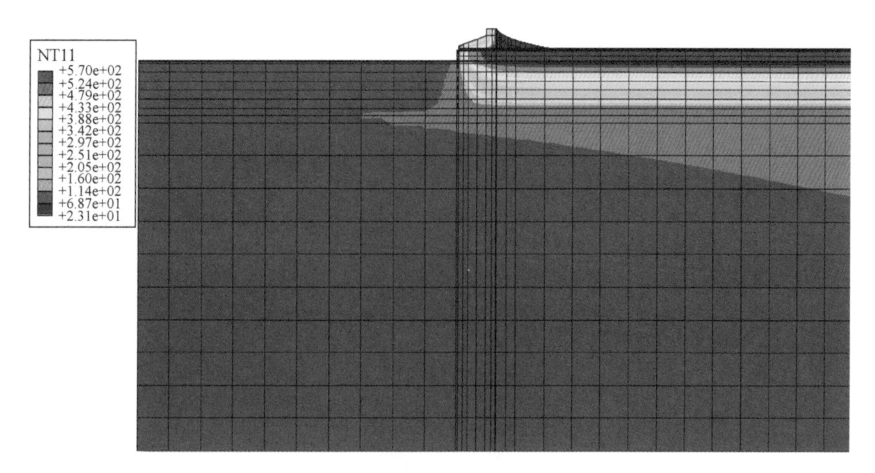

图 7-26　整体温度分布图

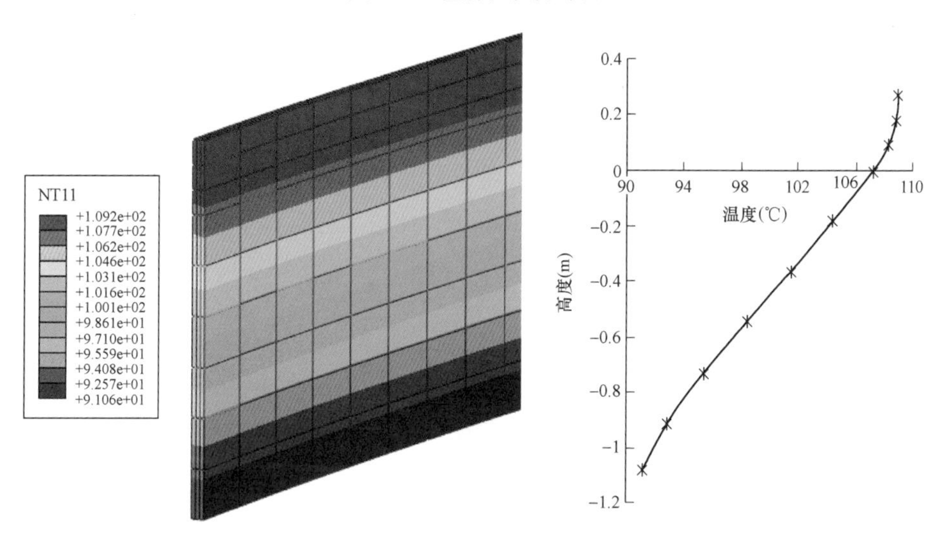

图 7-27　钢板环温度场分布

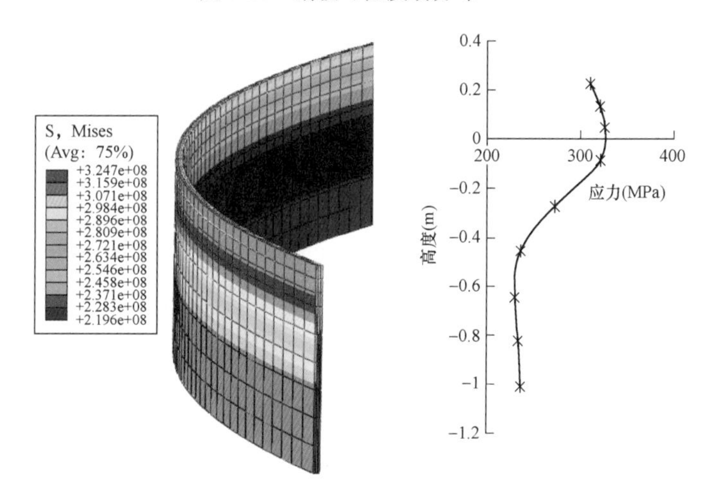

图 7-28　钢板环温度应力分布

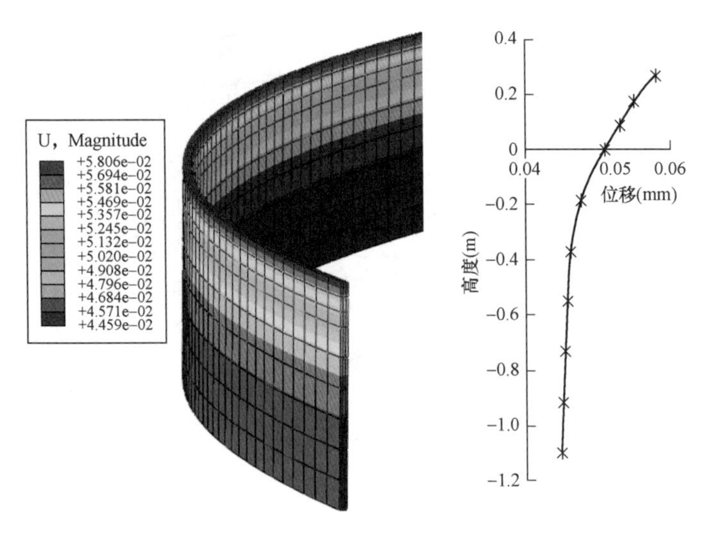

图 7-29　高温荷载作用下钢板环变形分布

图 7-30 为罐体及熔盐自重作用下钢板环应力分布，结果表明：沿钢板环高度方向，应力呈先减小后增大的趋势。由于土体的约束，使得钢板环在地面处变形减小。同时从图中可知，在罐体及熔盐自重作用下，钢板环的最大应力为 9.24MPa，仅占温度荷载作用下钢板环应力的 3%，因此温度应力的控制是保证整个熔盐罐基础安全的关键。

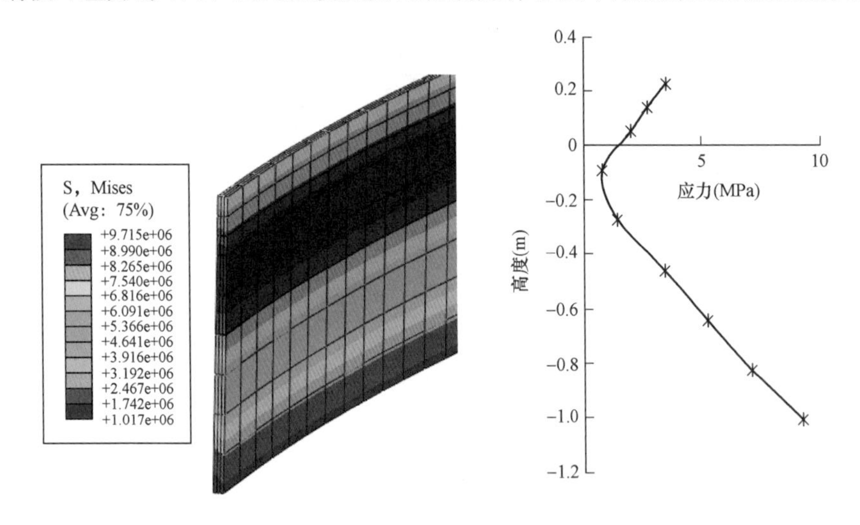

图 7-30　重力荷载作用下钢板环应力分布

（二）稳态、瞬态温度场分析

为研究罐体开始运行时储热罐基础内温度场的变化规律，对高温熔盐罐基础进行了瞬态分析，图 7-31 为不同位置处钢板环温度随时间的变化曲线，结果表明：前 10d 钢板环温度升高得较为迅速，此时间段内约完成传热平衡的 80%；10d 后钢板环温度升高得较为缓慢；熔盐罐基础与外界空气达到温度传热平衡时需约 90d。

为研究环境温度变化对钢板环温度的影响，假定地区环境温度变化如图 7-32 所示。

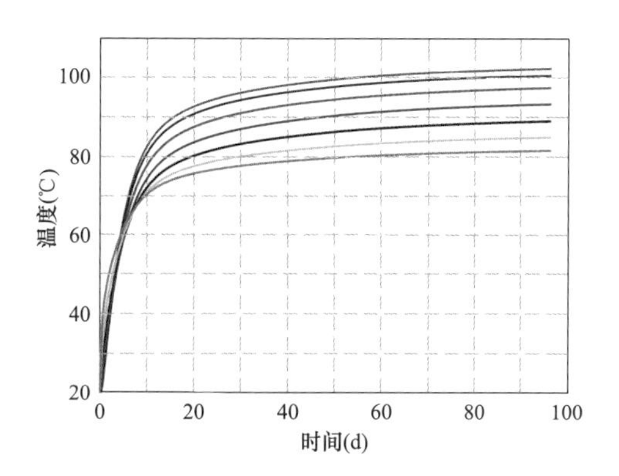

图 7-31　钢板环温度的瞬态变化

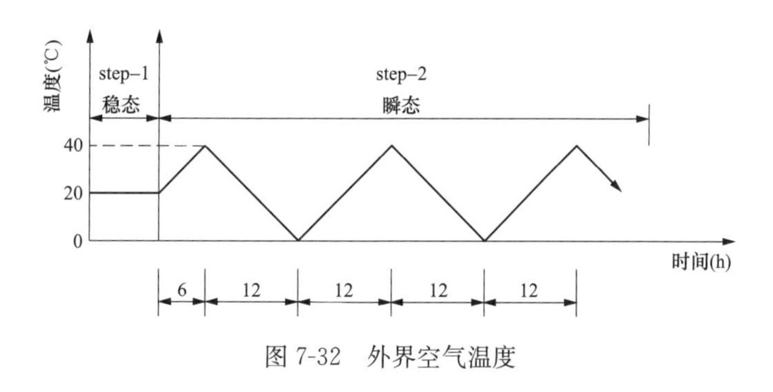

图 7-32　外界空气温度

如图 7-33 表明，当环境温度发生变化时，钢板环温度略有变化但幅度较小。这主要是因为日温度变化时间较短（24h），而熔盐罐基础与外界空气达到温度传热平衡时需要时间较长（20～90d），温度传热滞后太多。

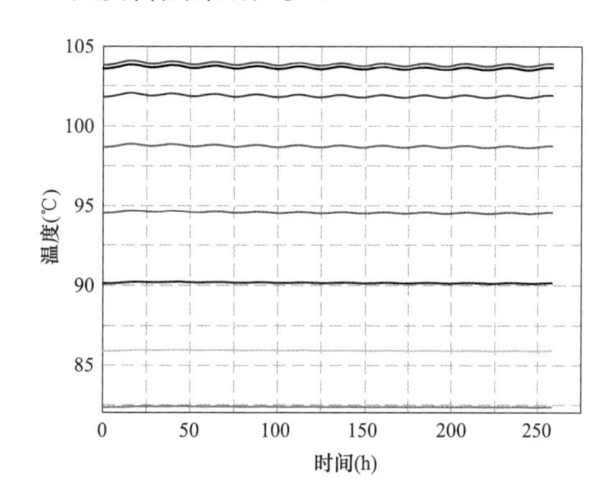

图 7-33　外界空气温度变化时钢板环温度的瞬态变化

为研究季节温度变化对储热罐基础温度场的影响，假定外界环境温度变幅为 20℃，图 7-34 表明短时间内的空气温度变化对钢板环温度分布几乎没有影响；钢板环达到温度平衡需要约 500h。

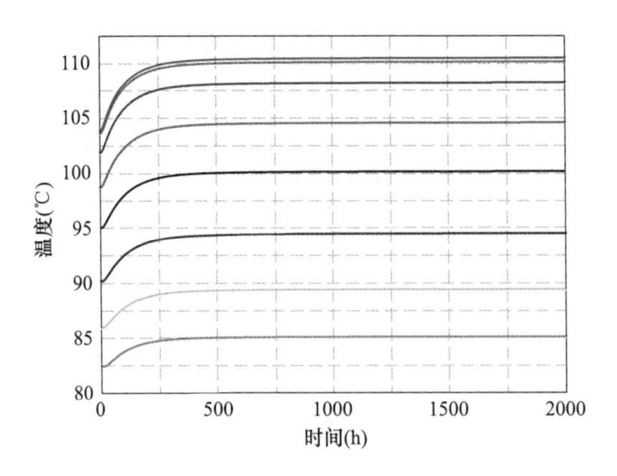

图 7-34　外界空气温度变化时钢板环温度的瞬态变化

（三）参数敏感性分析

影响储热罐基础设计的因素比较多，为确定储热罐基础设计的关键参数，对环境温度、对流换热系数及线膨胀系数变化等对储热罐基础钢板环的温度及应力影响进行研究。

1. 环境温度

环境温度是储热罐基础有限元分析时的重要参数，为研究环境温度变化对熔盐罐基础温度、应力分布的影响，取环境温度 t=－20℃、0℃、20℃及 40℃进行数值分析。

图 7-35 为不同初始环境温度下钢板环温度、Mises 应力随沿钢板环高度的变化曲线。结果表明，钢板环温度随环境温度增大而增大，越接近地面，环境温度对钢板环温度的影响越大；钢板环温度应力随环境温度减小而增大，越接近地面，温度应力越大。主要是因为当初始环境温度越低，储热罐基础温度场达到稳态时钢板环的始末温差越大，高温作用下钢板环的温度梯度越大，钢板环的温度应力也就越大。

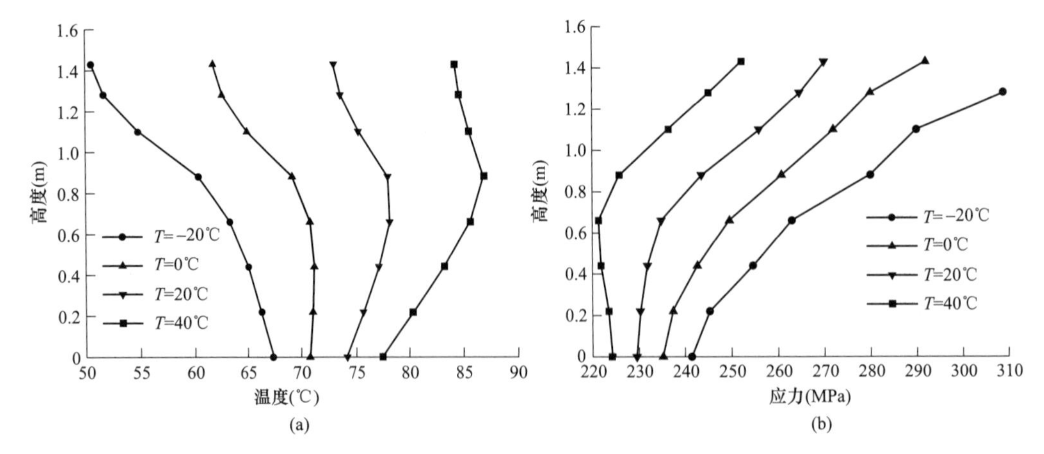

图 7-35　不同初始环境温度下钢环板温度、应力变化曲线

（a）温度；（b）Mises 应力

2. 对流换热系数

在自然对流条件下，气固相对流换热系数一般为 3～12W/(m^2 · ℃)。选取对流换热系数 h=3W/(m^2 · ℃)、6W/(m^2 · ℃)、9W/(m^2 · ℃) 及 12W/(m^2 · ℃) 进行数值分析，以研究对流换热系数对熔盐罐基础温度、应力分布的影响。

图 7-36 为不同对流换热系数下储热罐基础的整体温度场分布，由图可知对流换热系数对储热罐基础整体温度场分布无显著影响。

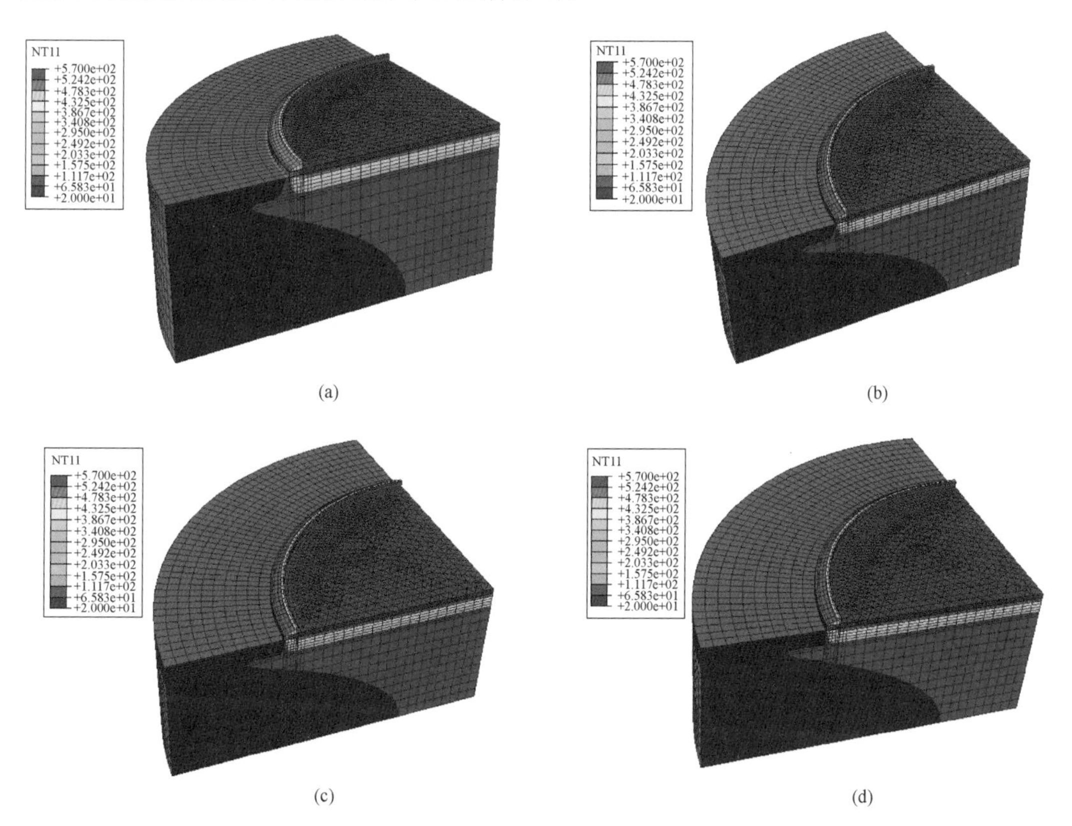

图 7-36　不同对流换热系数下储热罐基础温度场

(a) h=3W/(m^2 · ℃)；(b) h=6W/(m^2 · ℃)；(c) h=9W/(m^2 · ℃)；(d) h=12W/(m^2 · ℃)

图 7-37 为不同对流换热系数下钢板环的温度、应力分布曲线，结果表明：对流换热系数越大，钢板环的温度越低；当对流换热系数较低时，钢板环的最大温度出现在钢板环的中上部，当对流换热系数较大时，钢板环的最大温度出现在钢板环的底部；越靠近地面，对流换热系数对钢板环的温度影响越显著；对流换热系数越大，钢板环温度差越大，相应温度应力也越大。

3. 线膨胀系数

不同陶粒的线膨胀系数相差较大，为研究线膨胀系数对熔盐罐基础应力分布的影响，通过改变模型中保温材料的线膨胀系数进行数值分析。

图 7-38 为不同温度胀系数下钢板环沿高度方向的 Mises 应力分布情况，由图可知，当线膨胀系数为 7×10^{-6}℃$^{-1}$、3.5×10^{-6}℃$^{-1}$、7×10^{-7}℃$^{-1}$和 7×10^{-8}℃$^{-1}$时，钢板

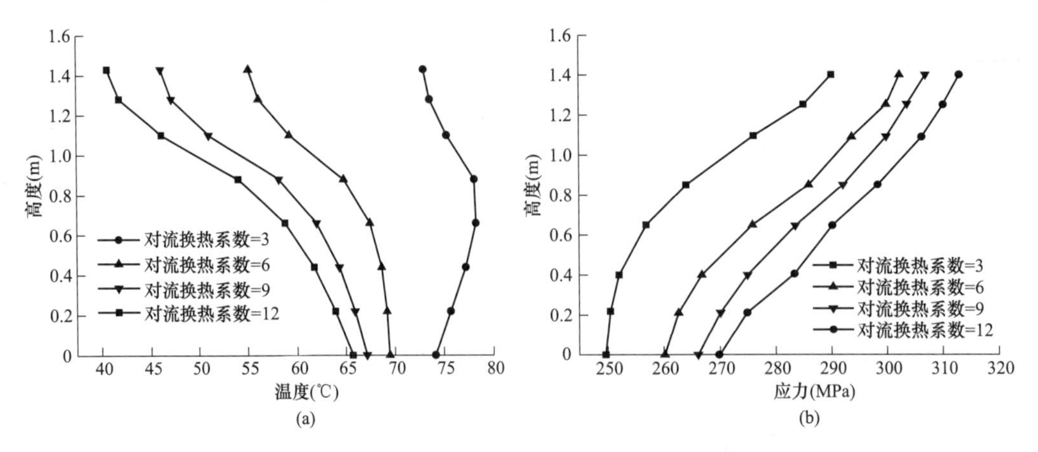

图 7-37　不同对流换热系数下钢环板的温度、应力变化曲线

（a）温度；（b）Mises 应力

环的最大 Mises 应力依次为 297MPa、229MPa、167MPa 和 152MPa。

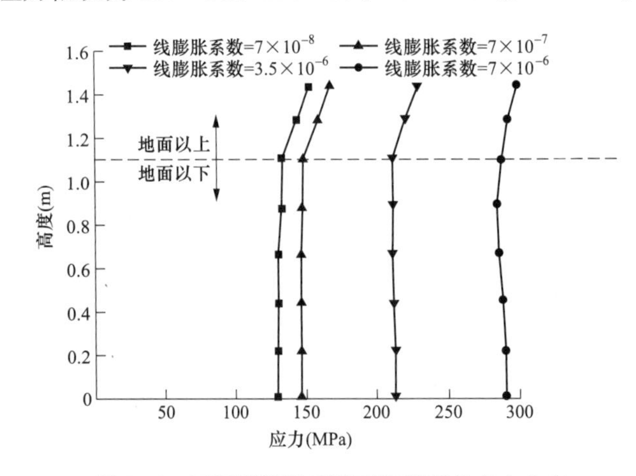

图 7-38　不同线膨胀系数下钢板环的应力分布

结果表明，当线膨胀系数由 7×10^{-6}℃$^{-1}$降低至 3.5×10^{-6}℃$^{-1}$，最大 Mises 应力减小了 22.9%；当线膨胀系数缩由 7×10^{-6}℃$^{-1}$降低至 3.5×10^{-6}℃$^{-1}$，最大 Mises 应力减小了 43.8%；当线膨胀系数由 7×10^{-6}℃$^{-1}$降低至 7×10^{-8}℃$^{-1}$，最大 Mises 应力减小了 48.8%，此时材料的热膨胀变形较小，由膨胀变形引起的钢板环应力相对较小。因此保温材料的热膨胀变形是引起钢板环处于高应力状态的关键，钢板环的应力主要是由温度作用引起的。

第五节　散粒体材料承载力现场检测标准

采用陶粒等散粒体材料作为保温隔热材料的高温熔盐储罐基础，常用的布置方式是在外环板内依次填充陶粒、砂砾石等，然后将储热罐体置于整个砂砾石垫层上方。传统的施工流程是分层施工陶粒与砂砾石垫层，待陶粒与砂砾石垫层施工完成后分别进行各层的承载力评价。如图 7-39 为陶粒承载力检测试验现场，按规范中浅层平板荷载试验的相关规定在原位对陶粒的承载力进行检验，试验结果基本不能满足设计要求，这主要是因为现行规范中浅层平板荷载试验无法准确反映陶粒的实际受力状态。可见这类基础的散粒体垫层承载力检测目前既没有相关条文规定，更无成熟案例可供参考。因此需要根据储热罐基础的实际情况提出合理的承载力检测试验和评价方法。

图 7-39　陶粒浅层平板荷载试验

为模拟陶粒实际的受力状态，提出了如图 7-40 所示的陶粒承载力检测试验装置，最外侧为环形桶，环形桶的内壁上涂抹有润滑涂层，将陶粒填充在环形桶的内部，环形桶当中还设置有刚性承压板。图 7-41 为陶粒筒压试验现场。

图 7-40　陶粒承载力检测试验装置

散粒体垫层材料承载力评价方法包括以下步骤：

（1）通过如图 7-40 所示的试验装置对散粒体样品进行筒压试验，获取所述筒压试验的压力-沉降曲线；

（2）根据所述压力-沉降曲线获取陶粒被压实时所对应的沉降值；

（3）根据所述沉降值及试验装置尺寸确定现场施工所需的压缩量；

图 7-41　陶粒筒压试验现场

（4）现场根据所述压缩量控制散粒体材料施工质量，待砂砾石垫层施工完成后再进行原位荷载试验。

图 7-42 为优化前陶粒承载力试验流程图，其流程是现场根据设计采购材料，分层施工陶粒后进行荷载试验，然后施工完砂砾石垫层后再进行荷载试验，实际上陶粒施工完后的荷载试验无法满足设计要求，既有流程行不通，因此需要对原陶粒承载力检验流程进行优化。

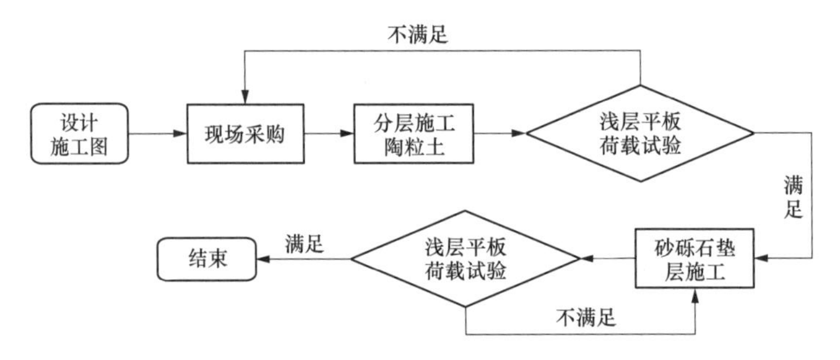

图 7-42　优化前陶粒承载力试验流程图

图 7-43 为优化后的流程图，其流程是现场根据设计采购材料，然后进行筒压试验，将压力-沉降曲线反馈给设计，设计通过修改陶粒的压缩量来指导陶粒施工，接着直接进行砂砾石垫层的施工，最后再进行荷载试验。优化后的流程不仅简化了，且施工现场易操作实施。

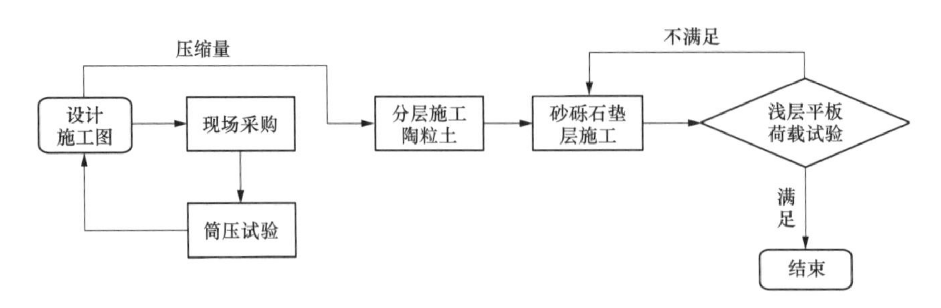

图 7-43　优化后陶粒承载力试验流程图

第六节 小 结

本章结合实验和数值分析得出如下结论，为后续储热罐基础的设计的研究提供参考：

（1）陶粒主要成分为SiO_2、Al_2O_3、Fe_2O_3、K_2O等，因产地不同，含量略有差异；

（2）陶粒的出厂级配较差时将影响陶粒的压实效果，设计中有必要对陶粒的设计级配提出要求，当陶粒强度富裕度较大时可以通过破碎陶粒获得最优级配，但应对破碎率提出要求；

（3）陶粒的线膨胀系数与陶粒中硅含量有关，导热系数与陶粒间的空隙率和陶粒内部的孔隙率有关；

（4）在高温环境中，陶粒可能发生相变，其相变温度约为570℃；

（5）采用井字形陶粒混凝土隔墙方案的储热罐基础可有效解决储热罐基础整体和不均匀沉降较大的难题；

（6）初始环境温度与钢环板温度成正比，与钢环板温度应力成反比，建议在储热罐基础设计时初始环境温度取最低温度；

（7）昼夜温差对钢环板温度及应力影响较小，季节温差对钢环板温度及应力影响较大，建议在熔盐罐基础设计时初始环境温度取全年月平均温度；

（8）钢环板最大温度应力随对流换热系数变化较小，随陶粒线膨胀系数变化较大，因此陶粒线膨胀系数是钢环板温度应力控制的关键；

（9）熔盐及罐体自重下钢环板应力仅占钢环板温度应力约3%，因此温度应力的控制是保证熔盐罐基础结构安全的关键；

（10）现行规范中浅层平板荷载试验方法无法精确反映陶粒的实际受力状态，新的检测装置及评价流程不仅操作简单且易于实施。

第八章

工　程　应　用

西北电力设计院有限公司针对太阳能光热发电站特种结构进行了多年系统的研究工作和工程实践，形成了一整套设计理论和方法，解决了大量实际工程中的设计难题，并在国内外多个工程中得到了应用，取得了良好的效果。本章仅对几个典型工程的应用进行简单介绍。

第一节　摩洛哥 NOOR Ⅲ期 150MW 塔式光热电站

一、项目简介

摩洛哥 NOOR Ⅲ期 150MW 塔式光热电站项目位于摩洛哥东南部瓦尔扎扎特市努奥太阳能发电园区，是“一带一路”重大工程项目，是中国公司首次在海外承建的光热工程。工程汇集当今世界最先进的光热发电技术，对中国公司掌握光热发电最前沿科技具有重要意义。

项目业主为摩洛哥太阳能管理局（MASEN），EPC 业主为沙特国际电力和水务公司（ACWA Power），EPC 总承包方为山东电力建设第三工程有限公司与西班牙光热设备供货商 SENER 联合体，设计方为中国电力工程顾问集团西北电力设计院有限公司。

该项目是目前为止已建成的全球单机容量最大，吸热塔高度全球最高（塔高 243m），单个定日镜面积全球最大（$178m^2$）的塔式光热电站。项目总占地面积约 140 万 m^2，总投资约 8 亿美金。项目于 2015 年 5 月正式开工建设，2018 年 10 月 20 日顺利完成可靠性运行试验，获得业主的验收证书并正式投运。项目获得摩洛哥五星质量奖和五星安全奖。

吸热塔结构总高度为 243m，采用竖向混合结构体系，200m 以下采用钢筋混凝土筒体结构，底部直径为 23m；200m 以上采用钢结构，直径为 15.71m，高度与直径的比值约为 11。

基本设计条件：①该项目基本设计规范主要采用美国规范和标准以及摩洛哥标准；②基本设计风速 63.1m/s，10m 高度处 50 年一遇 3s 时距的瞬时风速；③地震分区为 2A，50 年内超越概率为 10%的地震加速度为 0.15g。

二、技术应用

在项目的设计和实施过程中，西北电力设计院有限公司根据相关研究成果，综合考虑安全性、经济性、合理性，确定吸热塔结构采用竖向混凝土结构，并在吸热塔顶部创造性地设置了四个电涡流质量谐调阻尼器；定日镜基础采用桩柱一体式预应力混凝土管桩基础；高温熔盐储罐采用散粒体陶粒土作为保温隔热的基础。

三、现场照片

摩洛哥 NOOR Ⅲ期 150MW 塔式光热电站现场如图 8-1～图 8-5 所示。

图 8-1　全场鸟瞰图

图 8-2　吸热塔

图 8-3 吸热塔内部

图 8-4 吸热塔顶部 TMD

图 8-5 定日镜及基础

第二节 迪拜 DEWA 700MW 光热电站

一、工程简介

迪拜 700MW 光热和 250MW 光伏太阳能电站项目是由迪拜水电局（DEWA）在 Mohammad Bin Rashid Al Maktoum 太阳能园区开发的太阳能光热发电 IPP 项目，也是该园区总规划 1GW 光热发电项目的一期工程。该项目位于 Saihal Dahal 地区，在迪拜南部 50km。该项目是目前世界上第一个建设于沙漠中的大型光热电站。

项目建设规模为 1 台 100MW 塔式光热机组、3 台 200MW 槽式光热发电机组及 250MW 上网光伏，项目占地面积约 44km^2。该项目是世界最大装机容量的光热项目，也刷新了世界光热机组的最低上网电价。2018 年 4 月 13 日在上海签署了 EPC 合同，沙特国际电力和水务公司（ACWA Power）为 IPP 开发商，上海电气作为 EPC 承包商，西北电力设计院为设计咨询方。

基本设计条件：①该工程基本设计规范主要采用美国规范和标准以及迪拜当地标准；②基本设计风速 45.0m/s，10m 高度处 50 年一遇 3s 时距的瞬时风速；③地震分区为 E3，0.2s 短周期地震加速度为 0.27m/s²。

二、技术应用

在项目的设计和实施过程中，西北电力设计院有限公司根据相关研究成果，确定吸热塔结构采用混合结构形式，采用新的风荷载计算公式对吸热塔结构内力和变形进行核算，确保结构的安全性和经济性。

三、现场照片

迪拜 DEWA 700MW 光热项目现场如图 8-6 和图 8-7 所示。

图 8-6 塔式光热电站全场照片一

图 8-7 塔式光热电站全场照片二

第三节　中电工程哈密 50MW 塔式光热电站

一、项目简介

2021 年 5 月 18 日，CCTV-2《大国重器》栏目通过《动力澎湃——绿色的动脉》纪录片，对中国能源建设集团投资＋设计＋建设＋调试运维的哈密 50MW 熔盐塔式光热发电项目，进行了特别报道。中国电力工程顾问集团西北电力设计院有限公司哈密熔盐塔式 50MW 光热发电项目位于新疆维吾尔自治区哈密市伊吾县淖毛湖镇境内，规划装机容量 100MW，建设 1×50MW 塔式熔盐太阳能光热发电站。

2016 年 9 月，国家能源局发布《国家能源局关于建设太阳能热发电示范项目的通知》国能新能〔2016〕223 号，公布了入围光热示范项目名单，本项目名列其中，成为我国首批光热示范项目，并于 2016 年 9 月 29 日在新疆发改委备案。

本项目由中电哈密太阳能热发电有限公司出资建设，资本金 20%，其余部分采用银行贷款。项目总承包单位为中国电力工程顾问集团西北电力设计院有限公司，项目设计单位为中国电力工程顾问集团西北电力设计院有限公司。项目于 2017 年 10 月 19 日正式开工建设，于 2019 年 12 月 29 日实现并网发电。

本项目吸热塔采用混合结构形式，吸热器中心线距地面高度约 200m，在吸热器布置范围内塔体采用钢结构体系，在吸热器以下塔体采用钢筋混凝土结构。吸热器钢结构部分约为 40m 高，混凝土塔筒约 181.2m 高。

本项目首次采用双热罐＋单冷罐设计方案，通过采用双热罐配置，增加了热罐系统冗余。

基本设计条件：①50 年一遇 10m 高 10min 平均最大风速为 32.3m/s，相应风压为 0.65kN/m^2，场地粗糙度类别：A 类；②基本雪压：0.20kN/m^2（50 年一遇）；③设计基本地震加速度值（超越概率 10%）：0.1g，抗震设防烈度：7 度，场地类别：Ⅱ类，特征周期：0.40s；

二、技术应用

在项目的设计和实施过程中，西北电力设计院有限公司根据相关研究成果，综合考虑安全性、经济性、合理性，确定吸热塔结构采用混合结构形式；定日镜基础采用桩柱一体式预应力混凝土管桩基础；高温熔盐储罐基础采用散粒体陶粒土作为保温隔热材料，井字形陶粒混凝土隔墙作为支撑骨架的基础方案。

三、现场照片

中电工程哈密 50MW 塔式光热电站工程现场如图 8-8～图 8-12 所示。

图 8-8　全场鸟瞰图

图 8-9　吸热塔

图 8-10　定日镜基础

图 8-11　定日镜

图 8-12　熔盐罐基础

参 考 文 献

[1] 中国建筑科学研究院．建筑桩基技术规范：JGJ 94—2008 [S]. 北京：中国建筑工业出版社，2008.

[2] 张雁，刘金波．桩基手册 [M]. 北京：中国建筑工业出版社，2009.

[3] 史佩栋．桩基工程手册（桩和桩基础手册）[M]. 北京：人民交通出版社，2008.

[4] 中国建筑科学研究院．建筑基坑支护技术规程：JGJ 120—2012 [S]. 北京：中国建筑工业出版社，2012.

[5] Randolph M F. Piles subjected to torsion [J]. Journal of Geotechnical Engineering Division，1981，107 (8)：1095-1111.

[6] Thiyyakkandi S，Mcvay M，Lai P，et al. Full-scale coupled torsion and lateral response of mast arm drilled shaft foundations [J]. Canadian Geotechnical Journal，2016，53 (12)：1928-1938.

[7] Zbigniew Zembaty. On the Reliability of Tower-Shaped Structures under Seimic Excitations [J]. Earthquake Engineering and Structural Dynamics，1987，15：761-775.

[8] 中华人民共和国住房和城乡建设部．建筑结构荷载规范：GB 50009—2012 [S]. 北京：中国建筑工业出版社，2012.

[9] 中华人民共和国住房和城乡建设部．烟囱工程技术规范：GB/T 50051—2021 [S]. 北京：中国计划出版社，2021.

[10] 中国建筑标准设计研究院．国家建筑标准设计图集：预应力混凝土管桩：10G409 [S]．北京：中国计划出版社，2010.

[11] 刘恢先．唐山大地震震害 第二册 [M]. 北京：地震出版社，1986.

[12] 王亚勇，黄卫．汶川地震建筑震害启示录 [M]. 北京：地震出版社，2009.

[13] 中国建筑材料联合会．轻集料及其试验方法标准：第 2 部分轻集料试验方法：GB/T 17431. 2—2010 [S]. 北京：中国标准出版社，2010.

[14] 中国建筑材料联合会．绝热材料稳态热阻及有关特性的测定　热流计法：GB/T 10295—2008 [S]．北京：中国标准出版社，2008.

[15] 全国耐火材料标准化技术委员会．耐火材料　导热系数试验方法（水流量平板法）：YB/T 4130—2005 [S]. 北京：中国质检出版社，2005.

[16] 国家标准委．耐火纤维制品实验方法：GB/T 17911—2018 [S]. 北京：中国质检出版社，2018.

[17] 白国良，郝彬．钢-钢筋混凝土塔式组合结构模型振动台试验研究 [J]. 建筑结构学报．2019，40 (12)．

[18] 白国良，郝彬．钢-钢筋混凝土组合结构太阳能发电塔强震响应分析 [J]. 太阳能学报．2019，40 (6)．

[19] 白国良，郝彬．竖向地震作用下钢-钢筋混凝土塔式组合结构抗震性能研究 [J]. 土木工程学报．2019，52 (3)．

[20] 刘镇华，牛华伟，李红星，何邵华．基于刚性模型和气弹模型风洞试验对比的塔式定日镜风振响应研究 [J]. 振动与冲击．2022，41 (8)．

[21] 康佳鑫，牛华伟，李红星，何邵华．多排槽式反射镜风压分布及干扰研究 [J]. 太阳能学报．2022，43 (8)．

[22] 中国建筑科学研究院．建筑工程风洞试验方法标准：JGJ/T 338—2014 [S]. 北京：中国建筑工业出版社，2014.